机器人工程专业应用型人才培养系列教材

工业机器人系统集成设计

冯 暖 魏宏超◎主编

清華大學出版社
北京

内 容 简 介

本书顺应国内机器人产业人才发展需求，着重介绍工业机器人系统集成的设计方法。全书分为工业机器人系统集成基础、工业机器人的选型、输送线模块设计、外围控制系统模块设计、PLC 系统设计选型、搬运码垛机器人工作站系统集成设计、搬运码垛机器人编程应用及典型案例 7 章，前 6 章的每章为各自相关知识介绍，各章节均以搬运码垛机器人工作站为案例进行具体系统集成设计与分析，第 7 章是对前 6 章知识的巩固，学生通过该项目进行综合训练。

本书可作为应用型本科机器人工程专业、电气类专业、控制类专业的教材，也可供从事机器人技术的工程技术人员参考。

图书在版编目(CIP)数据

工业机器人系统集成设计/冯暖，魏宏超主编. —北京：清华大学出版社，2023.1
机器人工程专业应用型人才培养系列教材
ISBN 978-7-302-62317-5

Ⅰ. ①工…　Ⅱ. ①冯…　②魏…　Ⅲ. ①工业机器人－系统集成技术－教材　Ⅳ. ①TP242.2

中国国家版本馆 CIP 数据核字(2023)第 009610 号

责任编辑：赵　凯
封面设计：刘　键
责任校对：焦丽丽
责任印制：宋　林

出版发行：清华大学出版社
网　　址：http://www.tup.com.cn，http://www.wqbook.com
地　　址：北京清华大学学研大厦 A 座　　**邮　　编**：100084
社 总 机：010-83470000　　**邮　　购**：010-62786544
投稿与读者服务：010-62776969，c-service@tup.tsinghua.edu.cn
质量反馈：010-62772015，zhiliang@tup.tsinghua.edu.cn
课件下载：http://www.tup.com.cn，010-83470236
印 装 者：三河市铭诚印务有限公司
经　　销：全国新华书店
开　　本：185mm×260mm　　**印　　张**：12　　**字　　数**：292 千字
版　　次：2023 年 2 月第 1 版　　**印　　次**：2023 年 2 月第1 次印刷
印　　数：1～1500
定　　价：59.00 元

产品编号：091701-01

序言

PREFACE

辽宁科技学院新松机器人学院成立于 2017 年 9 月，是全国首批具有招收机器人工程专业本科生资格的 25 所院校之一，由辽宁科技学院、新松机器人自动化股份有限公司、新松教育科技集团合作建立。学院作为学校"新工科"教育改革的先行示范区，坚持产教融合、协同创新，瞄准区域产业需求，聚焦机器人、高端装备产业领域，不断深化内涵建设，推动机器人学科的发展及其与相关学科的交叉融合，为国家培养符合社会发展需要、适应高端智能机器人产业发展的高素质应用型人才，为辽宁省打造世界级机器人产业基地提供有力的智力支撑和人才保障。自成立以来，合作双方充分发挥各自优势，瞄准产业前沿，共同探索机器人及其相关领域人才培养模式和技术创新途径，不断推动学院各项事业发展屡创新高，运行至今，已完成一届机器人工程专业本科人才培养，办学成效初显。

新松机器人学院由校企双方共建、共担、共管，2019 年 12 月机器人实训中心获批辽宁省机器人科普教育基地，2021 年 1 月新松机器人学院获批辽宁省普通高等学校现代产业学院，2021 年 3 月机器人校企合作实训基地被教育部评选为产教融合优秀案例，2021 年 11 月机器人工程专业获批辽宁省一流本科专业。

回顾多年办学经历，深感成绩的取得来之不易。在辽宁省教育厅指导下，辽宁科技学院与新松机器人自动化股份有限公司、新松教育科技集团紧密合作、共克时艰，不断优化专业结构、增强办学活力、创新人才培养模式、完善管理机制，对接区域经济和行业产业发展，构建校、企、地多方协同育人机制，形成了集人才培养、科研创新、产业服务"三位一体"多功能服务的现代产业学院，积累了宝贵的办学经验。学院坚持育人为本，以立德树人为根本任务，以提高人才培养能力为核心，培养符合产业高质量发展和创新需求的高素质人才；坚持产业为要，科学定位人才培养目标，构建紧密对接产业链、创新链的专业体系，切实增强人才对经济高质量发展的适应性，强化产、学、研、用体系化设计；坚持产教融合，将人才培养、教师专业化发展、实训实习实践、学生创新创业等有机结合，促进产教融合、科教融合，打造集产、学、研、转、创、用于一体，互补、互利、互动、多赢的实体性人才培养创新平台；坚持创新发展，创新管理方式，推进共同建设、共同管理、共享资源，实现学院可持续、内涵式创新发展。

高校人才培养的全过程，专业、课程、教材、教师是主线，新松机器人学院高度重视教材建设，始终将教材研发作为产业学院人才培养的重要环节，成立了由校企双方人员组成的编委会，负责"机器人工程专业应用型人才培养系列教材"的编写工作。编委会基于学院人才培养目标、依据新松机器人实训设备特点，根据全国新工科机器人联盟对机器人工程专业的建设方案要求，编写了机器人工程专业应用型本科系列教材"机器人工程专业应用型人才培养系列教材”。本系列丛书是根据新松机器人自动化股份有限公司相关产品设备及产品资料，并结合辽宁科技学院机器人教研室教师和新松教育科技集团有限公司相关专家、工程师自身经验编写而成。本系列丛书将根据机器人工程专业人才培养方案的实际情况不断完善、更新，以适应应用型人才培养需求。

由于机器人技术发展日新月异，加之编者的水平有限，丛书中难免存在不妥和疏漏之处，恳请广大读者批评指正！

最后，我们真诚地期望能够获得读者在学习本套丛书之后的心得、意见甚至批评，您的反馈都是对本丛书的最大支持！

新松机器人自动化股份有限公司创始人、总裁曲道奎

2022 年 4 月 6 日

前言

FOREWORD

目前中国面临“百年未遇之大变局”，中国的科技革命和产业变革将在此次新科技的浪潮中得到进一步发展。工业机器人作为现代制造业装备的代表，前沿科技的构成要素，集多学科先进技术于一体。其未来应用需求会触及更广，催生的新行业、新业态、新工作方式等将引起工业竞争格局的重塑。新型制造方式有效推进工业转型升级，工业机器人的市场需求将对现阶段机器人人才培养提出更高的要求。

本书由辽宁科技学院冯暖、沈阳中德新松教育科技集团有限公司魏宏超主编，周娜、张志军、李劲松参编。其中，魏宏超编写第2章；周娜、张志军、李劲松参与编写第6章。本书的主要特点是在内容组织上采用项目化、任务驱动设计，配套了丰富的系统集成设计方法。书中以搬运码垛工作站为例贯穿全书，可以用于学生学习和老师课堂讲解。其中，每个项目后开展拓展训练，需要学生通过分组、调研、自主学习完成，学生可通过该拓展训练巩固本项目知识。学生可通过前面的项目学习，并在老师的指点下，尝试分组独立完成综合项目的学习，巩固系统集成设计知识，将所学付诸实践。本书可作为应用型本科机器人工程专业、电气类专业、控制类专业的教材，也可供从事机器人技术的工程技术人员参考。

本书出自“机器人工程专业应用型人才培养系列教材”，根据新松机器人自动化股份有限公司相关设备及产品资料并结合作者自身经验编写而成。在此特别感激对本书做出贡献的老师和同学们，尤其是王昊、李佳璐等在实验验证、素材收集、图片编辑等工作中的无私奉献，以及新松机器人自动化股份有限公司和沈阳中德新松教育科技集团有限公司的相关专家、工程师们。本书的完成离不开他们提供的各种资料、心得和建议，对于他们的辛勤付出特此致谢。

本书参考和借鉴了国内外相关文献、研究生论文、网上论坛、培训、会议等资料，在此一并表示衷心的感谢。尽管书后列出了参考文献，但是难免有遗漏，对相关作者表示歉意，我们会在再版时加以修正和补充。

由于编者的水平有限，以及工业机器人系统集成技术发展日新月异，书中难免存在不妥和疏漏之处，甚至可能存在错误，恳请广大读者批评指正。

编　者

2022年3月

CONTENTS

第1章

工业机器人系统集成基础

本章首先介绍工业机器人系统集成的基本概念，随后以搬运码垛机器人工作站为例给出机器人系统集成设计的具体方法，并给出本章任务，应用仿真软件实现搬运码垛机器人工作站项目设计。通过本章的学习能够对工业机器人系统有一个全面的了解。

1.1　工业机器人系统集成概述

工业机器人系统是面向工业领域的多关节机械手或多自由度的机器装置。它是一种能依靠自身动力和控制能力而自动实现各种功能的机器。它可以接受人类指挥，也可以按照预先编排的程序运行。现代的工业机器人还可以根据人工智能技术制定的原则纲领行动。仅有机器人本体是不能完成任何工作的，需要加入其他设备之后才能为终端所用。

1.1.1　工业机器人系统集成简介

工业机器人系统集成是以机器人为核心，集成多硬件与软件自动化设备的系统。该系统的主要功能是实现生产线的自动化生产加工，提高产品质量和生产能力。

例如，机器人实训中心的“搬运码垛机器人工作站”就是一个典型的工业机器人系统集成设备。硬件包括机械和电气两个部分，涉及机器人系统、机器人控制器、输送线、传感器及外围控制系统、可编程逻辑控制器（Programmable Logic Controller，PLC）；软件则负责实现搬运码垛机器人末端执行器的动作及工作站的整体运转。

搬运码垛机器人工作站的任务是由机器人完成工件的搬运，就是将输送线输送过来的工件搬运到平面仓库并进行码垛。本书通过对上述系统的开发过程和详细介绍，使读者掌握工业机器人系统集成的概念。并在此基础上，通过学习搬运码垛机器人工作站的设计步骤，了解机器人系统集成设计的方法。

1.1.2　工业机器人系统集成设计步骤

机器人系统集成设计技术方案的形成包括以下步骤和方法：

(1) 解读分析机器人系统的工作任务。分析清楚工作任务方可针对整个系统集成设计的核心问题及具体要求进行软硬件的选型和配置，最终精准地完成设计，达到系统集成设计的效果。

(2) 机器人系统的选型。机器人系统是整个系统的核心组成部分，由于不同品牌、型号的机器人系统具有各自不同的技术特点，因此要在明晰系统集成任务后，根据工作要求选定合适的工业机器人系统的型号。之后需要考虑所采用的工业机器人系统的各种性能指标、系统先进性、匹配度等应用的技术参数问题。

(3) 系统中输送线模块的设计选型。机械结构是完成工作站机械运动的模块。工作站中的机械结构主要有末端执行器以及输送线。

(4) 系统中外围控制系统模块的设计选型。在执行动作过程中，需要其他的自动化设备提供辅助功能，如各类传感器及气动系统。

(5) 控制系统的设计选型。PLC 是工业机器人系统集成的控制核心，用来实现集成系统的自动化运行。因此，合理选择 PLC 对于提高 PLC 在控制系统中的应用起着重要的作用。

(6) 软件的选择与应用。机器人系统集成用到不同的软件，需要在硬件选型后完成相应的软件设计。

(7) 系统的安装、调试与维护。

1.1.3 工业机器人系统集成分类与应用

工业机器人的应用可分为工作站、生产线、无人化工厂三个层次。

(1) 工作站。只应用一台或几台工业机器人完成单一工作或替代某一工位上的工人，则这个工位连同其上的工业机器人在工业生产中视为一个整体，称为工业机器人工作站，是工业机器人系统集成的最小单元。

(2) 生产线。由多个工业机器人工作站和生产自动化设备组成的、能够实现产品全套生产流程，并能连续进行生产，称为工业机器人生产线。例如，现代汽车制造业的很多汽车生产线已经达到了无人化的水平，是高度自动化的工业机器人生产线。

(3) 无人化工厂。如果一个工厂中几乎没有从事简单操作的工人，仅使用大量的工业机器人自动化设备以及从事维护检测的少数人员，该工厂就可以称为无人化工厂。

本书着重介绍工业机器人工作站的应用，以工业机器人系统集成的最小单元的知识和搬运码垛机器人工作站方案为例，搭建学习工业机器人系统集成设计方法，使读者由浅入深地理解工业机器人系统集成设计的知识和技巧。

工业机器人的典型应用包括焊接、刷漆、组装、采集和放置(例如包装、码垛和 SMT)、产品检测和测试等。工业机器人可以高效、可靠、快速、准确地完成上述所有工作。使用工业机器人可以降低废品率和产品成本，提高机床的利用率，降低工人误操作带来的残次零件风险等，由此而产生的效益十分明显。例如，减少人工用量、减少机床损耗、加快技术创新速度、提高企业竞争力等。机器人具有执行各种任务特别是高危任务的能力，比传统的自动化工艺更加先进。

在许多国家中，工业机器人自动化生产线成套装备已成为自动化装备的主流及未来的发展方向。汽车行业、电子电器行业、工程机械等行业已大量使用工业机器人自动化生产线以保证产品质量和生产高效率。

1.2　工业机器人工作站集成设计案例

工业机器人工作站，是工业机器人系统集成的最小单元。工业机器人工作站通常是由一台或多台机器人系统及其控制系统、配备外围设备等组成，完成某一特定工序作业的独立生产系统。

1.2.1　工业机器人工作站简介

工业机器人工作站的特点包括以下几方面：

(1) 技术先进。工业机器人集精密化、柔性化、智能化、软件应用开发等先进制造技术于一体，通过对过程实施检测、控制、优化、调度、管理和决策，实现增加产量、提高质量、降低成本、减少资源消耗和环境污染的目的，是工业自动化水平的最高体现。

(2) 技术升级。工业机器人与自动化成套装备具有精细制造、精细加工以及柔性生产等技术特点，是继动力机械、计算机之后出现的全面延伸人的体力和智力的新一代生产工具，是实现生产数字化、自动化、网络化以及智能化的重要手段。

(3) 应用领域广泛。工业机器人与自动化成套装备是生产过程的关键设备，可用于制造、安装、检测、物流等生产环节，并广泛应用于汽车整车及汽车零部件、工程机械、轨道交通、低压电器、电力、IC装备、军工、烟草、金融、医药、冶金及印刷出版等行业，应用领域非常广泛。

(4) 技术综合性强。工业机器人与自动化成套技术集成并融合了多项学科，涉及多项技术领域，包括工业机器人控制技术、机器人动力学及仿真、机器人构建有限元分析、激光加工技术、模块化程序设计、智能测量、建模加工一体化、工厂自动化以及精细物流等先进制造技术，技术综合性强。

1.2.2　搬运码垛机器人工作站的系统集成设计案例

搬运码垛机器人(Transfer Robot)是指可以进行自动化搬运作业的工业机器人。最早的搬运机器人出现在1960年，名为Versatran和Unimate的两种机器人首次用于搬运作业。

搬运码垛作业是指用一种设备握持工件，将待搬运物体从一个加工位置移到另一个加工位置的过程。目前世界上使用的搬运机器人被广泛应用于机床上下料、冲压机自动化生产线、自动装配流水线、搬运码垛集装箱等的自动搬运。

对搬运码垛机器人工作站一般有以下要求：

(1) 应有物品的传送装置，其形式要根据物品的特点选用或设计。

(2) 可使物品准确地定位，以便于机器人抓取。

(3) 多数情况下设有物品托板。

(4) 有些物品在传送过程还要经过整型，以保证码垛质量。

(5) 要根据被搬运物品设计专用末端执行器。

(6) 应选用适合于搬运码垛作业的机器人。

搬运码垛机器人工作站由机器人系统、机器人安装底座、机器人底拍子、搬运码垛端拾器、输送线、工件台、安全护栏和PLC控制系统组成。搬运码垛机器人工作站系统设备组成如表1-1所示。

表1-1 搬运码垛机器人工作站系统设备组成

序号	名 称	数量/套	特 点
1	机器人系统	1	包括SRM13A机器人本体、机器人控制器、变压器、机器人示教编程器等；主要负责工件码垛、拆垛，由输送线起始位置放料，至输送线末端抓取工件，完成工件码垛等功能
2	机器人安装底座	1	
3	机器人底拍子	1	
4	搬运码垛端拾器	1	由机器人端拾器法兰、真空吸盘组成；主要实现工件的吸取功能
5	输送线	1	包括皮带机、辊道机、倍速链条机
6	工件台	1	
7	安全护栏	1	
8	PLC控制系统	1	

搬运码垛机器人工作站整体布置如图1-1所示。

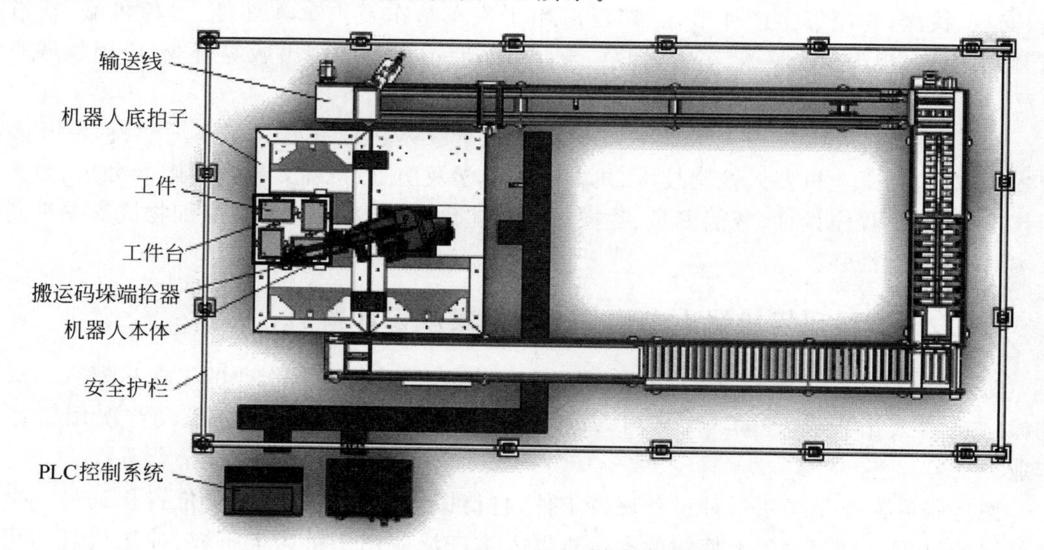

图1-1 搬运码垛机器人工作站系统整体组成

1.2.3 搬运码垛机器人工作站主要设备介绍

在搬运码垛机器人工作站中，机器人系统是非常重要的，它主要负责工件码垛、拆垛，由输送线起始位放料，至输送线末端抓取工件，完成工件码垛等功能，下面进行详细介绍。

机器人系统由机器人本体、机器人控制器和机器人示教编程器、机器人末端执行器等组成。

1. 机器人本体

搬运码垛机器人工作站案例中，机器人本体采用负载13kg的码垛机器人SRM13A(General Purpose Robots，通用型工业机器人)，如图1-2所示。

图1-2　机器人本体——13kg码垛机器人SRM13A

13kg码垛机器人SRM13A作为搬运码垛机器人工作站机器人系统中的机器人本体，具有鲜明的产品特色：采用新松机器人仿真工作系统(SIASUN Robot Virtual Workstation)，支持三维计算机辅助设计(CAD)模型重建及基于CAD模型的机器人免示教作业；支持视觉、力觉等各种智能传感信息；完全开放的自主系统，支持各种应用开发；网络化控制系统，丰富的外部接口及扩展能力；动作速度出类拔萃，满足苛刻的生产节拍；性价比高，备品配件质优价廉，广泛应用于搬运、码垛、装箱等机器人系统应用领域。其性能参数指标如表1-2所示。

表1-2　工业机器人参数表

型号(Type)		SRM13A
负载能力(Payload)		13kg
工作范围(水平 Range)		1430mm
重复定位精度(Repeatability)		±0.06mm
自由度数(DOF)		4
标准循环(Standard Cycle)		1800～2100次/小时
每轴最大运动范围(Range of Motion)	S	±170°
	L	+40°～−110°
	U	+20°～−130°
	4轴	±360°
每轴最大运动速度(Maximum Moving Speed)	S	125°/s
	L	150°/s
	U	150°/s
	4轴	400°/s
本体重量(Body Weight)		160kg
电源容量(Power Requirement)		3kV·A
防护等级(手腕)(Protection(Wrist))		IP65
预装信号线(1轴→4轴)(Reserved Signal Wire)		16芯，单芯线径0.2mm^2

2. 机器人示教编程器

机器人示教编程器是操作者与机器人之间的主要交流工具，操作者通过示教编程器对机器人进行各种操作、示教、编制程序，并可直接移动机器人。示教编程器通常应具有如下特点：图形化、人性化的操作界面，易于操作使用；可实现多窗口操作；丰富的系统设置；灵活的指令编辑；有多重安全保护；详尽的诊断信息；重量轻，操作轻便等。

机器人的各种信息、状态通过示教编程器显示给操作者。此外，还可通过示教编程器对机器人进行各种设置。其参数如表1-3所示。

表 1-3 机器人示教编程器参数

名　称	参数要求
显示	6.5 英寸彩色液晶屏
材质	强化塑料外壳(含护手带)
重量	1.8kg
尺寸	214mm×314mm×76mm
编程	在线示教，离线示教
指令类型	查询类、设置类、I/O 类、运动类、执行类、应用类
插补	点对点、直线、圆弧
坐标系	关节坐标系、直角坐标系、工具坐标系、用户坐标系
操作	菜单键、使能键、模式选择键(示教、执行)、急停按钮、轴组操作键、选择键、数值键、运动键等
防护等级	IP54
电缆长度	标准 8m；最大 15m

3. 机器人控制器

机器人控制器电气控制柜通过供电电缆和编码器电缆与机器人连接。电气控制柜集成了机器人的控制系统，是整个机器人系统的神经中枢。它由计算机硬件、软件和一些专用电路构成，其软件包括控制器系统软件、机器人专用语言、机器人运动学及动力学软件、机器人控制软件、机器人自诊断及保护软件等。控制器负责处理机器人工作过程中的全部信息并控制其全部动作。电气控制柜用来安装断路器、PLC、变频器、中间继电器和变压器等元器件。其中，PLC 是搬运码垛机器人工作站的控制核心，称为机器人控制器。搬运机器人的启动与停止、输送线的运行等，均由 PLC 实现。搬运码垛机器人工作站中的机器人电气控制柜如图 1-3 所示。

图 1-3 机器人电气控制柜

其产品特色如下：①模块化设计；②多重安全保护功能；③丰富的应用软件包(弧焊、点焊、打磨、喷涂、上下料等)；④灵活的离线编程技术与丰富的接口库，支持二次开发；⑤可扩展 PLC，实现系统无缝集成，支持现场总线。其参数如表 1-4 所示。

表 1-4 机器人电气控制柜参数

型号	SRC G5
尺寸	655(宽)mm×495(厚)mm×735(高)mm
冷却系统	间接冷却(风冷)
概略重量	75kg
周边温度	0～+45℃(运转时)；-20～+60℃(运输保管时)
相对湿度	≤90%RH(无冷凝)
电源	三相 AC380V(-15%～+10%),50/60Hz
接地	机器人专用接地系统
位置控制	点位控制、连续轨迹控制

续表

项目		参数
控制系统		交流伺服马达 完全独立同时控制(6 个机器人轴,可扩展 6 个外部轴)
加减速控制		软件伺服控制
存储容量	记忆介质(存储器)	CF 卡
	记忆容量	2GB
	记忆内容	软件系统(厂家使用)/系统参数、用户参数、作业等
	任务程序数	运动命令≥10000 条
存储容量	通用物理 I/O 端口	I/O 板,标准输入/输出各 16 点,可扩展为输入/输出各 32 点
	可扩展总线 I/O	4096 点 1024
	组	8 组可配置
	I/O 输入规格	DC24V;高低电平可选配(出厂设置低电平有效)
	I/O 输出规格	输出电压等级为 24V,电流为 1A,高低电平可选配(出厂设置低电平有效)
执行开关		连续轨迹、实时补偿、中断允许、偏移允许、限位开关、安全门等
编辑功能		添加、复制、删除、修改、备份、恢复、重命名等
程序调用		调用、转跳、条件跳转等
原点复位		由码盘电池支持,不需要每次开机时做原点复位
用户等级授权		普通用户、超级用户、高级用户
保护功能		中断保护、干涉区、位置软硬超限开关
涂装颜色		柜身:PANTONE 433C;柜门:RAL3002
接口		RS-232、CAN、TCP/IP、EtherCAT 等。可扩展 PLC,实现系统无缝集成,支持 Profibus-DP、Profinet、CC-LINK、MODBUS 等现场总线
防护等级		IP54

4. 机器人末端执行器及输送线

(1) 机器人末端执行器。在搬运码垛机器人工作站中,由于搬运的工件是平面板材,所以采用真空吸盘来夹持工件,故在机器人本体上安装了电磁阀组、真空发生器、端拾器法兰、真空吸盘等装置。机器人端拾器如图 1-4 所示。

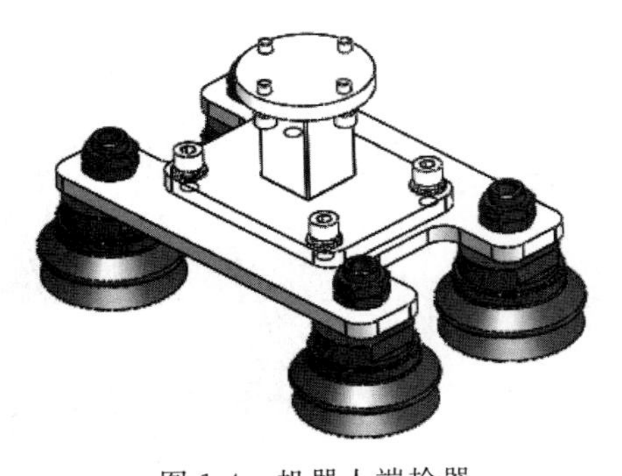

图 1-4　机器人端拾器

(2) 机器人输送线由皮带机、辊道机、倍速链条机、气缸拨料装置和移栽机等组成。输送线系统的主要功能是把上料位置处的工件传送到输送线的末端落料台上,以便于机器人搬运。输送线系统如图 1-5 所示。

皮带机:不锈钢皮带机是一种适用于输送平底货物的直线输送设备。在输送平底货物的运行方面,它有较大的灵活性。皮带机如图 1-6 所示。

皮带机基本构造:皮带机由机架、驱动单元、输送机构、导向单元等组成。输送机构由电机驱动,带动输送皮带运行,从而带动货物输送。较短输送物在两台皮带机间输送时,为保证顺利对接,在对接处安装有对接皮带。

皮带机工作原理:皮带按要求绕装于各个传动辊、张紧辊、驱动辊等各个辊筒间,由驱动轮运转带动皮带运行,实现将皮带上货物输送的功能。

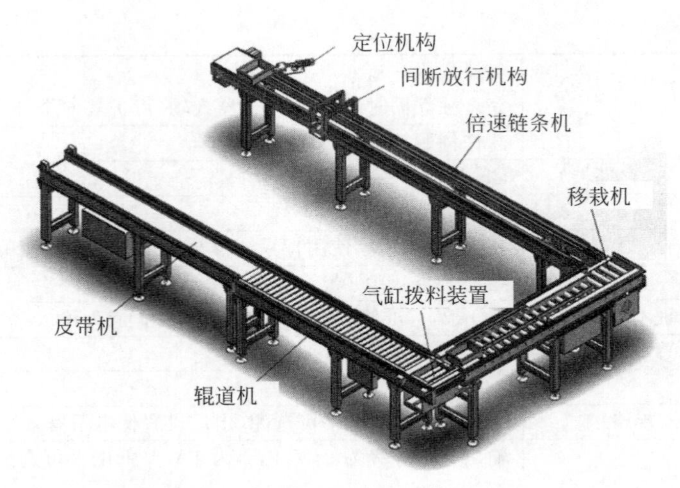

图 1-5 输送线系统

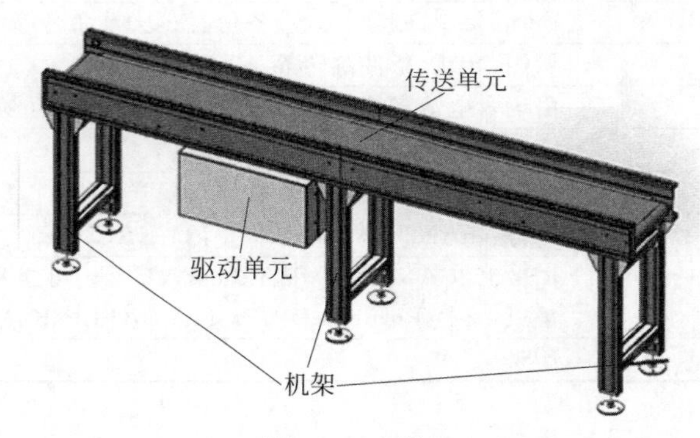

图 1-6 皮带机

辊道机：托盘辊道机是一种用途十分广泛的物料输送设备。它适用于标准托盘输送，制造、建材、化工、医药、轻工、食品、邮电以及仓库和物流配送中心等，是提高生产率、减轻劳动强度和物流自动化管理的主要设备。辊道机如图 1-7 所示。

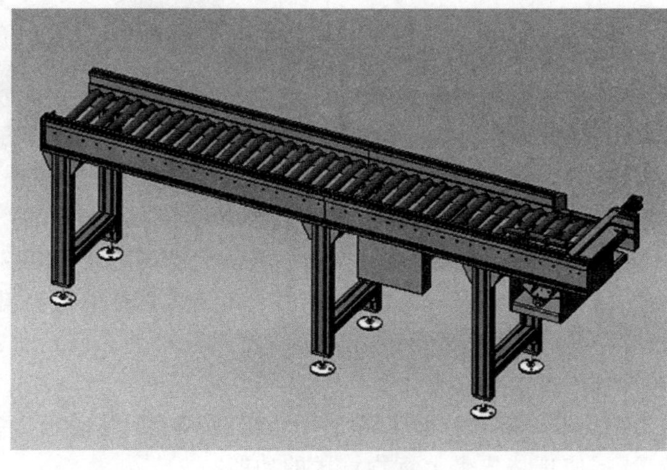

图 1-7 辊道机

基本构造与工作原理：托盘辊道机由机架、双链辊筒、驱动装置、支腿等部件组成。输送机的工作主要由驱动装置带动驱动链条，由链条带动双链辊筒，一环套一环地传动，从而带动全部辊筒运转，实现输送托盘的功能。

倍速链条机：铝合金倍速链条机是一种负载单元货物并做水平连续运行，并以低速的链条传动速度提供倍速输送速度的输送设备。在输送单元货物的运行方面，它有较大的灵活性，从托盘底部看可以纵向输送也可以横向输送。相比而言，辊道机对单元货物就需要有一个确定的输送方向。对于较长的输送线，链条机与辊道机相比具有重量轻和价格低的优势。在输送物需直角转向输送时，可通过链条移载机来实现。倍速链条机如图 1-8 所示。

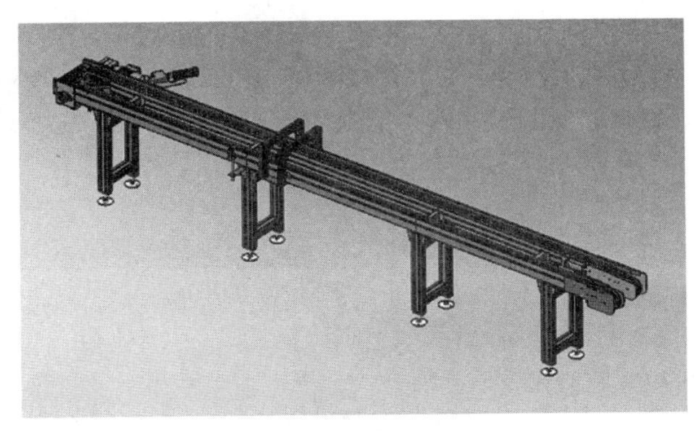

图 1-8　倍速链条机

基本构造与工作原理：铝合金倍速链条机主要由机架组件、支腿、驱动架、倍速链条、防护罩等经连接件组合而成。驱动架上的电机经传动轴带动两边的倍速链条，承载链条沿着铝型材导轨行走，在机架头部有一个链条张紧装置。支撑机架由两条倍速链铝合金机架型材和可调节支腿组成，支腿数量取决于倍速链条机的长度和负载重量，通过横挡连接的两个支腿片增强了机架的刚性。驱动电机通过链传动带动驱动轴，再由驱动轴向两侧机架上连续输送链条传递扭矩，倍速链输送链条通过滑动和滚动传送负载。

1.2.4　搬运码垛机器人工作站作业流程

搬运码垛机器人工作站的主要工作流程是最终设计实现的预期要求，也是设计完成的主要目标，因此对作业流必须要有整体的规划。

（1）机器人拆垛：机器人从工作台上的抓料点抓取工件放在输送线起点。工作台抓料点如图 1-9 所示，输送线起点如图 1-10 所示。

（2）输送线传输：工件依次经过皮带机、辊筒机、气缸拨料装置、移栽机，缓存在倍速链上。输送线传输工件流动方向如图 1-11 所示。

（3）通过间断放行装置：间断放行装置将连在一起的工件分开逐个放过，定位装置对放过的工件进行定位。间断放行装置如图 1-12 所示。

（4）机器人码垛：机器人在输送线上抓取工件进行码垛，将物料放置在工作台上。输送线末端取料点如图 1-13 所示。

图 1-9　工作台抓料点

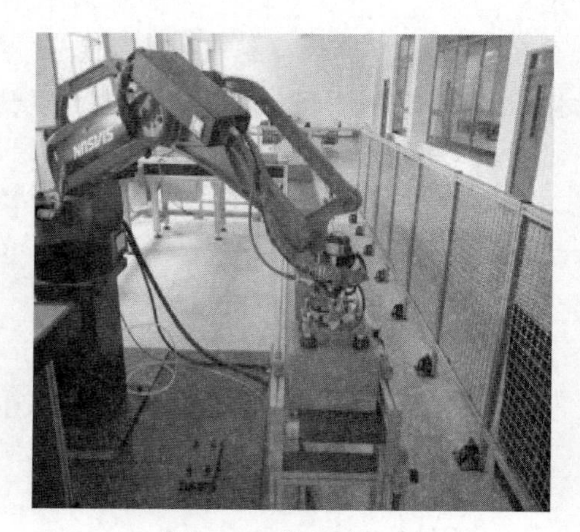

图 1-10　输送线起点

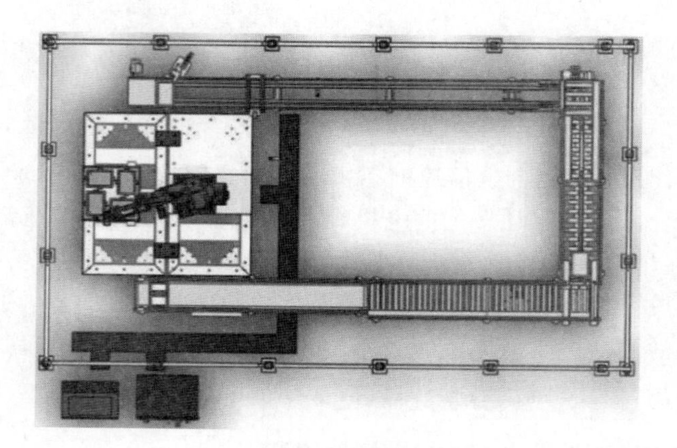

图 1-11　输送线传输工件流动方向

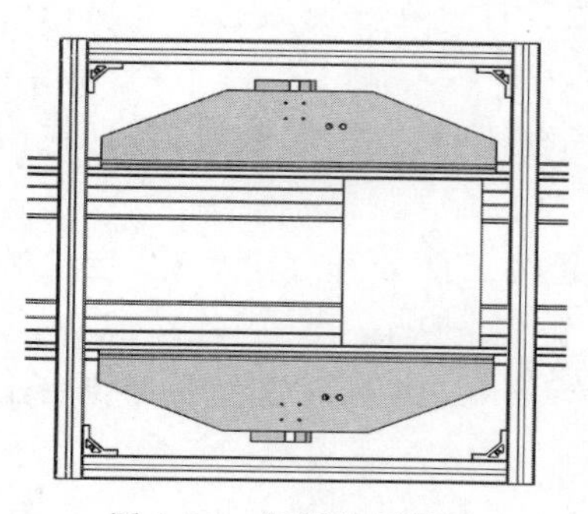

图 1-12　间断放行装置

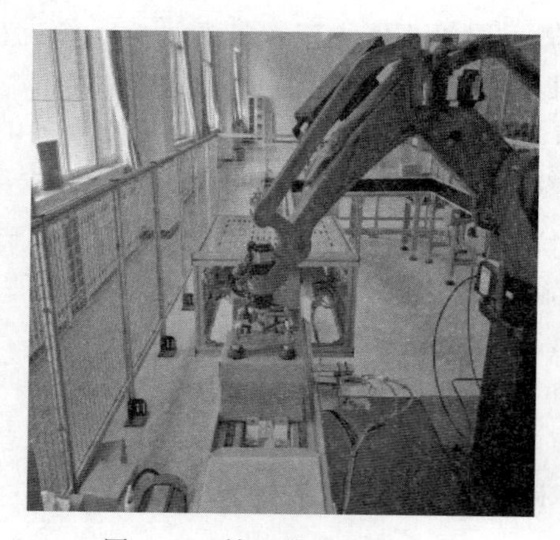

图 1-13　输送线末端取料点

(5) 机器人码垛完成后重复(1)～(4)过程,循环运转。上料位置处装有光敏传感器,用于检测是否有工件,若有工件,将启动输送线,输送工件。输送线的末端落料台也装有光敏传感器,用于检测落料台上是否有工件,若有工件,将启动机器人系统来搬运。

1.2.5　其他搬运码垛机器人解决方案

搬运机器人技术正在向智能化、模块化和系统化的方向发展。其发展趋势主要为：结构的模块化和可重构化；控制技术的开放化、PC 化和网络化；伺服驱动技术的数字化和分散化；多传感器融合技术的实用化；工作环境设计的优化和作业的柔性化以及系统的网络化和智能化等。

随着时代的发展,高效、快速是生产技术的主要任务,为解放多余劳动力,提高生产效率,减少生产成本,缩短生产周期,码垛机器人应运而生,它可以代替人工进行货物的分类、搬运和装卸工作或代替人类搬运危险物品,如放射性物质、有毒物质等,降低工人的劳动强度,提高生产和工作效率,保证了工人的人身安全,实现自动化、智能化、无人化。

码垛机器人解决方案 1——袋类/报夹式,如图 1-14 所示。码垛机器人解决方案 2——箱体/夹板式,如图 1-15 所示。码垛机器人解决方案 3——箱体/吸盘式,如图 1-16 所示。码垛机器人解决方案 4——桶制/定制式,如图 1-17 所示。码垛机器人解决方案 5——砖类/分砖式如图 1-18 所示。

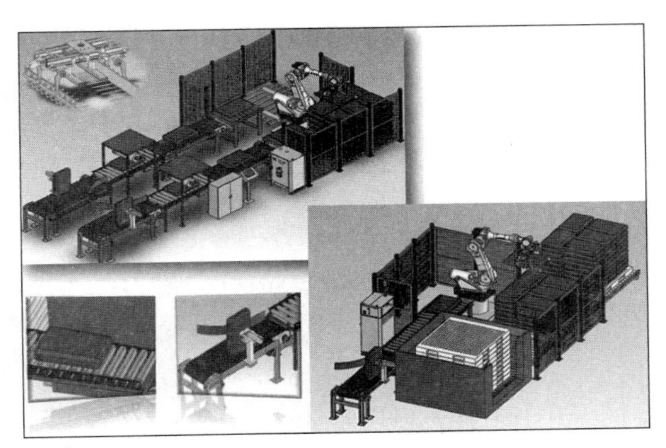

图 1-14　袋类/报夹式工作站方案

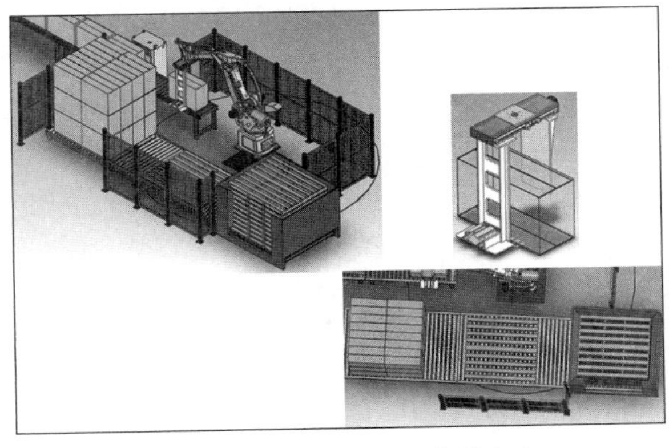

图 1-15　箱体/夹板式工作站方案

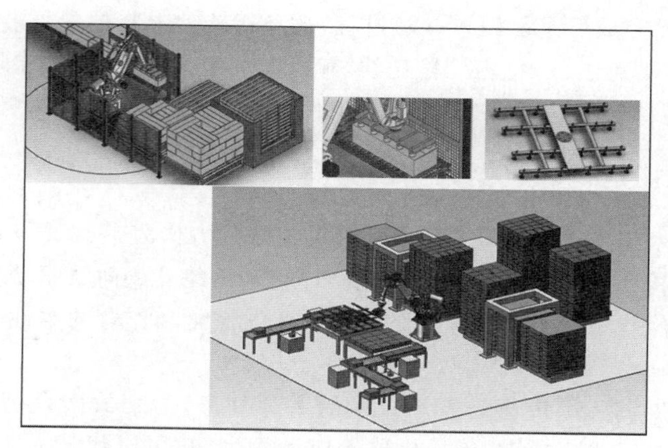

图 1-16 箱体/吸盘式工作站方案

图 1-17 桶制/定制式工作站方案

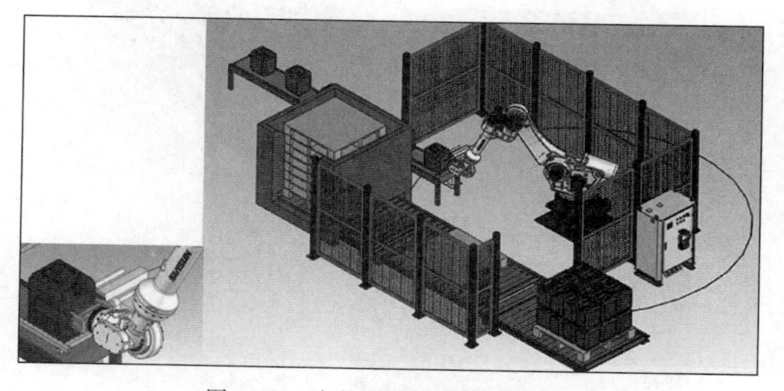

图 1-18 砖类/分砖式工作站方案

1.3 搬运码垛机器人工作站项目设计

在机器人系统集成设计规划中，大家对机器人系统集成有了初步的认识。搬运码垛机器人工作站这么复杂，是怎样设计的呢？看着眼前的搬运码垛机器人工作站，认识还不够。

刚开始接触系统集成，可先运用仿真软件设计一个搬运码垛机器人工作站，进一步加深对工业机器人系统集成的认识。

搬运码垛机器人工作站是一种集成化的系统，它包括机器人本体、控制器、PLC、机器人末端执行器等，并与控制系统相连接，形成完整的、集成化的搬运系统。

本任务设计的搬运码垛机器人工作站的主要功能是实现机器人搬运物料，对这些功能的实现形成了一整套的工序，每一个工序都需要一种或多种元件配合实现，因此可以根据要完成的工序选用相应的硬件，并进行电气电路连接以及编程调试，即可设计搬运码垛机器人工作站。为避免危险的工作环境，可采用仿真软件设计搬运码垛机器人工作站，构造虚拟机器人及其工作环境。RobotStudio 是一款基于通用机器人系统的三维计算机辅助设计软件，其特点是功能强大、技术创新和易学易用，本任务就使用 RobotStudio 软件三维建模的方法进行搬运码垛机器人工作站的仿真设计。

由于机器人本体和末端执行器是搬运码垛机器人工作站的主体，因此确定工作台后，需安装机器人本体和末端执行器。如果机器人需执行不同的工作，就需要安装快换接头，执行不同工作时在快换接头处替换不同的末端执行器。

为了保证搬运码垛机器人工作站的安全，一般都会设置启动、停止、急停、复位等按钮，以及相应的指示灯，显示工作状态。

搬运码垛机器人工作站中所有的动作和功能都是由 PLC 统一协调的，因此还需安装 PLC 以及控制 PLC 的触摸屏。

为实现机器人的设计工作，可在搬运码垛机器人工作站安装画板，并在快换接头处添加画笔工具。

通过以上步骤，完成了搬运码垛机器人工作站硬件的安装，而动作的有序执行还需连接控制电路，并对 PLC 和机器人进行编程，进而完成搬运码垛机器人工作站的整体设计。

给系统通电后，将程序传送给 PC 和机器人，即可调试搬运码垛机器人工作站。

第2章

工业机器人的选型

工业机器人就是面向工业领域的多关节机械手或多自由度机器人，对于搬运码垛机器人工作站来说所用到的机器人就是搬运码垛机器人。想要实现搬运码垛机器人工作站的系统集成设计，首先需要选择一个适合的工业机器人来满足生产。

2.1 工业机器人选型概述

2.1.1 工业机器人结构组成

工业机器人是机电一体化的系统，它面向操作对象，通常由监测系统、控制系统、驱动系统、执行机构等几部分组成，其组成部分关系如图 2-1 所示。

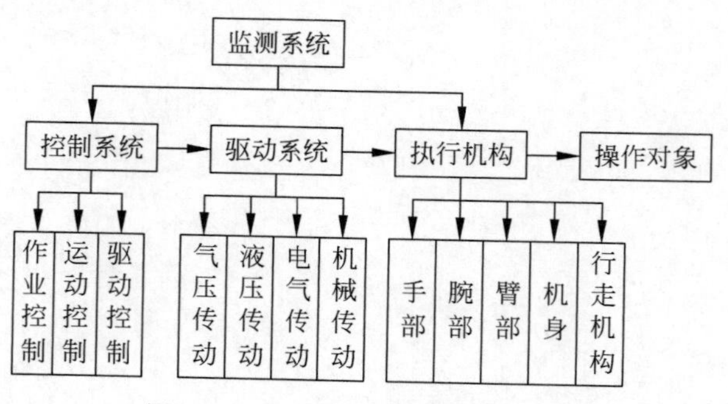

图 2-1 工业机器人组成部分关系

(1) 监测系统。监测系统主要用来检测执行机构所处的位置、姿势，并将这些情况及时反馈给控制系统，控制系统根据这个反馈信息再发出调整动作的信号，使执行机构进一步动作，从而使执行系统以一定的精度到达规定的位置和姿势。

(2) 控制系统。控制系统是工业机器人的指挥中心，包括作业控制、运动控制、驱动控制。控制工业机器人按规定的程序动作。控制系统还可存储各种指令(如动作顺序、运动轨迹、运动速度以及动作的时间节奏等)，向各个执行元件发出指令。必要时，控制系统可对自己的行为加以监视，一旦有越轨的行为，能自己排查出故障发生的原因并及时发出报警信号。

(3) 驱动系统。驱动系统装在机械本体内，驱动系统的作用是向执行元件提供动力。根据不同的动力源，驱动系统的传动方式也分为气动传动、液压传动、电气传动和机械传动四种。

(4) 执行机构。执行机构可以抓起工件，并按规定的运动速度、运动轨迹，把工件送到指定位置，放下工件。通常执行机构有以下几个部分：

手部。手部是工业机器人用来握持工件或工具的部位，直接与工件或工具接触。有些工业机器人直接将工具(如电焊枪、油漆喷枪、容器等)固定在手部，就不再另外安装手部了。

腕部。腕部是将手部和臂部连接在一起的部件，它的作用是调整手部的方位和姿态并可扩大臂部的活动范围。

臂部。臂部支承着腕部和手部，使手部活动的范围扩大。

无论是手部、腕部或是臂部都有许多轴孔，孔内有轴，轴和孔之间形成一个关节，机器人有一个关节就有了一个自由度。

机身。机身用来支承手部、腕部和臂部，驱动装置及其他装置也固定在机械本体上。

行走机构。行走机构用来移动工业机器人。对于可以行走的工业机器人，其机械本体是可以移动的；否则，机械本体直接固定在基座上。有的行走机构是模仿人的双腿，有的只不过是轨道和车轮机构而已。

最终通过执行机构对操作对象进行操作。

2.1.2　工业机器人的分类

工业机器人按不同的领域有不同的分类方法。

(1) 按用途分类。工业机器人按用途可分为搬运码垛机器人、焊接机器人、装配机器人、上下料机器人、喷漆机器人、涂胶机器人、采矿机器人和食品工业机器人等。弧焊机器人如图 2-2(a)所示，搬运机器人如图 2-2(b)所示，点焊机器人如图 2-2(c)所示，机床上下料机器人如图 2-2(d)所示。

(2) 按臂部的运动形式分类。工业机器人按臂部的运动形式，可分为直角坐标型、圆柱坐标型、球坐标型、关节型。直角坐标型的臂部可沿三个直角坐标移动。圆柱坐标型的臂部可作升降、回转和伸缩动作。球坐标型的臂部可回转、俯仰和伸缩。关节型的臂部有多个转动关节。

(3) 按执行机构运动的控制机能分类。工业机器人按执行机构运动的控制机能，可分点位型和连续轨迹型。点位型：控制执行机构由一点到另一点准确定位，适用于机床上下料、点焊和一般搬运、装卸等作业。连续轨迹型：可控制执行机构按给定轨迹运动，适用于连续焊接和涂装等作业。

(4) 按程序输入方式分类。工业机器人按程序输入方式分为编程输入型和示教输入型两类。编程输入型是将计算机上已编好的作业程序文件，通过 RS-232 串口或者以太网等通信方式传送到机器人控制系统。示教输入型的工业机器人也称为示教再现型工业机器人。具有触觉、力觉或视觉的工业机器人，能在较为复杂的环境下工作；如具有识别功能或更进一步增加自适应、自学习功能，则称为智能型工业机器人。它能按照人给出的“宏指令”自选或自编程序去适应环境，并自动完成更为复杂的工作。示教输入型的示教方法有两种：一种是由操作者用手动控制器(示教器)，将指令信号传给驱动系统，使执行机构按要求的动作顺序和运动轨迹操演一遍；另一种是由操作者直接移动执行机构，按要求的动作顺序和

(a) 弧焊机器人

(b) 搬运机器人

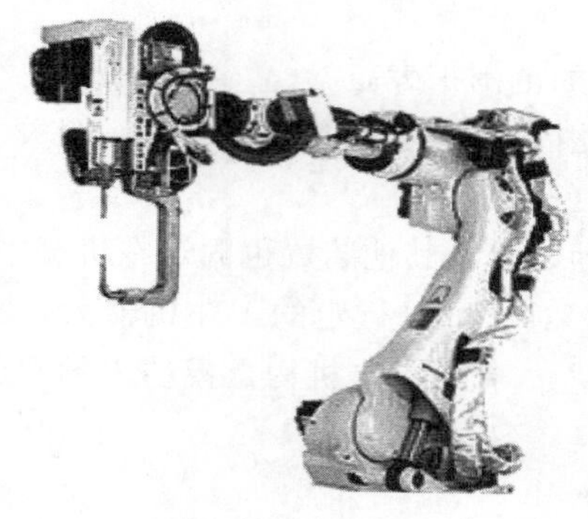

(c) 点焊机器人

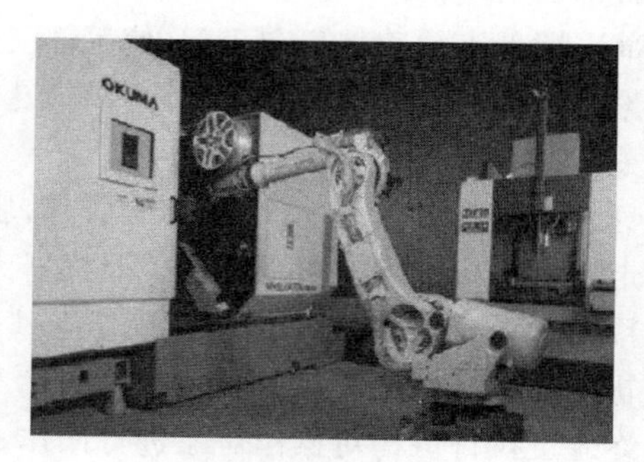

(d) 机床上下料机器人

图 2-2　工业机器人的部分应用

运动轨迹操演一遍。在示教的同时，工作程序的信息自动存入程序存储器中，在机器人自动工作时，控制系统从程序存储器中检出相应信息，将指令信号传给驱动机构，使执行机构再现示教的各种动作。

2.2　搬运码垛工作站机器人系统

搬运码垛机器人工作站中的机器人系统构成复杂，其中配件有电气控制柜与机械本体的电缆连线，包括码盘电缆、动力电缆，还有为整个系统供电的电源电缆、变压器，如图 2-3 所示。

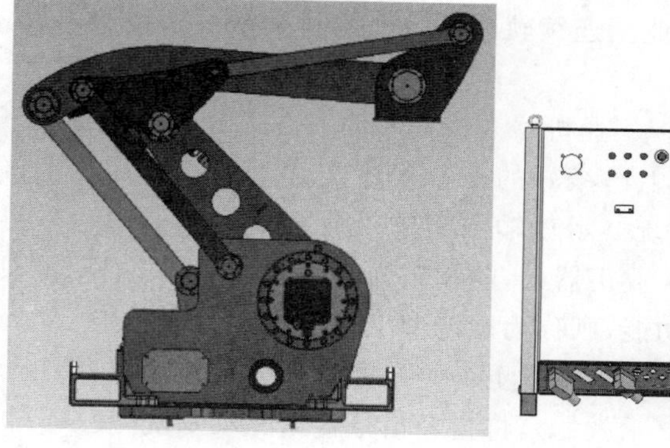

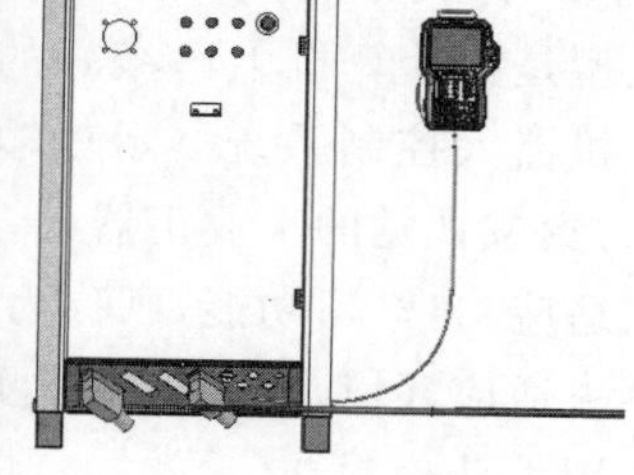

图 2-3　机器人系统主要构成

2.2.1 机器人本体

工业机器人的选型参数有很多，其技术指标反映了机器人的适用范围和工作性能。对于第一次准备选型机器人本体的设计人员或学生来说，也许会有些迷茫。下面从几个专业方面，讨论如何选择一个合适的工业机器人。

1. 应用场合

首先，最重要的依据是评估机器人本体用于怎样的应用场合以及什么样的工序。若是应用工序需要在人工旁边由机器协同完成，对于通常的人机混合的半自动线，特别是需要经常变换工位或移位移线的情况，以及配合新型力矩感应器的场合，协作型机器人应该是一个很好的选择。如果是寻找一个紧凑型的取放料机器人，可以选择水平关节型机器人。如果是针对小型物件快速取放的场合，则并联机器人最适合。

针对垂直关节多轴机器人（Multi-axis）进行讨论，这种机器人可以适应非常大范围的应用，从取、放料到码垛，以及喷涂、打磨、焊接等专用工序。现在，工业机器人制造商基本上针对每一种应用工序都有相应的机器人方案。接下来，需要明确希望机器人做哪个工作，以及从不同的种类当中选择最适合的型号。

2. 额定负载

额定负载指的是机器人在其工作空间可以携带的最大负荷，从 3kg 到 1300kg 不等。

机器人完成将目标工件从一个工位搬运到另一个工位，需要注意将工件的重量以及机器人夹手的重量加到一起计算其工作负荷。另外特别需要注意的是机器人的负载曲线，在空间范围的不同距离位置，实际负载能力会有差异。机器人的负载曲线如图 2-4 所示。

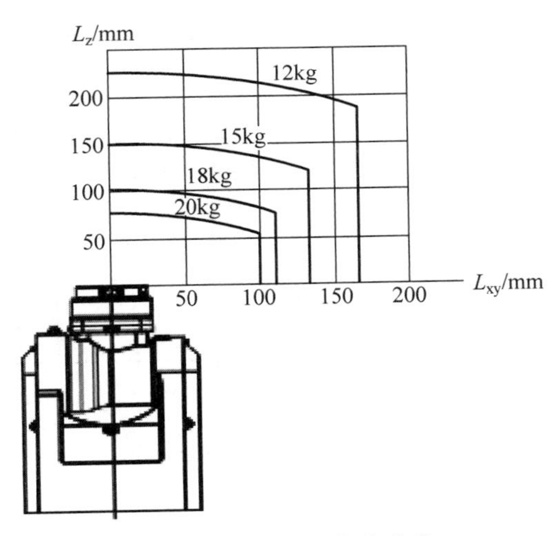

图 2-4　机器人的负载曲线

3. 自由度

机器人的自由度（Degree of Freedom，DoF），是指其末端执行器相对于参考坐标系能够独立运动的数目，但并不包括末端执行器的开合自由度。自由度是机器人的重要技术指标，它是由机器人的结构决定的，并直接影响机器人是否能完成与目标作业相适应的动作。比如，本书案例中采用的码垛机器人工作站就是采用四个自由度的机器人。

机器人配置的轴数直接关联其自由度。如果是针对一个简单的直来直去的场合，比如从一条皮带线取放到另一条，简单的 4 轴机器人就足够了。但是，如果应用场景在一个狭小的工作空间且机器人手臂需要很多的扭曲和转动，6 轴或 7 轴机器人将是最好的选择，理论上 6 轴机器人可以到达空间内任意点。轴数一般取决于该应用场合。应当注意，在成本允许的前提下，选择多一点的轴数在灵活性方面是更优的方案，这样方便后续重复利用改造机器人到另一个应用工序，能适应更多的工作任务。

基本上，第一关节(J_1)是最接近机器人底座的那个。接下来的关节称为 J_2、J_3、J_4 等，直到到达手腕末端。

4. 最大动作范围

当评估目标应用场合时，应该了解机器人需要到达的最大距离。选择一个机器人不仅要考虑有效载荷，也需要综合考量它到达的确切距离。每款机器人都会给出相应的动作范围图，由此可以判断，该机器人是否适合于特定的应用。机器人的水平运动范围，应注意机器人在近身及后方为非工作区域，如图 2-5(a)所示。

机器人的最大垂直高度是从机器人能到达的最低点(常在机器人底座以下)到手腕可以达到的最大高度的距离(Y)。最大水平作动距离是从机器人底座中心到手腕可以水平达到的最远点的中心的距离(X)，如图 2-5(b)所示。

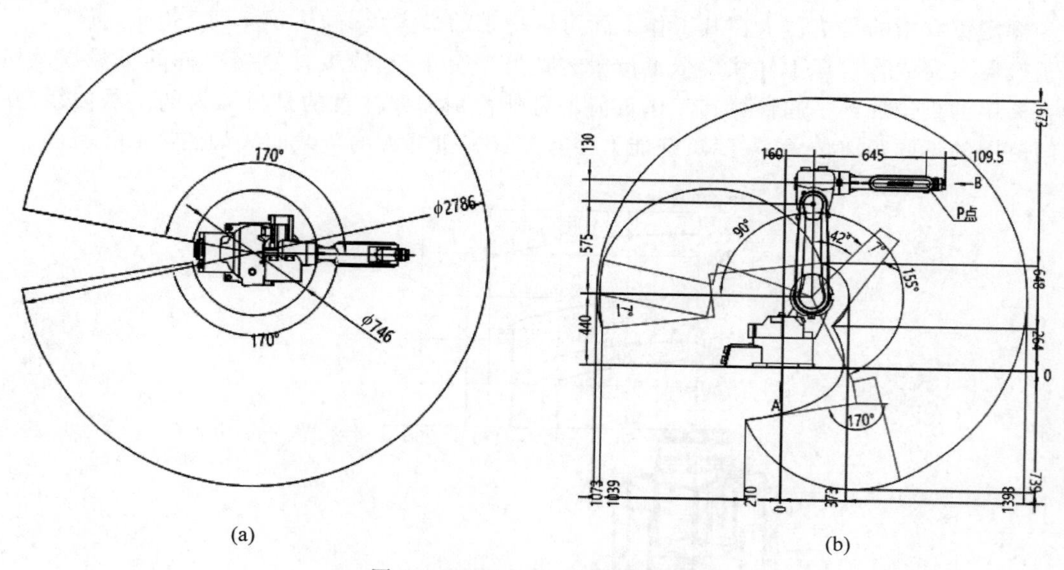

图 2-5 机器人的水平运动范围

5. 定位精度

机器人精度是指定位精度和重复定位精度。定位精度是指机器人手部实际到达位置与目标位置之间的差异。重复定位精度是指机器人重复定位同一目标位置的能力。

同样，这个因素也取决于应用场合。重复定位精度可以描述为机器人完成例行的工作任务每一次到达同一位置的能力，一般为±0.05～±0.02mm，甚至更精密。例如，机器人组装一个电子线路板，需要一个超级精密重复定位精度的机器人。如果应用工序比较粗糙，比如打包、码垛等，工业机器人就不需要那么精密了。

另外，组装工程的机器人精度的选型要求，也关联组装工程各环节尺寸和公差的传递和计算，比如，来料物料的定位精度，工件本身在夹具中的重复定位精度等。这项指标从 2D 方面以正负表示。事实上，由于机器人的运动重复点不是线性的而是在空间 3D 运动，该参数的实际情况可以是在公差半径内的球形空间内任意位置。现在的机器视觉技术的运动补偿，将降低机器人对于来料精度的要求和依赖，提升整体的组装精度。

6. 速度

机器人在保持运动平稳性和位置精度的前提下所能达到的最大速度称为额定速度。速度取决于该作业需要完成的周期时间。该型号机器人最大速度，考量从一个点到另一个点的加减速，实际运行的速度在 0 和最大速度之间。这项参数单位通常以度/秒计。有的机器人制造商也会标注机器人的最大加速度。

7. 本体重量

机器人本体重量是设计机器人单元时的一个重要因素。如果工业机器人必须安装在一个定制的机台，甚至在导轨上，需要知道它的重量来设计相应的支撑。

8. 刹车和转动惯量

机器人制造商会提供所制造的机器人制动系统的信息。有些机器人对所有的轴配备刹车，其他的机器人型号不是所有的轴都配置刹车。要在工作区中确保精确和可重复的位置，需要有足够数量的刹车。比如意外断电发生时，不带刹车的负重机器人轴不会锁死，有造成意外的风险。

机器人制造商也会提供机器人的转动惯量。对于设计的安全性来说，这将是一个额外的保障，考虑到不同轴上适用的扭矩，例如，如果动作需要一定量的扭矩以正确完成工作，需要检查在该轴上使用的最大扭矩是否正确，如果选型不正确，机器人则可能由于过载而死机。

9. 防护等级

根据机器人的使用环境，选择达到一定的防护等级(IP 等级)标准。一些制造商提供相同的机械手针对不同的场合、不同的 IP 防护等级的产品系列。如果机器人在与生产食品相关的产品以及医药、医疗器具，或易燃易爆的环境中工作时，IP 等级会有所不同。一般，标准：IP40，油雾：IP67，清洁 ISO 等级：3。

在搬运码垛机器人工作站中，机器人本体采用新松 4 轴机器人，如图 2-6 所示。其特点如下：

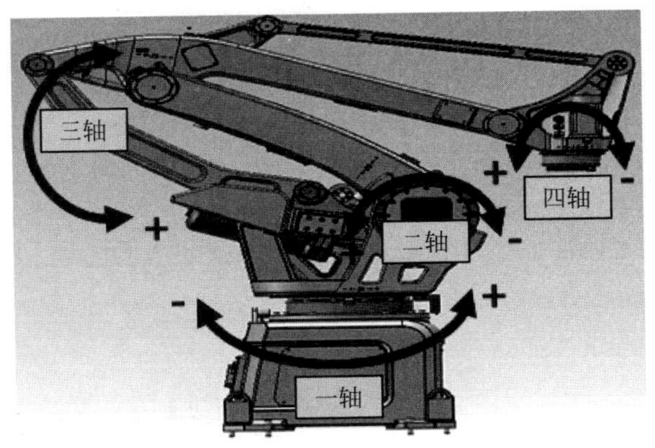

图 2-6　4 轴码垛机器人本体及各轴运动方向

（1）结构简单、零部件少。零部件的故障率低、性能可靠、保养维修简单、所需库存零部件少。

（2）占地面积小。有利于厂房中生产线的布置，并可留出较大的库房面积。码垛机器人设置在狭窄的空间即可有效地使用。

（3）适用性强。当产品的尺寸、体积、形状及托盘的外形尺寸发生变化时只需在触摸屏上稍做修改即可，不会影响正常的生产。而机械式的码垛机更改则相当麻烦，甚至是无法实现的。

（4）能耗低。通常机械式码垛机的功率在 26kW 左右，而码垛机器人的功率为 5kW 左右，大大降低了运营成本。

（5）全部控制在电气控制柜屏幕上操作即可，操作简单。

（6）只需定位抓起点和摆放点，示教方法简单易懂。

2.2.2 机器人电气控制柜

1. 电气控制柜外观

机器人电气控制柜前面板如图 2-7 所示，有电气控制柜电源开关、门锁以及各按钮/指示灯，机器人示教编程器悬挂在按钮下方的示教盒挂钩上，电气控制柜底部是互联电缆接口。其中，电气控制柜按钮功能如图 2-8 所示。

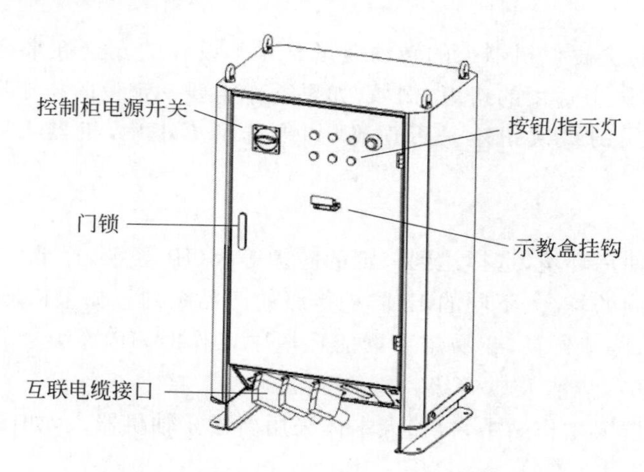

图 2-7 电气控制柜外观

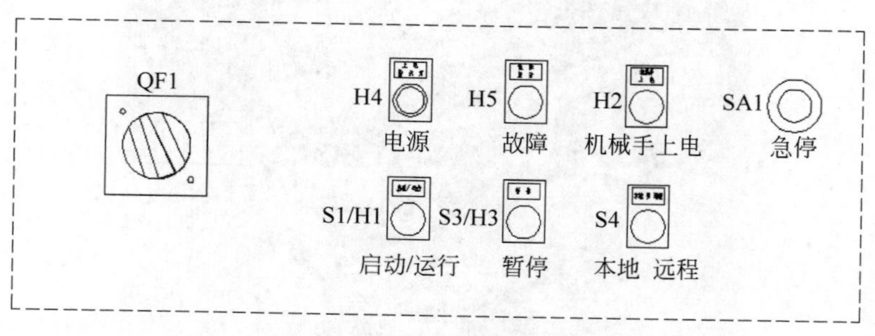

图 2-8 电气控制柜按钮功能

QF1：电气控制柜电源开关。

电源指示灯(H4)：指示电气控制柜电源状态。当电气控制柜电源接通后，该指示灯亮。

故障指示灯(H5)：指示机器人处于报警或急停状态。当机器人控制系统发出报警时，该指示灯亮；当报警被解决后，该指示灯熄灭。

机械手上电指示灯(H2)：在示教模式下，伺服驱动单元上动力电，再按使能开关至中间挡时，给伺服电机上励磁，指示灯亮；在执行模式下，伺服驱动单元上动力电后自动励磁，指示灯亮。

启动/运行(S1/H1)：既是按钮又是指示灯。当系统处于执行模式时，启动指定程序运行，指示灯亮。

暂停(S3/H3)：既是按钮又是指示灯。当系统处于执行模式时，暂停正在运行的程序，再次按下启动按钮，程序可以继续运行。当程序处于暂停状态时，指示灯亮。

本地/远程(S4)：是一个可以旋转的钥匙开关。当开关旋转至本地时，机器人自动运行由电气控制柜按钮实现；当开关旋转至远程时，机器人自动运行由外围设备控制实现。

急停(SA1)：该按钮按下时，伺服驱动及电机动力电立刻被切断，如果机器人正在运动，则停止运动，同时故障灯亮。旋转或拔起该按钮可以解除急停。

注：非紧急情况下停止正在运行的机器人，请先按下暂停按钮，不要在机器人运动过程中直接关闭电源或按下急停按钮，以免对机械造成冲击损害。

2. 电气控制柜设计

典型的工业驱动控制系统电气柜设计，柜体需要为驱动系统、供电系统、机器人控制系统(大多数厂商选择工控计算机而不是PLC加运动控制器方案)，以及通信总线系统提供安装、操作、维护的环境，布局、热量管理以及相关设计标准的执行是关键。其技术要点涉及：低压电气系统设计，伺服驱动系统应用，电气柜风道和散热设计，安全，现场总线的连接，各种设计标准，熟练使用CAD软件等。另外，电气控制柜为与用户接触最多的部分，要深入考虑使用过程中的方便与美观。

首先介绍电气控制柜的设计原则。

基本思路：只要符合逻辑控制规律、能保证电气安全及满足生产工艺的要求，就可以认定为是一种好的设计。但为了满足电气控制设备的制造和使用要求，必须进行合理的电气控制工艺设计，包括电气控制柜的结构设计、电气控制柜总体配置图、总接线图设计及各部分的电器装配图与接线图设计，同时还要有部分的元件目录、进出线号及主要材料清单等技术资料。

电气控制柜总体配置设计：其任务是根据电气原理图的工作原理与控制要求，先将控制系统划分为几个组成部分(这些组成部分均称作部件)，再根据电气控制柜的复杂程度，把每一部件划成若干组件，然后再根据电气原理图的接线关系整理出各部分的进出线号，并调整它们之间的连接方式。总体配置设计是以电气系统的总装配图与总接线图形式来表达的，图中应以示意形式反映出各部分主要组件的位置及各部分接线关系、走线方式及使用的行线槽、管线等。

电气控制柜总装配图、接线图是进行分部设计和协调各部分组成为一个完整系统的依据。总体设计要使整个电气控制系统集中、紧凑，同时在空间允许条件下，把发热元件、噪声振动大的电气部件尽量放在离其他元件较远的地方或隔离起来；对于多工位的大型设备，还应考虑两地操作的方便性；电气控制柜的总电源开关、紧急停止控制开关应安放在方便而明显的位置。

总体配置设计得合理与否关系到电气控制系统的制造、装配质量，更影响到电气控制系统性能的实现及其工作的可靠性、操作、调试、维护等工作的方便及质量。

由于各种电器元件安装位置不同，在构成一个完整的电气控制系统时，就必须划分组件。划分组件的原则是：

（1）把功能类似的元件组合在一起；

（2）尽可能减少组件之间的连线数量，同时把接线关系密切的控制电器置于同一组件中；

（3）使强弱电控制器分离，以减少干扰；

（4）力求整齐美观，把外形尺寸、重量相近的电器组合在一起；

（5）为了电气控制系统便于检查与调试，把需经常调节、维护和易损元件组合在一起。

在划分电气控制柜组件的同时要解决组件之间、电气箱之间以及电气箱与被控制装置之间的连线方式。电气控制柜各部分及组件之间的接线方式一般应遵循以下原则：

（1）开关电器、控制板的进出线一般采用接线端头或接线鼻子连接，可按电流大小及进出线数选用不同规格的接线端头或接线鼻子；

（2）电气柜、控制柜、柜（台）之间以及它们与被控制设备之间，采用接线端子排连接；

（3）弱电控制组件、印制电路板组件之间应采用各种类型的标准接插件连接；

（4）电气柜、控制柜、柜（台）内的元件之间，可以借用元件本身的接线端子直接连接；

（5）过渡连接线应采用端子排过渡连接，端头应采用相应规格的接线端子处理。

3. 电器元件布置图的设计与绘制

电气元件布置图是某些电器元件按一定原则的组合。电器元件布置图的设计依据是部件原理图、组件的划分情况等。设计时应遵循以下原则：

（1）同一组件中电器元件的布置应注意将体积大和较重的电器元件安装在电器板的下面，而发热元件应安装在电气控制柜的上部或后部，但热继电器宜放在其下部，因为热继电器的出线端直接与电动机相连便于出线，而其进线端与接触器直接相连接，便于接线并使走线最短，且易于散热。

（2）强电弱电分开并注意屏蔽，防止外界干扰。

（3）需要经常维护、检修、调整的电器元件安装位置不宜过高或过低，人力操作开关及需经常监视的仪表的安装位置应符合人体工程学原理。

（4）电器元件的布置应考虑安全间隙，并做到整齐、美观、对称，外形尺寸与结构类似的电器可安放在一起，以利加工、安装和配线；若采用行线槽配线方式，应适当加大各排电器间距，以利布线和维护。

（5）各电器元件的位置确定以后，便可绘制电器布置图。电气布置图是根据电器元件的外形轮廓绘制的，即以其轴线为准，标出各元件的间距尺寸。每个电器元件的安装尺寸及其公差范围，应按产品说明书的标准标注，以保证安装板的加工质量和各电器的顺利安装。大型电器柜中的电器元件，宜安装在两个安装横梁之间，这样可减轻柜体重量，节约材料，另外便于安装，所以设计时应计算纵向安装尺寸。

（6）在电器布置图设计中，还要根据本部件进出线的数量、采用导线规格及出线位置等，选择进出线方式及接线端子排、连接器或接插件，并按一定顺序标上进出线的接线号。

4. 电气部件接线图的绘制

电气部件接线图是根据部件电气原理及电器元件布置图绘制的，它表示成套装置的连接关系，是电气安装、维修、查线的依据。接线图应按以下原则绘制：

(1) 接线图相接线的绘制应符合《控制系统功能表图的绘制》的规定。

(2) 电气元件及其引线标注应与电气原理图中的文字符号及接线号相一致。原理图中的项目代号、端子号及导线号的编制应分别符合《电气技术中的项目代号》《电气设备接线端子和特定导线线端的识别及应用字母数字系统的通则》及《绝缘导线标记》等规定。

(3) 与电气原理图不同，在接线图中同一电器元件的各个部分(触头、线圈等)必须画在一起。

(4) 电气接线图一律采用细线条绘制。走线方式分板前走线及板后走线两种，一般采用板前走线。对于简单电气控制部件，电器元件数量较少，接线关系不复杂的，可直接画出各元件间的连线；对于复杂部件，电器元件数量多，接线较复杂的情况，一般采用走线槽，只要在各电器元件上标出接线号，不必画出各元件间连线。

(5) 接线图中应标出配线用的各种导线的型号、规格、截面积及颜色要求等。

(6) 部件与外电路连接时，大截面导线进出线宜采用连接器连接，其他应经接线端子排连接。

5. 电气控制柜及非标准零件图的设计

电气控制装置通常都需要制作单独的电气控制柜、箱，其设计需要考虑以下几方面：

(1) 根据操作需要及控制面板、箱、柜内各种电气部件的尺寸确定电气箱、柜的总体尺寸及结构形式，非特殊情况下，应使电气控制柜总体尺寸符合结构基本尺寸与系列。

(2) 根据电气控制柜总体尺寸及结构形式、安装尺寸，设计箱内安装支架，并标出安装孔、安装螺栓及接地螺栓尺寸，同时注明方式。柜、箱的材料一般应选用柜、箱用专用型材。

(3) 根据现场安装位置、操作、维修方便等要求，设计电气控制柜的开门方式及形式。

(4) 为利于控制柜箱内电器的通风散热，在箱体适当部位设计通风孔或通风槽，必要时应在柜体上部设计强迫通风装置与通风孔。

(5) 为便于电气控制柜的运输，应设计合适的起吊勾或在箱体底部设计活动轮。

根据以上要求，应先勾画出电气控制柜箱体的外形草图，估算出各部分尺寸，然后按比例画出外形图，再从对称、美观、使用方便等方面进一步考虑调整各尺寸比例。电气控制柜外表确定以后，再按上述要求进行控制柜各部分的结构设计，绘制箱体总装图及各面门、控制面板、底板、安装支架、装饰条等零件图，并注明加工要求，再视需要为电气控制柜选用适当的门锁。当然，电气柜的造型结构各异，在柜体设计中应注意汲取各种造型结构的优点。对非标准的电器安装零件，应根据机械零件设计要求，绘制其零件图，凡配合尺寸应注明公差要求，并说明加工要求。

最后，还要根据各种图纸，对电气控制柜需要的各种零件及材料进行综合统计，按类别列出外购成品件的汇总清单表、标准件清单表、主要材料消耗定额表及辅助材料定额表等，以便采购人员、生产管理部门按设备制造需要备料，做好生产准备工作，也便于成本核算。

2.2.3 机器人示教编程器

机器人示教编程器是一个人机交互设备，通过它可以操作机器人运动、完成示教编程、对系统进行设定及故障诊断等。机器人示教编程器如图 2-9 所示。

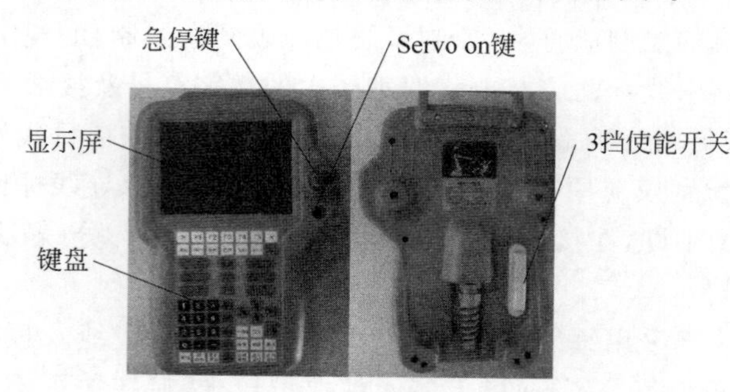

图 2-9 机器人示教编程器外观

机器人示教编程器上的按键、按钮都有特定功能，功能介绍如表 2-1 所示。

表 2-1 机器人示教编程器上的按键、按钮特性

编号	按 键	说 明
1	急停键	按下此键，切断伺服电源，功能同控制柜急停
2	Servo on 键 ◎	伺服上电。机器人示教编程器状态行上电状态由○变为●
3	3 挡使能开关	电机上电。机器人示教编程器状态行使能状态由◇变为◆ 在机器人示教编程器背面，当轻轻按下时电源接通，用力按下或者完全松开时电源切断
4	翻页 > <	快捷功能菜单翻页
5	快捷功能键 F1 ~ F5	F1、F2、F3、F4、F5 为快捷功能键，分别对应当前显示屏上快捷菜单中的功能
6	模式选择 模式	“示教”“执行”模式切换键
7	第二功能 SHIFT	与其他键配合使用，实现不同功能
8	机器人使能 使能	暂时没有定义功能
9	选择 选择	暂时没有定义功能
10	窗口切换 窗口	暂时没有定义功能
11	主菜单 主菜单	显示主菜单功能列表； 示教模式，主菜单为显示、作业、用户、功能、编辑； 执行模式，主菜单为显示、选择、编辑
12	选择坐标系 坐标	选择当前坐标系，在关节坐标、直角坐标、工具坐标、用户坐标间循环，机器人示教编程器显示屏左侧坐标图标随设定相应改变

续表

编号	按 键	说 明
13	示教速度设定 速度+ 速度−	手动示教速度加减设定键。手动示教速度以微动＜－＞低速＜－＞中速＜－＞高速的方式设定，机器人示教编程器显示屏右侧速度图标随设定相应改变
14	轴操作键 X+(J1) X−(J1) Y+(J2) Y−(J2) Z+(J3) Z−(J3) Rx+(J4) Rx−(J4) Ry+(J5) Ry−(J5) Rz+(J6) Rz−(J6)	示教模式下，机器人各轴运动操作键，只有按住轴操作键，机器人才动作 注：机器人按照选定坐标系和设定的示教速度运行，在进行轴操作前，请务必确认设定的坐标系和示教速度是否合理
15	数值键	按数值键可输入键上的数值和符号，“.”是小数点，“－”是负号
16	预留键 OP1～OP5	根据不同应用，功能定义不同
17	光标键	按此键时，光标朝箭头方向移动。 根据画面的不同，光标的大小、可移动的范围和区域有所不同。 在显示程序内容的画面中，与 SHIFT 键一起使用，可以实现上下翻页、回首行、回末行功能
18	外部轴选择 外部轴	当机器人外部轴加上本体轴，轴数量不超过 6 个时，外部轴键不起作用，各轴都通过轴操作键控制运动。 如果轴数量超过 6 个时，超过 6 个的其他轴被定义为外部轴，通过外部轴键，使轴操作键可以操作超过 6 个的其他轴
19	取消 取消	取消不想保存的设置修改； 取消不严重的错误报警
20	确认 确认	执行命令或数据录入的确认。 在输入缓冲行中显示的命令或数据，按“确认”键后，会输入到显示屏的光标所在位置
21	删除 删除	程序编辑时用的“删除”键。与“确认”键配合使用，可以删除光标选择的程序行
22	修改 修改	程序编辑时用的“修改”键。与“确认”键配合使用，可以修改光标所在的程序行指令参数
23	插入 插入	程序编辑时用的“插入”键。与“确认”键配合使用，可以在程序中向下插入一行指令
24	退格 退格	暂时没有定义。输入错误需退格时，通过 F3 键＜退格＞实现
25	IO 状态 IO 状态	暂时没有定义

续表

编号	按　键	说　明
26	实时显示 实时显示	暂时没有定义
27	运动类型 运动类型	状态行在 MOVJ、MOVL、MOVC 之间切换显示，显示哪种运动类型，在程序编辑时，可以直接按“确认”键记录相应类型的运动指令。不需要通过运动类菜单进行指令输入
28	正向运动 正向运动	示教模式时检查程序； 按住“正向运动”键，程序逐行向下执行
29	反向运动 反向运动	示教模式时检查程序； 按住“反向运动”键，程序逐行向上执行

机器人示教编程器显示屏的大小为 12 行×40 列，界面布局如图 2-10 所示。

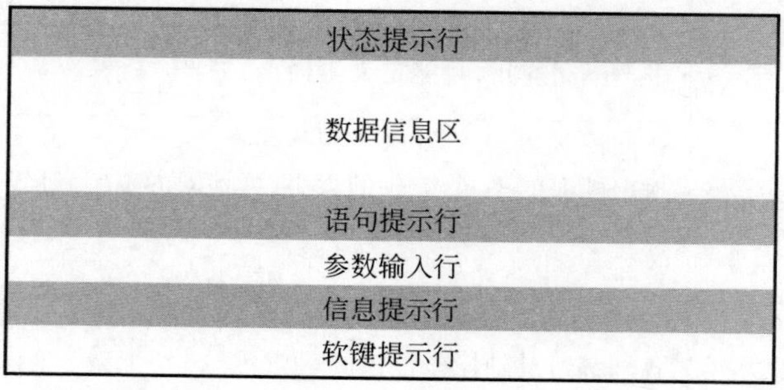

状态提示行

数据信息区

语句提示行

参数输入行

信息提示行

软键提示行

图 2-10　显示屏整体布局

显示屏分为状态提示行(第 1 行)，数据信息区(第 2～8 行)，语句提示行(第 9 行)，参数输入行(第 10 行)，信息提示行(第 11 行)和软键提示行(第 12 行)，如图 2-11 所示。

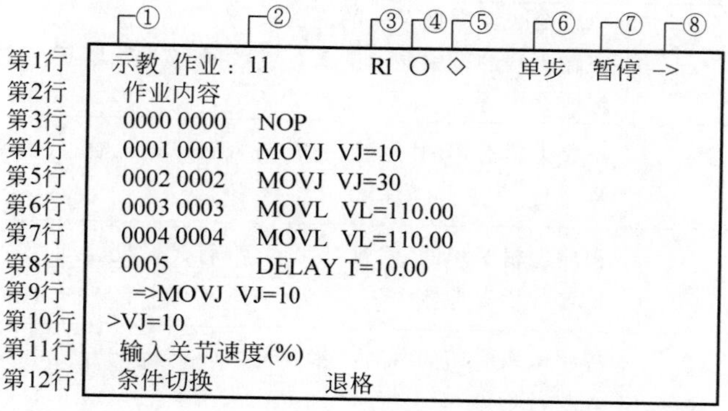

```
        ①          ②          ③ ④ ⑤       ⑥      ⑦     ⑧
第1行   示教 作业：11            Rl ○ ◇      单步   暂停 ->
第2行    作业内容
第3行    0000 0000    NOP
第4行    0001 0001    MOVJ  VJ=10
第5行    0002 0002    MOVJ  VJ=30
第6行    0003 0003    MOVL  VL=110.00
第7行    0004 0004    MOVL  VL=110.00
第8行    0005         DELAY T=10.00
第9行     =>MOVJ  VJ=10
第10行  >VJ=10
第11行   输入关节速度(%)
第12行   条件切换          退格
```

图 2-11　显示屏说明

下面是对图 2-11 的说明：状态提示行在第 1 行，其中①～⑧分别指代：

① 模式。

指明当前机器人的模式状态。按机器人示教编程器上的模式键可以切换机器人模式。

机器人分示教模式和执行模式。示教模式时，操作者可以通过机器人示教编程器操作机器人各轴运动、对系统进行配置、查询系统故障信息、I/O状态等。执行模式时，机器人可以自动执行示教好的作业。

② 作业名。

当前正在打开的作业，该作业可以被编辑、自动执行。

③ 轴组。

机器人示教编程器有6组轴操作键，可以控制6个轴运动，当轴超过6个时，需要分多个轴组，通过外部轴键选择轴组，然后用轴操作键控制该轴组的轴运动。

R1对应机器人本体上的轴组，如果本体轴加滑台不超过6个轴，滑台也在R1轴组中。

Ex对应机器人外部轴。只有轴总数超过6个时才有外部轴组，如果不超过6个，即使滑台叫作外部轴，也不属于Ex轴组。

④ 伺服上电。

表示伺服上电状态。○表示伺服没有上电，●表示伺服已经上电。

伺服上电按钮在机器人示教编程器的急停按钮下方。伺服上电后，只有按急停才能伺服下电。

⑤ 使能。

示教模式时表示使能状态；执行模式时显示程序状态。

◇表示没有使能，◆表示已经使能。机器人示教编程器上使能键切换使能和不使能。

示教模式，伺服上电后，必须先使能才能操作机器人运动。执行模式，伺服上电后，直接按启动按钮，程序可以立刻运行。

执行模式时，程序状态有启动、暂停、急停。

⑥ 正反向运动时的执行方式。

显示按机器人示教编程器上正向运动或反向运动时的执行方式，分为单步、单循环、自动三种方式。配置界面位于"示教模式"→"主菜单"→"用户(F3)"→"下一页"→"执行方式(F2)"界面下。

⑦ 机器人当前状态。

指示机器人当前处于何种状态。

⑧ 下级菜单指示或后台程序运行标识。

指示此级菜单下是否还有下级菜单。如果为BG表示后台程序正在运行。

第2～8行为数据信息区，显示当前正在查阅的信息。

第9行为语句提示行，在指令记录时，该行显示将被记录的指令；不记录指令时，该行不显示任何内容。

第10行为参数输入行，在指令记录或参数修改时，参数的输入在参数输入行上完成，其他时候该行不显示任何内容。

第11行为信息提示行，错误信息、提示信息在信息提示行显示。

第12行为软键提示行，该行显示当前可选择的菜单，每页最多显示5个菜单，用F1～F5键选择相应菜单，用"＜"键和"＞"键翻页，显示下一页的内容。

2.3 机器人的轴与坐标系

2.3.1 基本概念

1. 机器人轴的定义

机器人轴分为机器人本体的运动轴和外部轴。

机器人本体轴为旋转轴，外部轴可以为旋转轴也可以为平移轴，轴的运行方式由机械结构决定。如不特别指明，机器人轴即指机器人本体的运动轴。

2. 机器人坐标系的种类

在示教模式下，机器人轴运动方向与当前选择的坐标系有关。搬运码垛机器人支持4种坐标系：关节坐标系、直角坐标系、工具坐标系、用户坐标系。

(1) 关节坐标系。机器人各轴进行单独动作，称为关节坐标系。

(2) 直角坐标系。机器人的控制中心点沿直角坐标规定的 X、Y、Z 方向运行，X、Y、Z 方向不可更改。

(3) 工具坐标系。机器人的控制中心点沿工具坐标设定的 X、Y、Z 方向运行。应用不同，设定也不同，一般位于机器人末端法兰盘安装的工具上，根据需要定义控制中心点的位置和方向。

(4) 用户坐标系。机器人的控制中心点沿用户坐标设定的 X、Y、Z 方向运行。应用不同，设定也不同，一般位于机器人作业的工件上，根据需要定义 X、Y、Z 方向。

使用时需注意的是，更改控制中心点的位置和方向须在项目前期完成，设定完控制中心点后，再进行作业的示教工作。如示教作业后更改控制中心点，已示教的作业将不受控，危险性极高。

3. 机器人的轴与坐标系的基本操作

使用机器人示教编程器可以对机器人坐标系进行选择。

(1) 坐标系选择。机器人的运动坐标为关节坐标。按下机器人示教编程器上的坐标键，每按一次该键，机器人运动的坐标系按“关节→直角→工具→用户”顺序切换。

(2) 手动速度选择。机器人的运动速度为低速。按下机器人示教编程器上的速度+键，每按一次该键，机器人运动的速度按“微动→低速→中速→高速”顺序切换；按下机器人示教编程器上的速度-键，每按一次该键，机器人运动的速度按上面的相反顺序切换。所设定的手动速度，除了轴操作键以外，正向运动/反向运动键操作时也有效。

(3) 轴组选择。机器人的运动轴组为机器人本体上的运动轴。按下机器人示教编程器上的外部轴键，可以切换机器人示教编程器操作的轴组。能够操作的轴组有机器人本体、外部轴。

2.3.2 机器人的坐标系

1. 关节坐标系

以2轴码垛机器人为例，机器人各关节运动轴的定义如图2-12所示。

当前坐标系设定为关节坐标系时，机器人示教编程器操作机器人的6个轴正向、负向运动，按轴操作键时各轴的动作情况见表2-2所示。

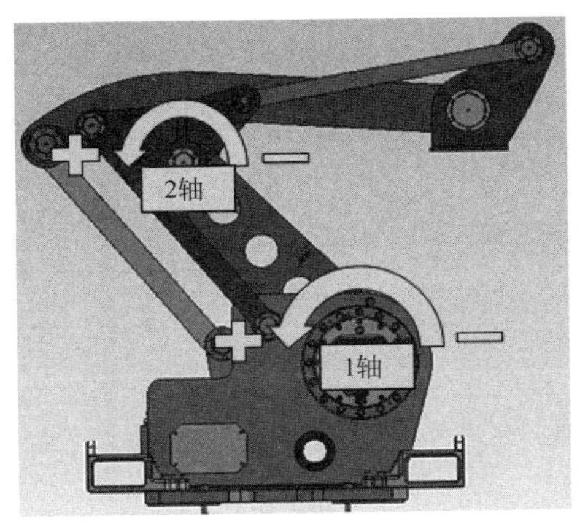

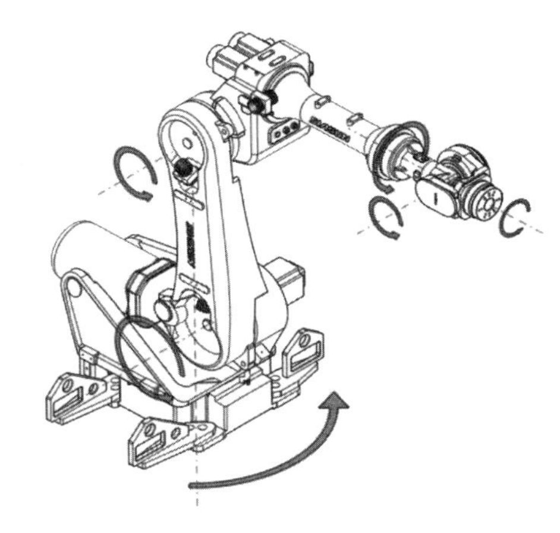

图 2-12 2 轴码垛机器人关节坐标系

表 2-2 关节坐标系下轴操作键对应各轴的动作情况

轴操作键	动作
X+ J1 X− J1	1 轴正向运动、负向运动
Y+ J2 Y− J2	2 轴正向运动、负向运动
Z+ J3 Z− J3	3 轴正向运动、负向运动(4 轴码垛机器人有效)
Rx+ J4 Rx− J4	4 轴正向运动、负向运动(4 轴码垛机器人有效)
Ry+ J5 Ry− J5	无定义
Rz+ J6 Rz− J6	无定义

2. 直角坐标系

直角坐标系的坐标原点定义在机器人底座中心垂直线与 1 轴轴线所在水平面的交点处,如图 2-13 所示。

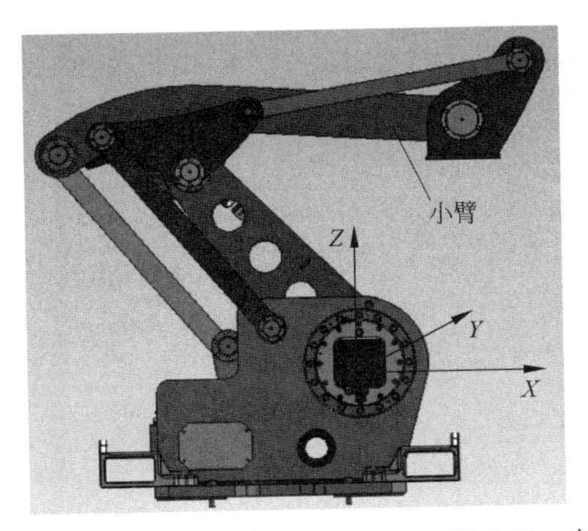

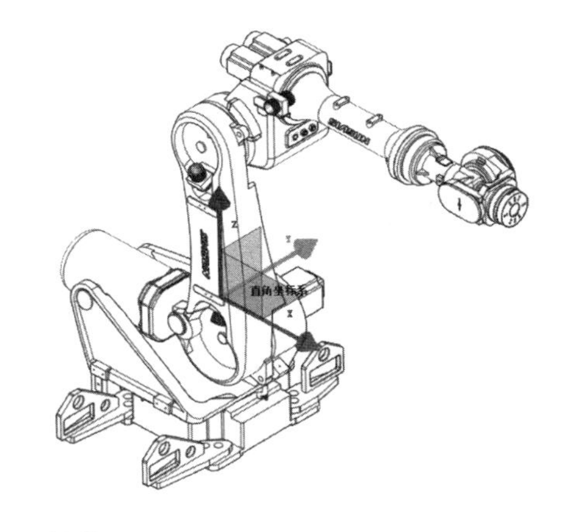

图 2-13 直角坐标系

在机器人底座上带电缆插座的方向为后部，机器人小臂指向前方。直角坐标系的方向规定：X 轴正方向向前，Z 轴正方向向上，Y 轴按右手定则确定（正方向指向机器人左侧）。

在直角坐标系中，机器人的运动指机器人控制中心点的运动。按轴操作键时控制中心点的动作情况如表 2-3 所示。

表 2-3　直角坐标系下轴操作键对应各轴的动作情况

轴 操 作 键	动　作
X+ J1 / X− J1	与直角坐标系 X 方向平行的正向运动、负向运动
Y+ J2 / Y− J2	与直角坐标系 Y 方向平行的正向运动、负向运动（4 轴码垛）
Z+ J3 / Z− J3	与直角坐标系 Z 方向平行的正向运动、负向运动
Rx+ J4 / Rx− J4	无定义
Ry+ J5 / Ry− J5	无定义
Rz+ J6 / Rz− J6	绕直角坐标系 Z 方向正向转动、负向转动（4 轴码垛）

3. 工具坐标系

工具坐标系定义在工具上，由用户自己定义，码垛机器人出厂默认工具坐标控制中心点（坐标原点）和方向如图 2-14 所示。

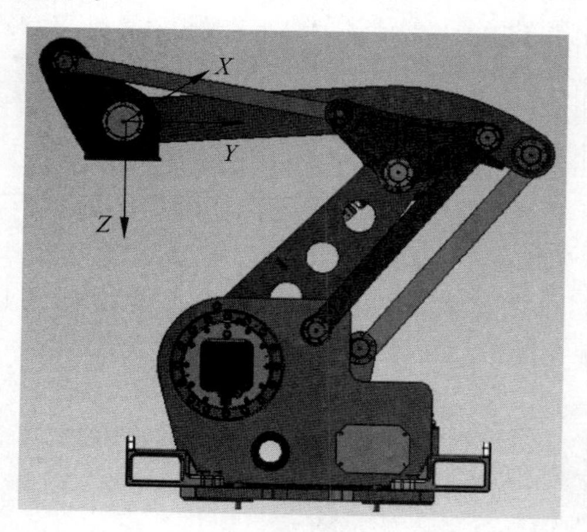

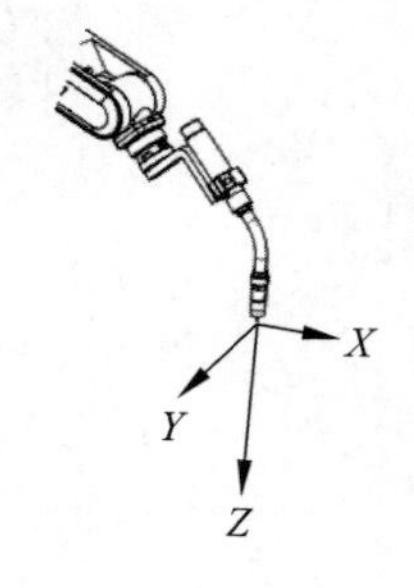

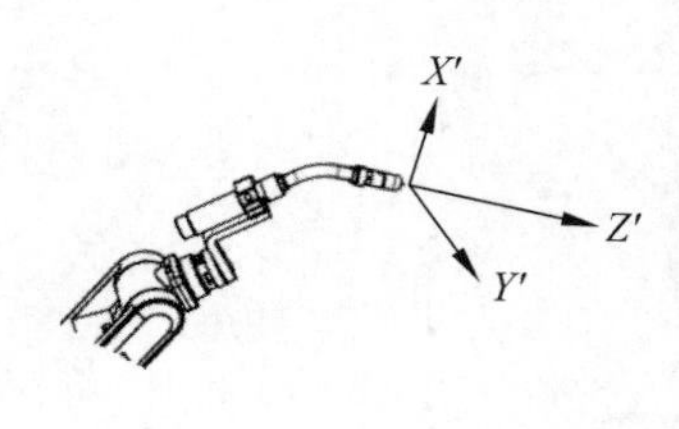

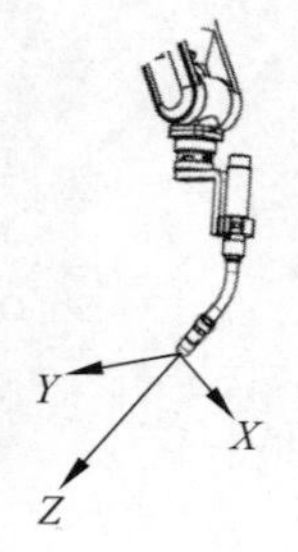

图 2-14　工具坐标系

2 轴码垛机器人由于结构限制，无法实现沿 X 方向平移和旋转的运动。4 轴码垛机器人可以实现沿 X 方向平移和旋转的运动。按轴操作键时控制中心点的动作情况如表 2-4 所示。

表 2-4　工具坐标系下轴操作键对应各轴的动作情况

轴操作键	动　作
X+ J1　X− J1	与工具坐标系 X 方向平行的正向运动、负向运动（默认）
Y+ J2　Y− J2	与工具坐标系 Y 方向平行的正向运动、负向运动（默认）
Z+ J3　Z− J3	与工具坐标系 Z 方向平行的正向运动、负向运动（默认）
Rx+ J4　Rx− J4	无定义
Ry+ J5　Ry− J5	无定义
Rz+ J6　Rz− J6	绕直角坐标系 Z 方向正向转动、负向转动（默认）

在搬运码垛机器人系统中，用户可以建立 8 个工具坐标系。

机器人示教编程器启动后，当前所使用的工具坐标系号会显示在机器人示教编程器屏幕上。如机器人示教编程器显示工具，“1”即表示当前激活的是工具坐标系文件 1。

当前工具坐标系号不同，按轴运动键后的运动方向会不同；当前工具坐标系号不同，运动机器人后添加运动指令记录的位置点信息（姿态值）也会不同。

使用工具坐标系运动机器人前，先要选择当前使用的工具坐标系号。如果新标定、设定一个工具坐标系，按“退出”后，当前工具坐标系号立刻更改成标定、设定完成的工具坐标系号；如果要使用已经标定、设定过的工具坐标系，用坐标键选择工具坐标系，按“SHIFT＋坐标键”选择坐标系号。每按一次，工具坐标系号增加 1，增加到 8 后，返回到 1 继续循环。

作业中可以选择工具坐标系号，选择方法为通过指令选择。SET TF＃1 为工具坐标系选择指令，＃后面的数值即为工具坐标系号。

SET TF＃＜坐标系文件号＞指令可以出现在作业的顶端，也可以出现在作业的中间和末端。

该指令执行后，系统的当前工具坐标系号则被改变。工具坐标系号的改变不仅对自动执行的作业有影响，示教模式下的轴操作也使用的是新设定的工具坐标系。

如果使用 1 个工具坐标系，作业中可以没有 SET TF＃＜坐标系文件号＞指令；如果使用多个工具坐标系，为了避免工具坐标系的混乱，建议每个作业的顶端增加 SET TF 指令，使得每个作业的每条指令使用的工具坐标系都在作业的执行过程中得到明确，避免因当前工具坐标系文件号不对造成执行作业时的机器人轨迹错误。

使用多个工具坐标系的情况下，添加和插入指令前需要确定当前工具坐标系文件号为想要使用的工具坐标系文件号。

改变作业中的工具坐标系文件号（SET TF＃后的号），需要确认是否该指令后所有的点都使用该工具坐标系文件，并对该指令后使用新工具坐标系文件号的所有点使用正向运动进行验证。具体的验证方法为：确认或更改当前工具坐标系文件号为新设定的工具坐标系文件号，再使用正向运动键验证 SET TF # 指令后的示教点。

4. 用户坐标系

用户坐标系定义在工件上，由用户自己定义，坐标系的方向根据客户需要任意定义，如图 2-15 所示。

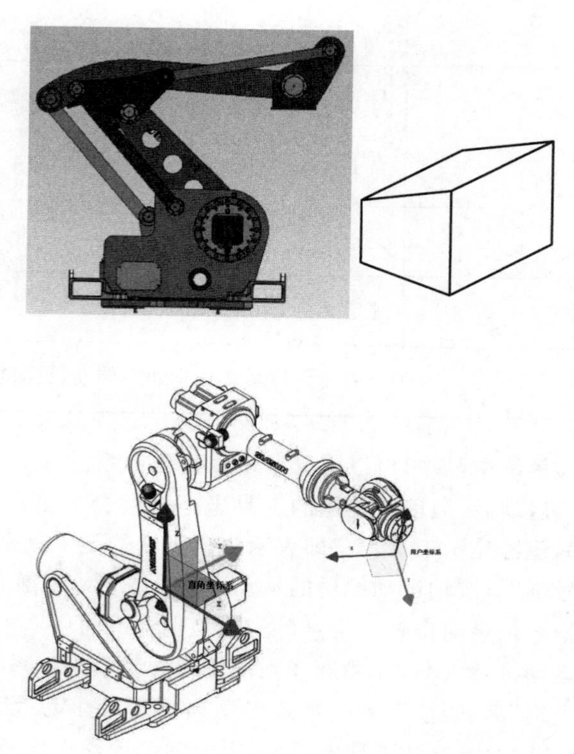

图 2-15 用户坐标系

按轴操作键时控制中心点的动作情况如表 2-5 所示。

表 2-5 用户坐标系下轴操作键对应各轴的动作情况

轴操作键	动作
X+ J1 / X− J1	与用户坐标系 X 方向平行的正向运动、负向运动
Y+ J2 / Y− J2	与用户坐标系 Y 方向平行的正向运动、负向运动
Z+ J3 / Z− J3	与用户坐标系 Z 方向平行的正向运动、负向运动
Rx+ J4 / Rx− J4	无定义
Ry+ J5 / Ry− J5	无定义
Rz+ J6 / Rz− J6	绕直角坐标系 Z 方向正向转动、负向转动

其轴操作运动机器人前的用户坐标系号选择与作业中的用户坐标系号选择参考工具坐标系。

作业中可以选择用户坐标系号，选择方法为通过指令选择。SET UF＃1 为用户坐标系选择指令，＃后面的数值即为用户坐标系号。

当前坐标系不仅可以通过按键快速进行设定，也可以通过机器人示教编程器界面进行查询、设定。

第3章

输送线模块设计

经过一段时间的项目学习，读者已经了解了机器人系统集成及其流程规划方法，接下来的工作是进行具体的设计。机械结构是完成工作站机械运动的模块。工作站中的机械模块设计主要有末端执行器以及输送线设计。

3.1 末端执行器设计

3.1.1 末端执行器概述

末端执行器是直接执行对工件抓取动作的装置，其结构形式、抓取方式、抓取力的大小以及驱动末端执行器执行抓取动作的装置，都会影响对工件抓取这一动作的有效执行。

末端执行器作为直接执行工作的装置，它对增强机器人的作业功能、扩大应用范围和提高工作效率都有很大的作用，因此系统地研究末端执行器有着重要的意义。

被抓取物体的不同特征，会影响到末端执行器的操作参数。物体特征又同操作参数一起，影响末端执行器的设计要素。末端执行器设计要素、物体特征与操作参数的关系如图 3-1 所示。

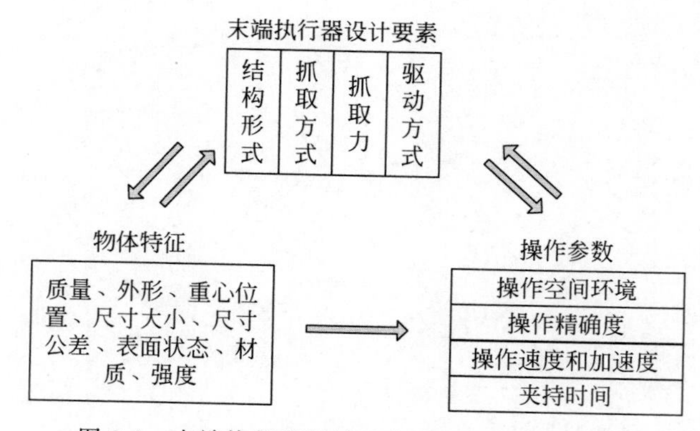

图 3-1　末端执行器设计要素、特征及参数的关系

在设计末端执行器时，首先要确定不同的设计要素受哪些因素的影响。根据物体特征、操作参数等因素与设计要素的关系，可以建立关系矩阵。其中，物体特征、操作参数的影响因素为列；末端执行器的设计要素为行，得到的关系矩阵如表 3-1 所示。在关系矩阵中，“1”表示有关，“0”表示无关。

表 3-1 各要素间关系

设计要素	结构形式	抓取方式	抓取力	驱动方式
质量	1	1	1	1
外形	1	1	0	0
重心位置	1	0	1	1
尺寸大小	1	0	1	1
尺寸公差	0	1	0	0
表面状态	1	1	1	1
材质	1	1	1	1
强度	1	1	1	1
环境	1	0	1	1
准确度	1	1	0	0
速度、加速度	1	0	0	1
夹持时间	0	0	0	1

利用关系矩阵，可以根据实际的要求，列出需考虑的影响因素，进而明确末端执行器的设计要素，最终将各设计要素组合成末端执行器的总体设计方案。

在结构形式、抓取方式、抓取力以及驱动方式这 4 个设计要素中，除抓取力由计算得出外，其他设计要素的设计方法如下。

1. 结构形式

根据所列影响因素（质量、外形、重心位置、尺寸大小、表面状态、材质、强度以及环境、准确度、速度和加速度），从各类结构形式中选取。可根据各结构形式的特点初步选定符合要求的结构形式。末端执行器按用途可大致分为夹持类、吸附类、专用末端操作器及换接器。

（1）夹持类末端执行器各种结构形式的特点：

摆动式：在手爪的开合过程中，其运动状态是绕固定轴摆动的，这种形式结构简单，可获得较大的开闭角，适用面广。

对中定心式：三点爪可抓取圆形物件，三片平面爪可抓取多边形物件，能够对中定心。

大行程式：抓取行程大，用气与齿轮齿条联动，保证对称抓取。

平行开闭式：利用滑槽相对中心平行移动，行程较大；手爪做成不同形状，可抓取圆形、方形、多边形物件。

小型摆动式：回转角较小，手都做成平面，可夹持薄型板片；做成 V 形或半圆形可夹持小圆柱体，如钻头、电子元件等。

柔性夹爪：外张夹持，可抓取各类形状、尺寸和重量的物体，即使被抓取物的位置在一定范围内变化，仍可以保证顺利抓取，降低了对抓取系统定位精度的要求，具有良好的稳定性和密封性，能够在粉尘、油污、液体环境下正常工作，应用范围较广。

柔性管爪：适宜抓取易损物质及型面，如鸡蛋、灯泡、多面体等。

橡胶柔性手指：适宜抓取易损物体及小型物件，如纸杯、牙膏、塑料体等。

(2) 吸附类末端执行器各种结构形式的特点：

吸附类末端执行器吸持物件时，不会破坏物件的表面质量。吸附类末端执行器包括气吸式与磁吸式。

气吸式吸盘结构简单，重量轻，使用方便可靠。用于板材、薄壁零件、陶瓷、搪瓷制品、塑料、玻璃器、纸张等。

挤压排气式：通过气缸将吸盘压向物件，把吸盘内腔的空气挤压排出，将物件吸附起来，结构简单。吸力较小，适宜用于吸起轻、小的片状物件，拉杆向上进入空气，吸力消失。

气流负压式：需稳定的气源，喷嘴出口处气流速度很高，有啸叫声。

真空式：利用真空泵抽去吸盘内腔空气而吸取物件，吸取可靠，吸力大，成本较高。

磁吸式吸盘吸附力较大，对被吸物件表面光整要求不高。用于磁性材料吸附(如钢、铁、镍、钴等)，对于不能有剩磁的物件吸取后要退磁；钢、铁等磁性材料的物件，高温下会失去磁性，所以高温时不可使用。

永久磁铁：必须强迫性地取下物件，应用较少。

交流电磁铁：电源无需整流装置，吸力有波动，易产生振动和声，有涡流损耗。

直流电磁铁：电源需整流装置，无涡流损耗，吸力稳定，结构轻巧，应用较多。

根据各结构形式的特点选取末端执行器，可能会出现多种形式都符合要求的情况，如何选取最合适的结构形式，可用评价比较方法，参考表 3-2 的思路进行，表中有“√”者表示有直接联系。通过实际应用情况列出影响因素与各结构形式的直接关联情况，选出最为合适的结构形式。例如，通过分析结构形式得到摆动式和平行开闭式都符合要求时，可利用表 3-2 再次进行分析，可知摆动式与对夹取工件的准确度以及速度和加速度有直接的联系，当对准确度、速度要求不高时，选用平行开闭式即可。

表 3-2　各种结构形式与各影响因素联系

结构形式	摆动式	对中定心式	大行程式	平行开闭式	小型摆动式	柔性爪	气吸式	磁吸式
质量					√		√	√
外形	√	√		√	√	√		
重心位置	√		√	√				
尺寸大小	√	√	√	√	√	√	√	√
尺寸公差					√			
表面状态			√		√		√	√
材质						√	√	√
强度	√	√	√	√		√	√	√
环境						√	√	√
准确度	√				√			
速度、加速度	√					√		
夹持时间								

(3) 专用末端操作器。

当机器人需完成特定的操作时，需为机器人配上专用的末端操作器。例如，通用机器人安装焊枪就成为一台焊接机器人，可完成焊接工作；安装拧螺母机则成为一台装配机器人，可完成安装螺母工作。目前，有许多由专用电动、气动工具改装成的操作器，如拧螺母机、焊枪、电磨头、扭矩枪、抛光头、激光切割机等，形成一整套系列供用户选用，使机器人胜任各种工作。

2. 抓取方式

抓取方式根据所列影响因素（质量、外形、尺寸公差、表面状态、材质、强度和准确度），从抓取方式中选取。对于吸附类的末端执行器，吸盘的结构和形状主要根据被吸附物件的特征来决定，此处不再赘述。夹持类末端执行器常用的抓取方式如下：

平面指抓取，一般适用于夹持方形、多边形、板状及细小的棒类物件。

V形指抓取，一般适用于夹持圆柱形、正方形、多边形等物件，夹持平稳可靠，夹持误差较小。

三指抓取，用于夹持圆柱形物件。内撑式用于撑持内孔。

外钩托指抓取，适用于钩托圆柱形、T形等物件。

内钩托指抓取，适用于钩托有T形槽的物件。

特形指抓取，对于形状不规则的工件，必须设计出与工件形状相适应的专用特形手指，才能夹持工件。

抓取面做成光滑指面可使夹持物件的表面免受损伤，做成齿形指面可增加摩擦力，确保可靠夹持。柔性指面镶衬橡胶、泡沫塑料、石棉等物可以增加摩擦力、保护物件表面、隔热等，一般用来夹持已加工表面或炽热物件，也适用于夹持薄壁物件和脆性物件。

3. 驱动方式

末端执行器一般通过气动、液压、电动三种驱动方式产生驱动力，通过传动机构进行作业，其中多用气动、液压驱动。电动驱动一般采用直流伺服电机或步进电机。

现将这三种驱动方式进行如下比较。

气动驱动。优点：①气源获得方便；②安全，不会引起燃爆，可直接用于高温作业；③结构简单，造价低。缺点：①压缩空气常用压力为0.4～0.6MPa，要获得大的握力，结构将相应加大；②空气可压缩性大，工作平稳性和位置精度稍差，有时因气体的可压缩性，使气动末端执行的抓取运动太过柔顺。

液压驱动。优点：①液压力比气压力大，以较紧凑的结构可获得较大的握力；②油液介质可压缩性小，传动刚度大，工作平稳可靠，位置精度高；③力、速度易实现自动控制。缺点：①油液高温时易引起燃爆；②需供油系统，成本较高。

电动驱动。优点：一般连上减速器即可获得足够大的驱动力和力矩，并可实现末端执行器的力与位置控制。缺点：不宜用于有防爆要求的条件下，因电机有可能产生火花和发热。

何种驱动方式应根据影响因素（质量、重心位置、尺寸大小、表面状态、材质、强度以及环境、速度和加速度、夹持时间）进行分析确定，分析结果如表3-3所示。

表3-3　驱动方式选择

影响因素	气动	液压	电动
质量(小)	√		
质量(大)		√	√
重心位置(近)	√	√	

续表

影响因素	气动	液压	电动
重心位置(远)		√	√
尺寸大小(小)	√	√	
尺寸大小(大)		√	√
表面状态(光滑平整)	√	√	
表面状态(粗糙)		√	√
材质(软)	√		
材质(硬)	√	√	√
强度(小)	√		
强度(大)	√	√	√
环境(好)	√	√	√
环境(差)	√		
速度、加速度(小)		√	√
速度、加速度(大)	√	√	
夹持时间(短)	√	√	
夹持时间(长)		√	√

3.1.2 机器人夹手的选型设计

由 3.1.1 节内容可知,机器人的夹手选用大致分为三大类,即吸盘抓手、气缸夹手、电磁吸盘。

冲压机械手常用的抓手是吸盘抓手,吸盘可以容易吸取材料且在客户更换模具时,工件样品都比较容易吸取,在冲压电脑机箱机械手、冲压电视盒箱体机械手等工件的运用上,吸盘抓手通用性强,换模后调整抓手简单。实物如图 3-2 所示。

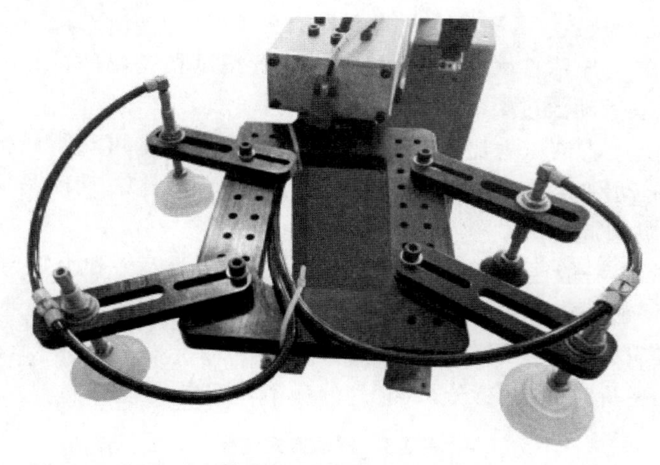

图 3-2 吸盘夹手实物

气缸夹手(图 3-3)是第二选用的方式,通常情况是在吸盘不可用时选用。气缸夹手选用时需要了解工件的尺寸、工件的边是否规则,以方便夹取,还要在选用气缸时了解产品的兼容性。一次选用合适的气缸行程,如果产品比较单一就先用小行程的夹手,如果款式多、尺寸范围比较大,就选用大行程的夹手气缸。选用气缸类的产品,都是冲件比较多孔的或吸取不了,如生产冲压机械式键盘机械手、冲压机械手等。

电磁吸盘是最后选用的方式,电磁只能吸取带铁的工件,如果工件冲完后有些铁屑残留,可能会附带在工件上,导致后面冲压模具会受损。所以电磁吸盘的选用最好在工件的折弯、成型工序,另外有些大件的产品中选用。实物如图 3-4 所示。

图 3-3　气缸夹手实物

图 3-4　电磁吸盘实物

如今各类制造型企业已陆续实现自动化、智能化。为此,针对工业智能制造中的工业机器人,举例说明几种机器人末端夹手机构设计思路。

以机器人夹手为例,基本要搞清楚以下几点:

(1) 明确工作对象,多大多重,将来以多大的加速度运动?

(2) 工作对象有多少种,是否需要换型?

(3) 工作对象是否有明确的位置和位相,方向是正向还是反向?

(4) 工作对象被夹持后的定位精度需要多少?

以上基本情况了解清楚之后,选择合适的夹持方式,计算夹持力是否足够,从而设计夹手。

3.2　机器人输送线结构

机器人输送线选型方法是什么呢? 影响机器人输送线选型的参数有很多,为了满足用户的功能要求,输送线的设计,即将工件输送到固定位置用于检测、搬运和码垛。输送模块的设计,主要是对控制电动机的选择。

3.2.1　控制电动机简介

电动机的主要功能是使执行机构产生特定的动作。根据用途可以将电动机分为驱动电动机和控制电动机两类。

驱动电动机主要是为设备提供动力,对于位置精度的控制能力较低。驱动电动机主要用于电动工具、家电产品以及通用的小型机械设备等。

控制电动机不仅提供动力,而且能够精确控制电动机的驱动参数等,如位置、速度、动力等。它一般分为步进电动机和伺服电动机两类。在机器人集成系统中,只有工件到达指定位置的定位精度较高时,机器人才能对工件进行重复操作,在某些工艺中需要控制工件受到的力矩,例如,卷丝机中丝线受到的拉力必须恒定,才能使卷出来的丝美观不凌乱,而且好整理。

1. 步进电动机

步进电动机是一种将数字式电脉冲信号转换成机械位移(角位移或线位移)的机电执行元件。它的机械位移与输入的数字脉冲有严格的对应关系,即一个脉冲信号可以使电动机前进一步,所以称为步进电动机。因为步进电动机的输入是脉冲电,所以又称为脉冲电动机。

步进电动机主要用于开环位置控制系统中。采用步进电动机的开环系统,结构简单,调试方便,工作可靠,成本低。当然采取一定的相应措施以后,步进电动机也可以用于闭环控制系统和转速控制系统中。

(1) 步进电动机的主要优点:

① 能直接实现数字控制,数字脉冲信号经环形分配器和功率放大器后,可直接控制步进电动机,无须任何中间转换。

② 控制性能好,位移量与脉冲数成正比,可用开环方式驱动而无须反馈,能快速、方便地启动、反转和制动。速度与脉冲频率成正比,改变脉冲频率就可以在较宽的范围内调节速度。

③ 无电刷和换向器。

④ 抗干扰能力强,在负载能力范围内,步距角和转速不受电压大小、负载大小和波形的影响,也不受环境条件,如温度、电压、冲击和振动等影响,仅与脉冲频率有关。

⑤ 无累积定位误差。每转一周都有固定的步数,在不丢步的情况下运行,其步距误差不长期积累。

⑥ 具有自锁能力(磁阻式)和保持转矩(永磁式)能力,可重复堵转而不损坏。

⑦ 机械结构简单、坚固耐用,并且相对于同等规格的伺服电动机,价格便宜很多。

(2) 步进电动机的缺点:

① 运动增量或步距角是固定的,在步进分辨率方面缺乏灵活性。

② 采用普通驱动器时效率低,相当大一部分的输入功率转为热能耗散掉。

③ 在单步响应中有较大的超调量和振荡。

④ 承受惯性负载的能力较差。

⑤ 开环控制时,摩擦负载增加了定位误差(误差不累积)。

⑥ 输出功率较小,因为步进电动机在每一步运行期间都要将电流输入或引出电动机,所以对于需要大电流的大功率电动机来说,控制装置和功率放大器都会变得十分复杂、笨重和不经济。所以步进电动机的尺寸和功率都不大。

⑦ 转速不够平稳。

⑧ 运行时有时会发生振荡现象,需要加入阻尼机构或采取其他特殊措施。

⑨ 目前主要用于开环系统中,用于闭环控制时所用元件和线路比较复杂。

⑩ 不能把步进电动机直接接到普通的交直流电源上运行,必须配备驱动器(包括环形

分配器),因此驱动器成本较高。

2. 伺服电动机

伺服电动机可以分为直流伺服电动机和交流伺服电动机,它们的驱动都是由伺服驱动器完成的。直流伺服电动机输出功率较大,一般可以达到几百瓦;而交流伺服电动机的输出功率较小,一般为几十瓦。

(1) 直流伺服电动机。

直流伺服电动机是一种用于运动控制的电动机,它的转子的机械运动受输入电信号控制,并做快速反应。直流伺服电动机的工作原理、结构和基本特性与普通直流电动机没有原则性区别,但是为了满足控制系统的需求,在结构和性能上做了一些改进,具有如下特点。

① 采用细长的电枢以便降低转动惯量,其惯量是普通直流电动机的1/3～1/2。

② 具有优良的换向性能,在大的峰值电流冲击下仍能确保良好的换向条件。

③ 机械强度高,能够承受巨大的加速度造成的冲击力作用。

④ 电刷一般安放在几何中性面,以确保正、反转特性对称。

为了适应控制系统的需要,直流伺服电动机的类型也在不断发展。目前应用的直流伺服电动机除了传统式的直流伺服电动机外,还有低惯量直流伺服电动机、宽调速直流伺服电动机等。

(2) 交流伺服电动机。

交流伺服电动机也是一种用于运动控制的电动机,常用的交流伺服电动机主要是两相伺服电动机。它的转子主要有笼型转子和非磁性空心杯转子两种。其定子绕组是两相绕组,使用的是两相交流电源。定子的两相绕组分别称为励磁绕组和控制绕组,很多情况下它们具有相同的匝数,但有时也可能具有不同的匝数。两相绕组在空间上相差90°。

与普通驱动用微型异步电动机相比,两相伺服电动机具有下列特点:

① 调速范围大。伺服电动机的转速随着控制电压的改变能在较大的范围内连续调节,而普通异步电动机稳定运行的区域较小。

② 在运行范围内,伺服电动机的机械特性和调节特性接近线性关系。这与两相伺服电动机的转子电阻大有关。

③ 当控制电压为0时,伺服电动机应立即停转,也就是无"自转"现象,而普通异步电动机即使在单相电压下仍可继续运转。

④ 快速响应,机电时间常数小。两相伺服电动机采用细长的转子,转子惯量小,转子电阻大,使堵转转矩高,起动转矩高,起动速度快,满足时间常数小的要求。

3.2.2 控制电动机选型方法

控制电动机规格大小的选定需要按照电动机所驱动的机构特性(即电动机输出轴负载惯量大小、机构的配置方式、效率和摩擦力矩等)而定。如果没有负载特性及数据,又没有可供参考的机构,就很难决定控制电动机的规格。

确定驱动机构特性之后,需要计算出负载惯量以及希望的旋转加速度,才能推算出加/减速需要的转矩。由机构安装形式及摩擦力矩推算出匀速运动时的负载转矩;然后推算停止运动时的保持转矩,最后根据转矩选择合适的电动机。

1. 伺服电动机的选用

每种型号电动机的规格选项内均有额定转矩、最大转矩及电动机惯量等参数，各参数与负载转矩及负载惯量间有着相关联系，选用电动机的输出转矩应符合负载机构的运动条件要求，如加速度、机构的重量、机构的运动方式(水平、垂直、旋转)等；运动条件与电动机输出功率无直接关系，但是一般电动机的输出功率越高，相对输出转矩也会越高。

选择伺服电动机规格时，可以按照下列步骤进行。

(1) 依据运动条件要求，选用合适的负载惯量计算公式，计算出机构的负载惯量。

机构经加速或减速后，所要计算的惯量有所不同，传动元件本身产生的惯量也必须计算在内，经减速后，惯量为减速后与减速前速度之比的平方倍，速度减小则惯量变小，速度增大则惯量变大。

(2) 依据负载惯量与电动机惯量选出合适的电动机规格。

通常依据负载惯量的计算结果预选合适电动机规格。电动机数据表内提供了相关参数，建议选用电动机转动惯量大于负载惯量的 1/10。

但事实上，如果电动机运动定位频率高，电动机惯量必须提高至负载惯量的 1/3 以上。这是因为运动定位频率较高时，需要较短的加速时间来配合，而惯量较大的电动机通常有较大的输出转矩，可以更快地加速，减少加速时间。如果运动定位频率低，电动机惯量小于 1/10 的负载惯量也可以使用。

选用电动机转动惯量的建议比例不绝对，而且电动机的规格也不会密集到可选用的电动机转动惯量正好符合要求，如需要大于负载惯量 1/10 的电动机转动惯量，但数据表中最恰当的电动机转动惯量为负载惯量的 1/4 以上，这也是合理的选用范围。

(3) 结合初选的电动机惯量与负载惯量，计算出加速转矩及减速转矩。

加/减速转矩计算公式中包含电动机本身的转动惯量，在电动机规格未确定时，可依据建议比例初步选定一种电动机规格，将其转动惯量值代入公式计算出加/减速转矩，再验证所选用的电动机规格是否适用；如果不适用，再选用其他型号电动机进行验算，直到符合条件为止。

在此需要注意的是，加/减速时间在设计系统初期配合运行效率预先确定，再根据它们计算加/减速转矩，进而选择电动机规格。不要先选择电动机规格再确定加/减速时间，否则可能无法达到期望的运行效率，或者超出需求规格太多，增加不必要的成本。

(4) 依据负载重量、配置方式、摩擦系数、运行效率计算出负载转矩。

(5) 初选电动机的最大输出转矩必须大于必要转矩，如果不符合条件，必须选用其他型号的电动机重新计算验证，直至符合要求。

实际运行中，电动机加速时的运动转矩一般都大于减速时的运动转矩，因此电动机的最大输出转矩只要能大于加速时的运动转矩，则必然大于减速时的运动转矩；如果减速时间较加速时间短，减速转矩就可能超过加速转矩，则减速时的运动转矩将超过加速时的运动转矩，此时电动机的最大输出转矩需能够满足减速时的运动转矩要求。

(6) 依据负载转矩、加速转矩、减速转矩及保持转矩，计算出连续瞬时负载转矩。

电动机实际运行及停止时输出的转矩是随时间变化的，因此必须计算出连续瞬时负载转矩，选用的电动机额定转矩必须大于连续瞬时负载转矩。调整加/减速时间、降低加/减速转矩可以使连续瞬时负载转矩小于电动机额定转矩(不同于最大输出转矩)。

2. 步进电动机的选用

步进电动机没有输出功率指标，只有激磁时的最大静止转矩，其与伺服电动机的最大输出转矩、额定转矩无法相提并论。相同机构的运动，如用步进电动机替换伺服电动机达到相同的目的，必须重新选用步进电动机，运行条件也必须修改，而无法单纯用对照方式将电动机替换。

选用步进电动机时，推荐按照下列步骤进行。

(1) 查明负载机构的运动条件要求，如加/减速、运动速度、机构的重量、机构的运动方式等。

(2) 依据运动条件要求，选用合适的负载惯量计算公式，计算出机构的负载惯量。

(3) 依据负载惯量与电动机惯量选出适当的电动机规格。

(4) 结合初选的电动机惯量与负载惯量，计算出加速转矩及减速转矩。

(5) 依据负载重量、摩擦系数、运行效率等计算出负载转矩。

(6) 必要转矩必须符合选用电动机的运行转矩特性曲线及起动转矩特性曲线，如果不符合条件，就必须选用其他型号或改变运行条件计算验证，直至符合要求，选定完成。

由上述步骤可以看出，步进电动机的选用与伺服电动机很相近，同样要求选用电动机的输出转矩符合负载机构的运动条件要求，如加速度、机构的重量、机构的运动方式等。不同点在于，伺服电动机的转矩选择方式为根据必要转矩和瞬时负载转矩来匹配电动机的最大输出转矩和额定转矩，而步进电动机则需要用运行转矩特性曲线和起动转矩特性曲线匹配其必要转矩。

步进电动机的输出转矩随转速增加而减小，电动机的“转速—转矩”特性曲线必须准确，才能使电动机工作在有效的范围内，而每种型号的步进电动机都有不同的特性曲线，不能互换使用。在选择步进电动机时，在最大同步转矩范围内，选用根据运行速度与必要转矩运行领域内的电动机，当必要转矩超过最大同步转矩时会造成步进电动机超载，影响电动机寿命。

3.3 机器人动力回路的选型设计

动力回路为机器人的各轴运动提供动力，主要包括断路器、变压器、滤波器、接触器、电机，如图 3-5 所示。下面对各器件的选型规则进行介绍。

1. 断路器

断路器是指能够关合、承载和开断正常回路条件下的电流关合、在规定的时间内承载和开断异常回路条件下的电流的开关装置。

2. 变压器

变压器将外部提供的 380V 进电变压成 220V 交流电。变压器是变换交流电压、交变电流和阻抗的器件，当初级线圈中通有交流电流时，铁芯(或磁芯)中便产生交流磁通，使次级线圈中感应出电压(或电流)。变压器由铁芯(或磁芯)和线圈组成，线圈有两个或两个以上的绕组，其中接电源的绕组叫初级线圈，其余的绕组叫次级线圈。

机器人用变压器从以下几个方面考虑：①确认电网提供的电源电压(V)与用电设备所

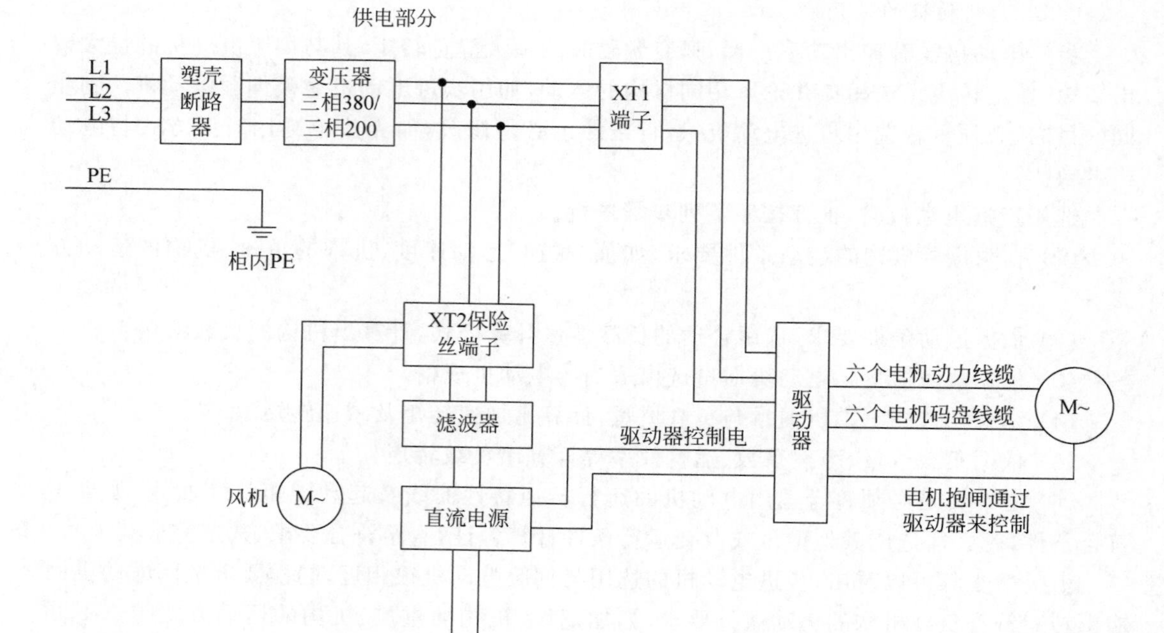

图 3-5 机器人动力回路

需输入的额定电压(V),以确定电压变比;②确认用电设备所需输入电源的相数,以确定变压器制作三相或单相系统;③确认用电设备所需输入的额定电流(A),以确定变压器的容量(kV·A);④绝缘等级要求:A 级 105℃,B 级 130℃,F 级 155℃,H 级 180℃;⑤自耦式变压器或隔离式变压器。

3. 滤波器

电源滤波器是由电容、电感和电阻组成的滤波电路。滤波器可以对电源线中特定频率的频点或该频点以外的频率进行有效滤除,得到一个特定频率的电源信号,或消除一个特定频率后的电源信号。

电源滤波器有以下几个参考值:

(1) 电压:这个电压值要求是一个范围,是稳态电压±纹波电压的综合。

(2) 电流:电流指标很关键,决定了滤波器内部电感的绕组铜线和引出线的线径。如果线径选细了,细导线上跑大电流,如小马拉大车,会引起严重发热以至烧毁。这个电流也是一个范围,即稳态电流+波动电流的最大值。

(3) 电磁兼容标准要求:滤波器是为了滤掉一些不期望的频段,而滤除的效果一般是由 EMC 测试标准和现场应用的直观结果来确定。尤其是电源滤波器,最好能确定用此滤波器的产品需要通过的是哪个标准,根据标准要求的不同,在选择时也有其特定的测试频段要求。

电源滤波器的主要针对指标是传导发射(CE)和传导抗扰(CS),信号滤波器则主要看 EMC 标准中对不期望输入频段和不期望输出频段的要求了。滤波器就需要针对这些特定频段或频点具有足够的滤除效果。

(4) 安规标准要求：选滤波器提到安规标准，这是因为滤波器一般用在电源输入端和板卡的接口处，这些部位都是安规问题的重灾区，相当于滤波器承担了多个要求。与滤波器有关的安规重点是三个指标：绝缘耐压、漏电流、剩余电压剩余能量。

(5) 滤波器电路结构形式：滤波器的作用是对通过其的不同频率有不同的放大效果，对通带内频段的则不衰减，对通带外要抑制的则以几十分贝的级别进行衰减，从而达到过筛子的目的。但滤波器在对不同频率的电压幅值采取不同放大倍数时，电磁波的相位也在发生变化，因为相位也是和频率有关的。

滤波器结构形式常用的是以下三种。

① 巴特沃斯滤波器：特点是通带内放大倍数平整，通带内，随着频率的变化，滤波器放大倍数基本维持不变；但缺点是通带向截止段的过渡段，过渡得较为平缓。可以比喻成敌人和朋友的界限不是很清楚，有一部分朋友也在干着敌人的事情，有一部分敌人也在帮我们，对这一部分是杀掉还是留在组织里，让人很纠结。如果有用频率和干扰频率离得很近，这种滤波器的作用就很有问题。

② 切比雪夫滤波器：可以很好地解决巴特沃斯过渡带平缓的缺点，在这种形式的滤波器中，过渡带很陡峭，即使有用频率和干扰频率很近。因为过渡带很陡峭，所以其截止频率点前后两个频段放大倍数的差别很大。一个优点必然伴随着一个缺点，切比雪夫滤波器的缺点是在通带频率的末端部分，放大倍数会有较强的波动，即在通带内，随着频率的变化，放大倍数虽然比滤除频段大了很多，但对通带内的频率，其放大倍数并不是保持稳定不变的。

③ 贝塞尔滤波器：此种滤波器不是很通用，其特点是相位线性。前两种关注的是放大倍数，但如果对语音信号，比如歌曲，通带内放大倍数虽然没有变化，但其旋律却不再悠扬，因为相位的变化导致歌曲失真。此时，贝塞尔滤波器将会发生其作用。

目前的电源滤波器都是低通滤波器，通过的都是工频 50Hz 或 60Hz，这是有用频率，其他的全是无用频率，所以用截止频率在 1kHz 以上的就绰绰有余。因此随便选滤波器，很多时候也没出问题。所以对电源滤波器的选取在工艺、安规上就要多关注了。但在有特定输出或输入的场合，电源滤波器的选择就要谨慎了。比如医疗手术时的电刀产品，其工作频率是 500kHz，本身会对电源造成干扰，所以电刀的对外传导干扰需要抑制。同时，与电刀共用电源的设备也要警惕，其 500kHz 工作频率也可能会产生干扰。

(6) 插损曲线：滤波器的插损曲线都是在标准阻抗下测得，实际应用现场，基本可以肯定不是如此标准的源阻抗和负载阻抗特性，所以滤波器的衰减效果会大打折扣。因此，选择时对拟抑制的频率点必须至少留出 20dB 的余量。举例来说，如果发现 100kHz 超标 13dB，选择了一款滤波器，从插损曲线上看出其在 100kHz 时的插损是 20dB，觉得此滤波器用上去就肯定就没问题，那就错了，就需要选择 100kHz 时插损不低于 33dB 的滤波器。

另外，插损分共模插损和差模插损，一般对 30MHz 以上的干扰，选择共模插损满足上面要求的滤波器，10MHz 以下的干扰选择差模插损满足要求的滤波器。对上例 100kHz，选择差模插损 33dB 的滤波器。

(7) 滤波器的安装形式：一般有板式(有可焊插针引脚)、螺丝固定安装、IEC 标准(带单相 220V 三针输入)、带开关的 IEC，根据实际结构功能要求选择即可。

(8) 安装工艺规范：滤波器的安装是仅次于电路结构形式和组成器件指标的技术要

素，主要体现在滤波器的位置、接地的措施。位置要求靠近输入或输出端，为避免输入端/输出端线缆上的高频干扰辐射影响到其他电路，输入线/输出线不得并行走线，不得靠近走线，以免相互串扰造成该干净的干净不了；滤波器壳体是金属壳体，接地要求面接地而不是线接地，须保证整个面与地接触良好，不能仅靠固定引脚的螺丝或上面引出的接地导线来接地，导线接地的引线电感量大，高频接地阻抗偏高导致高频接地不良，滤波效果不好；接地线缆不宜用拧接方式，必须选用焊接方式。

（9）滤波器的 Q 值：Q 值对实际滤波效果影响不大，但 Q 值代表的是损耗/输入功率，Q 值越高，说明损耗越大，意指会有部分能量在滤波器的电感上被损耗掉。在一般的低功率电源滤波器和信号滤波器上，此问题不会太突出。但在较大功率的滤波器上，这个损耗不可小视，一是会引起发热，发热后的电容会引起较大的负面影响，漏电流、耐压、容值等都会随温度变化而变化；二是耗电量大会导致无谓的电损失。

4. 接触器

接触器的类型有两种：交流电动机采用交流接触器，直流负载采用直流接触器。当直流负载比较小时，也可选用交流接触器，但触头的额定电流应大些。

主触头额定电压的选择：接触器主触头的额定电压应大于或等于负载回路的额定电压。

主触头额定电流的选择：接触器主触头的额定电流应等于电阻性负载的工作电流。若是电感性负载，则主触头的额定电流应大于电动机等电感性负载的额定电流。

吸引线圈电压的选择：交流线圈，36V、110V、127V、220V、380V；直流线圈，24V、48V、110V、220V、440V。一般交流负载用交流线圈，直流负载用直流线圈；但交流负载频繁动作时，可采用直流线圈的接触器。

触头数量及触头类型的选择：通常接触器的触头数量应满足控制支路的要求，触头类型应满足控制线路的功能要求。

接触器选型经验：①交流接触器的电压等级要和负载相同，选用的接触器类型要和负载相适应。②负载的计算电流要符合接触器的容量等级，即计算电流小于或等于接触器的额定工作电流。接触器的接通电流大于负载的启动电流，分断电流大于负载运行时分断需要电流，负载的计算电流要考虑实际工作环境和工况，对于启动时间长的负载，30min 峰值电流不能超过约定发热电流。③按短时的动、热稳定校验。线路的三相短路电流不应超过接触器允许的动、热稳定电流，当使用接触器断开短路电流时，还应校验接触器的分断能力。④接触器吸引线圈的额定电压、电流及辅助触头的数量、电流容量应满足控制回路接线要求。要考虑接在接触器控制回路的线路长度，一般推荐的操作电压值，接触器要在 85%～110%的额定电压值下工作。如果线路过长，电压降太大，接触器线圈对合闸指令有可能不起反应；线路电容太大，可能对跳闸指令不起作用。⑤根据操作次数校验接触器所允许的操作频率。如果操作频率超过规定值，额定电流应该加大一倍。⑥短路保护元件参数应该和接触器参数配合选用。选用时可参见样本手册，样本手册一般给出的是接触器和熔断器的配合表。⑦接触器和其他元器件的安装距离要符合相关国标、规范，要考虑维修和走线距离。

5. 电动机

选用伺服电机时，对电机外部工况要关注以下 5 个因素：

（1）负载机构（确定机构类型以及其细节数据，如滚珠丝杠长度、滚珠丝杠的直径、行程和带轮直径等）。

三种典型的负载机构类型如图3-6所示。

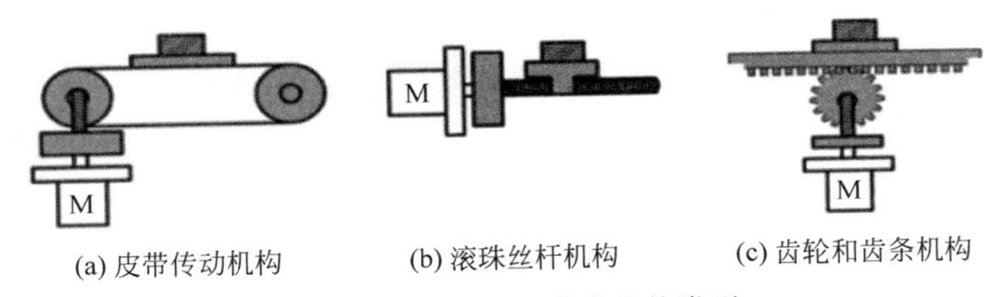

(a) 皮带传动机构 (b) 滚珠丝杆机构 (c) 齿轮和齿条机构

图3-6 三种典型的负载机构类型

（2）动作模式（决定控制对象部分的动作模式，时间与速度的关系；将控制对象的动作模式换算为电机轴上的动作形式；确定运行模式，包括加速时间、匀速时间、减速时间、停止时间、循环时间和运动距离等参数）。

（3）负载的惯量、转矩和转速（经换算可得到电机轴上的全负载惯量和全负载转矩）。

（4）定位精度（确认编码器的脉冲数是否满足系统要求规格的分辨率）。

（5）使用环境（如环境温度、湿度、使用环境大气及振动冲击等）。

在进行完以上计算之后，基本可以初步地选定电机。

在选用对应伺服电机规格时需要关注以下方面：电机容量（W）、电机额定转速（r/min）、额定扭矩及最大扭矩（N·m）、转子惯量（kg·m^2）、抱闸（制动器）、体积、重量、尺寸。

（6）电机选型的基本步骤如图3-7所示。改进的措施有增加减速机构、变更速度曲线、选择大容量电机和降低负载惯量等方法。

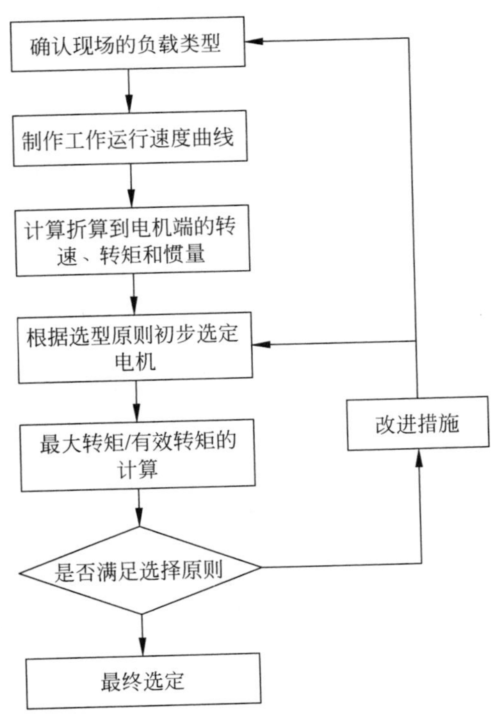

图3-7 电机选型的基本步骤

控制电动机选型：搬运工作站需要用传送带运输料块，传送带通过电动机驱动。由于工作站传送带的速度变化频率不高，选用步进电动机即可满足要求。

由于减速齿轮和皮带轮的惯量都很小，根据负载惯量计算公式可知，总负载惯量值也会较小，进而可初步选用小惯量的电动机。由加/减速转矩公式可知，当负载惯量和电动机惯量都不大时，得到的加/减速转矩也就不大。由于工件质量较小，对传送带带动工件运输的力的要求也就不大，进而由负载转矩计算公式得知，得到的负载转矩值较小。因为必要转矩为加/减速转矩与负载转矩之和，所以得到的必要转矩较小，进而对电动机最大同步转矩的要求不大。因为对电动机的惯量和最大同步转矩的要求都不高，所以选用轻型的步进电动机即可满足要求。

6. 制动电阻

制动电阻是用于将伺服电机的再生能量以热能方式消耗的载体，包括电阻阻值和功率容量两个重要的参数。通常在工程上选用较多的是波纹电阻和铝合金电阻两种，波纹电阻采用表面立式波纹有利于散热、减低寄生电感量，并选用高阻燃无机涂层，有效保护电阻丝不被老化，延长使用寿命。铝合金电阻易紧密安装、易附加散热器。

需要考虑：总是将最大驱动器连接到供电电源上；确保连接到供电电源上的直流母线的电容没有超过最大可允许范围；所有连接在一起的驱动器的功率不能超过连接到供电电源的伺服驱动器的可允许功率；制动能量不能超过制动电阻的最大功率。

选型相关要点：

① 直流母线回路上可并联电容的大小：直流母线回路上电容并不能无限加大，考虑到电容加大将提高充电时的充电电流，所以该并联电容大小由充电回路上的电阻或可控整流回路来决定，该最大可允许外接并联电容应由厂家指定。

② 当前伺服驱动器的直流母线多采用多个耐压为 400V 的电压并串联的方式，当回路电压接近 800V(750V～780V)时，制动单元导通，制动电阻投入使用。在外接电容时，需要考虑外接电容的电压尽量均等。

③ 制动电阻的选型参数：常用的制动电阻有波纹电阻、铝合金电阻。前者价格便宜但是过载能力不高；后者价格略高、过载能力较好。制动电阻最重要的三个参数是电阻阻值、连续运行功率、最大功率。

④ 制动电阻越好，则制动效果越好。制动单元的可允许通过电流，决定了制动电阻的最小阻值。故该参数需由厂家决定。实际选择电阻通常阻值略大于最小允许阻值。

⑤ 制动电阻连续功率和最大功率可以计算。如果无法计算准确，可以参考总功率的 1/3～1/2 来选择连续功率。

3.4 搬运码垛机器人机械结构选型及安装

机械结构选型方法：为了全面地学习大部分的输送线，采用了皮带线、辊筒线、倍速链集成在一起的搬运码垛机器人工作站的输送线，如图 3-8 所示。

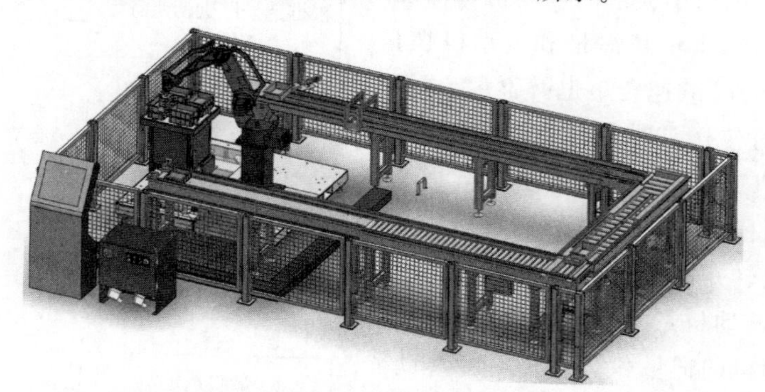

图 3-8 工业搬运码垛机器人系统整体效果

安装过程：将皮带线、辊筒线、倍速链依次就位，输送线调平后采用膨胀螺栓固定，如图 3-9 所示。

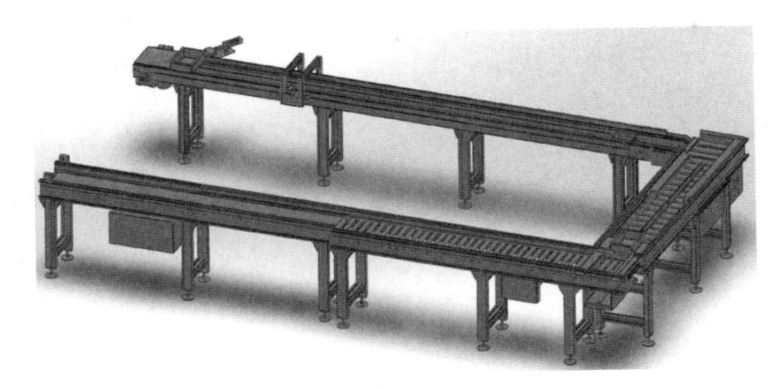

图 3-9 输送线定位

机器人底拍定位和机器人底座安装，如图 3-10 所示。

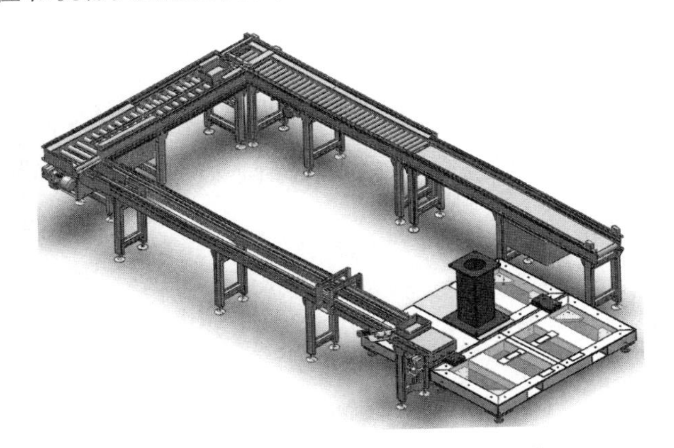

图 3-10 机器人底拍定位和底座安装

机器人、夹具安装和工作台位置固定，如图 3-11 所示。

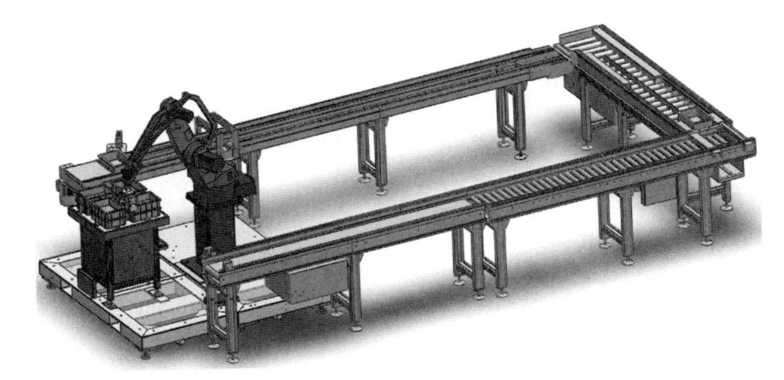

图 3-11 机器人、夹具和工作台的安装定位

电气控制柜定位和电气系统布线，如图 3-12 所示。

最后安装安全护栏(图 3-13)，就可以进行系统上电调试了。

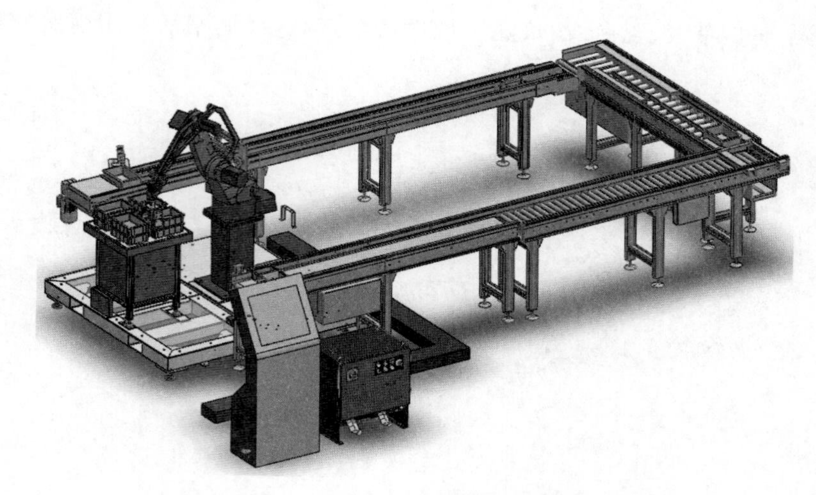

图 3-12　控制柜定位和系统布线

图 3-13　设置安全护栏

第4章

外围控制系统模块设计

设计好的各模块都安装到工作台上，现在该进行控制模块的设计了。在搬运工作站中，送料模块和废料剔除模块，就需要使用气缸推送物料。料库和料井是否有料、物料是否到达检测位置以及物料是否到达码垛位置等，都需要选用合适的传感器进行检测，而这些动作的执行又都需要通过 PLC 进行监测与控制。现在要进行的是设计气动系统，并选择合适的传感器和变频器，掌握外围控制系统模块的设计方法。

4.1 气动系统设计

工作站上的物料推送和搬运控制等都是采用气动系统控制，所以，在设计气动系统之前，应初步认识气动系统，了解气动系统的组成，以及各组成部件的功能，之后探讨各部件如何进行选型和设计，最终设计出搬运码垛机器人工作站的气动系统部分。

4.1.1 初识气动系统

气动系统是工业机器人系统中的控制系统之一，经常用于控制末端执行器的动作和其他辅助设备的动作等。气动系统的工作原理是利用空气压缩机将电动机或其他原动机输出的机械能转变为空气的压力能，然后在控制元件的控制和辅助元件的配合下，通过执行元件把空气的压力能转变为机械能，从而完成规定运动并对外做功。

气动系统相对于其他传动系统有显著的优点：气动系统的工作介质一般为空气，取之不尽、用之不竭，排放方式简单，不污染环境，而且处理成本较低；气动元件的结构简单，并且在操作方面也比较简单；气动技术在与其他学科技术(计算机、电子、通信等)结合时有良好的相容性和互补性，如工控机、气动伺服定位系统、现场总线、模块化的气动机械手等。

气动系统也有其自身的缺点：空气具有可压缩性，当载荷变化时，气动系统的动作稳定性差，可以采用气液联动装置解决此问题；工作压力较低(一般为 0.4～0.8MPa)，又因结构尺寸不宜过大，导致输出功率较小；气信号传递的速度比光、电的速度慢，不宜用于要求高传递速度的复杂回路中，但对一般机械设备，气动信号的传递速度是能够满足要求的；排气噪声大,需加消声器等。

气动系统一般包括气源部分(气压发生装置)、气动控制部分(控制元件)、气动执行部分(执行元件)、气动辅助部分(辅助元件)四大类。

(1) 气源部分是产生气动系统所需的清洁压缩空气的设备。

以空气压缩机(简称空压机)为开始,流量阀、压力阀和压力表为保障,经过冷却、过滤、干燥和排水等过程为气动系统提供相对纯净的压缩空气。

空压机的作用是将电能转换成为压缩空气的压力能,供气动元件使用。空压机可以分为活塞式空压机、滑片式空压机以及螺杆式空压机。

活塞式空压机是最常见的空压机形式。当活塞向右移动时,气缸内活塞左腔的压力低于大气的压力,吸气阀开启,外界空气进入缸内,这个过程称为"吸气过程"。当活塞向左移动时,缸内气体被压缩,这个过程称为"压缩过程"。当缸内压力高于输出管道内压力后,排气阀被打开,压缩空气输送至管道内,这个过程称为"排气过程"。活塞的往复运动是由电动机带动曲柄转动,通过连杆带动滑块在滑道内移动,这样活塞杆便带动活塞做直线往复运动。

滑片式空压机的空气端主要由转子和定子组成,其中转子上开有纵向的滑槽,滑片在其中自由滑动;定子为一个气缸,转子在定子中偏心放置。当转子旋转时,滑片在离心力的作用下甩出并与定子通过油膜紧密接触,相邻两个滑片与定子内壁间形成一个封闭的空气腔——压缩腔。转子转动时,压缩腔的体积随着滑片滑出量的大小而变化。在吸气过程中,空气经由过滤器被吸入压缩腔,并与喷入主机内的润滑油混合。在压缩过程中,压缩腔的体积逐渐缩小,压力升高,之后油气混合物通过排气口排出。

螺杆式空压机即指双螺杆空压机。螺杆式空压机的工作循环可分为进气过程(包括吸气和封闭过程)、压缩过程和排气过程,随着转子旋转,每对啮合的齿相继完成相同的工作循环。

(2) 气动控制部分包括操作检测元件和控制元件。

操作检测元件分为手动换向阀、机控换向阀、压力开关、接近开关、压力传感器、流量传感器、按钮等。

控制元件是用来控制和调节压缩空气的压力、流量和方向的,使气动执行机构获得必要的力、动作速度和运动方向,并按规定的程序工作。气动控制元件按功能可分为压力控制阀、流量控制阀、方向控制阀。

压力控制阀根据构造的不同分为直动式和先导式(内部先导、外部先导)、膜片式和座阀式(平衡截止阀芯)。压力控制阀根据机能的不同分为溢流式和非溢流式、普通式和精密式。常用的压力控制阀有减压阀、溢流阀、顺序阀。

流量控制阀通过改变阀口通流面积来调节阀口流量,从而控制执行元件运动速度。流量控制阀可以分为节流阀、柔性节流阀、排气节流阀及单向节流阀。

方向控制阀根据动作方式不同可以分为直动式和先导式;根据控制数不同可以分为单控制和双控制;根据阀芯结构不同可以分为滑柱式、座阀式、平衡座阀式和滑板式;根据切换通口数和阀芯的工作位置数不同可以分为二位二通、二位三通、二位四通、二位五通、三位三通、三位四通、三位五通;根据密封形式不同可以分为弹性密封和间隙密封。常用的方向控制阀可以分为单向型方向控制阀和换向型方向控制阀。

(3) 气动执行部分包括控制元件和执行元件。

其中,执行元件是能够将压力能转化为机械能的一种传动装置,能驱动机构实现直线往复运动、摆动、旋转运动或夹持动作。气动执行元件根据润滑形式不同可以分为给油气动执行元件、无给油气动执行元件和无油润滑气动执行元件。根据运动和功能不同可以分为气缸、气动马达等。

气缸是引导活塞在缸内进行直线往复运动的圆筒形金属机件,可以分为单作用气缸、双作用气缸和摆动气缸。

气动马达是用压缩空气作为动力源,产生旋转运动,将压缩空气的压力能转换为旋转的机械能的装置。在气压传动中使用广泛的是叶片式气动马达和活塞式气动马达。

(4) 气动辅助部分用来净化气源以及执行其他辅助工作,它由气源净化装置、真空元件和其他辅助元件组成。

(5) 气动回路分为气动基本回路和典型应用回路。

气动基本回路分为换向回路、速度控制回路、压力控制回路、位置控制回路。

典型应用回路分为同步回路、延时回路、自动往复回路等

4.1.2 气动系统设计方法

设计气动系统就是根据工作设备的控制功能要求,从种类与功能众多的元件中选择性能和参数最适合的元件,并将其巧妙合理地组合配置。主要设计内容包括系统方案、气动元件选型、管道设计、空压机型等,气动系统的设计一般按下列步骤进行。

1. 明确工作要求

(1) 运动和操作力的要求,如主机的动作顺序、动作时间、运动速度及其可调范围、运动的平稳性、定位精度、操作力及连锁的自动化程序等。

(2) 工作环境条件,如温度、防尘、防爆、防腐蚀要求及工作场地的空间等情况必须调查清楚。

(3) 和机、电、液控制相配合的情况,及对气动系统的要求。

2. 设计气动回路

(1) 列出气动执行元件的工作程序图。

(2) 画信号动作状态线图或卡诺图、扩大卡诺图,也可直接写出逻辑函数表达式。

(3) 画逻辑原理图。

(4) 画回路原理图。

(5) 为得到最佳的气控回路,设计时可根据逻辑原理图,做出几种方案进行比较,如合理选定气动控制、电动—气动控制、逻辑元件等控制方案。

3. 选择、设计执行元件

确定气缸或气动马达的类型、气缸的安装形式及气缸的具体结构尺寸(如缸径、活塞杆直径、缸壁厚)和行程长度、密封形式、耗气量等。设计中要优先考虑选用标准缸的参数。

(1) 气缸。

① 应用条件:根据工作要求和条件,正确选择气缸类型。例如,要求气缸到达行程终端无冲击现象和撞击噪声,应选择缓冲气缸;要求重量轻,应选轻型缸;要求安装空间窄且行程短,可选薄型气缸;有横向负载,可选带导杆气缸;要求制动精度高,应选锁紧气缸;不

允许活塞杆旋转,可选具有杆不回转功能的气缸;高温环境下需选用耐热缸;在有腐蚀环境下,需选用耐腐蚀气缸:在有灰尘等恶劣环境下,需要在活塞杆伸出端安装防尘罩;要求无污染时,需要选用无给油或无油润滑气缸等。

② 安装形式:根据安装位置、使用目的等因素确定。在一般情况下,采用固定式气缸。在需要随工作机构连续回转时(如车床、磨床等),应选用回转气缸。在要求活塞杆除直线运动外,还需做圆弧摆动时,选用轴销式气缸。有特殊要求时,应选择相应的特殊气缸。

③ 作用力大小:即缸径的选择,根据负载力的大小确定气缸输出的推力和拉力。

④ 活塞行程:与使用的场合和机构的行程有关。一般不选满行程,防止活塞和缸盖相碰。如用于夹紧机构等,应按计算所需的行程增加10~20mm的余量。

⑤ 活塞的运动速度:主要取决于气缸输入压缩空气流量、气缸进排气口大小以及导管内径的大小。活塞运动速度一般为50~800mm/s。对高速运动气缸,应选择大内径的进气管道;对于负载有变化的情况,为了得到缓慢而平稳的运动速度,可选用带节流装置,以易于控制速度。选用节流阀控制气缸速度需注意:水平安装的气缸推动负载时,推荐用排气节流调速;垂直安装的气缸举升负载时,推荐用进气节流调速;要求行程末端运动平稳避免冲击时,应选用带缓冲装置的气缸。

(2) 气动马达。

① 类型:在实际应用中,齿轮式气动马达应用较少,主要是叶片式和活塞式气动马达。其中,叶片式气动马达经常用于变速、小扭矩的场合,而活塞式气动马达常用于低速、大转矩的场合,它在低速运转时,具有较好的速度控制及较少的空气消耗量。选择哪种气动马达,需根据负载特性与气动马达特性的匹配情况确定。

② 参数:功率、转速、扭矩、耗气量。根据工况要求和用途可先简单估算马达所需的功率、扭矩、转速,以可提供的最小气压的70%作为基数进行选择,可允许选出的气动马达有足够的动力应付启动冲击及可能的过载。

a. 功率:非限速气动马达的最大功率在自由转速(空载转速)的50%转速时达到:限速气动马达的最大功率在自由转速(空载转速)的80%转速时达到。

b. 转速:气动马达的工作转速可在性能曲线中查明。

c. 扭矩:启动扭矩大约为最大扭矩的75%;工作扭矩(在不同转速下)可在马达性能曲线上查明或用以下公式计算:

$$扭矩(N \cdot m)=功率(kW)\times 9550/转速(r/min)$$

4. 选择控制元件

(1) 确定控制元件类型。

(2) 确定控制元件的通径。一般控制阀的通径,可按控制阀的工作压力与最大流量确定。

5. 选择气动辅件

(1) 分水滤气器的类型主要根据过滤精度要求而定。一般气动回路、截止阀及操纵气缸等要求过滤精度≤75μm,操纵气动马达等有相对运动的情况取过滤精度≤25μm,气控硬配滑阀、射流元件、精密检测的气控回路要求过滤精度≤10μm。

(2) 油雾器根据油雾颗粒大小和流量来选取。当与减压阀、分水滤气器串联使用时,三者通径要一致。

(3) 消声器。可根据工作场合选用不同形式的消声器,其通径大小根据通过的流量而定,可查有关手册。

(4) 储气罐的理论容积可按相关经验公式计算,具体结构、尺寸可查有关手册。

6. 确定管道直径、计算压力损失

(1) 各段管道的直径可根据满足该段流量的要求,同时考虑和前边确定的控制元件通径相一致的原则初步确定。初步确定管径后,要在验算压力损失后选定管径。

(2) 压力损失的验算。为使执行元件正常工作,气流通过各种元件、辅件到执行元件的总压力损失。

7. 选择空压机

计算空压机的供气量,以选择空压机的额定排气量。

4.2　外部传感器设计

接下来的任务是选择合适的传感器。如何选择传感器呢?首先得了解传感器及其分类,在此基础上再通过被测量以及应用环境等选择传感器。

4.2.1　初识传感器

传感器是一种检测装置,能感受到被测量的信息,并能将感受到的信息,按一定的规律变换成为电信号或其他所需形式的信息输出,以满足信息的传输、处理、存储、显示、记录和控制等要求。

按被测对象的不同可将传感器分为距离传感器、位置传感器、速度回传感器、力矩传感器、压力传感器等。这种分类方法明确说明了传感器的用途,给使用者提供了方便,容易根据测量对象来选择需要的传感器;缺点是这种分类方法是将原理互不相同的传感器归为一类,很难找出每种传感器在转换机理上有何共性和差异,因此,对掌握传感器的一些基本原理及分析方法是不利的。因为同一种形式的传感器,如压电式传感器,它可以用来测量机械振动中的加速度、速度和振幅等,也可以用来测量冲击和力,但其工作原理是一样的。

传感器种类繁多,例如光敏传感器、光纤传感器、位移传感器、视觉传感器、旋转编码器和超声波传感器等,每种传感器都有自身的特点和应用范围。

在工业机器人工作站中大量使用光敏传感器、光纤传感器,用于工件有无的检测、设备运行中位置的检测等。光敏传感器、光纤传感器以其无触点、无机械碰撞、响应速度快、控制精度高等特点在工业控制装置和机器人中得到了广泛的应用。

1. 光敏传感器的工作原理

光敏传感器是利用光的各种性质,检测物体的有无或表面状态的变化,如果输出形式为开关量,则称为光敏式接近开关,简称为光敏传感器。

光敏传感器主要由光发射器(投光器)、光接收器(受光器)和检测电路构成。如果光发射器发射的光线因被检测物体不同而被遮掩或反射,到达光接收器的光将会发生变化。光接收器的敏感元件将检测出这种变化,并转换为电信号进行输出,大多使用可视光和红外光。

其技术参数如下：

检测距离：指被检测物体按一定方式移动，当开关动作时测得的基准位置（光敏开关的感应表面）到检测面的空间距离。

额定动作距离：指接近开关动作距离的标称值。

回差距离：指动作距离与复位距离之间的绝对值。

响应频率：指在规定的1s的时间间隔内，允许光敏开关动作循环的次数。

输出状态：分常开和常闭。当无检测物体时，常开型的光敏开关所接通的负载由于光敏开关内部的输出晶体管的截止而不工作；当检测到物体时，晶体管导通，负载得电工作。

检测方式：根据光敏开关在检测物体时发射器所发出的光线被折回到接收器的途径的不同，可分为对射型、反射型和漫反射型等。

输出形式：有NPN、PNP型；二线、三线、四线制；常开/常闭输出。

在选择光敏传感器时，要充分考虑检测对象的材质属性、检测距离、对象的大小、供电类型、输出类型、检测对象的前景或背景是否要抑制等。

光纤传感器是一种放大器与敏感元件分离型的光敏传感器。光纤传感器把发光器发出的光用光纤引导到检测点，再把检测到的光信号用光纤引导到光接收器就组成了光纤传感器。

光纤传感器具有抗电磁干扰，可工作于恶劣环境，传输距离远，使用寿命长等优点；此外，由于光纤头具有较小的体积，所以可以安装在很小空间的地方。

光纤传感器的灵敏度调节范围较大，当灵敏度调得较小时，对于反射性较差的黑色物体，光电探测器无法接收到其反射信号，而对于反射性较好的白色物体，光电探测器就可以接收到反射信号。反之，若调高光纤传感器灵敏度，那么对反射性较差的黑色物体，光电探测器也可以接收到反射信号。

2. 光敏传感器的分类

按照检测方式分类，光敏传感器主要分为对射型、回归反射型和扩散反射型三大类，如图4-1所示。

扩散反射型还包括限定反射型和距离设定型。

(1) 对射型。对射型光敏传感器的投光器与受光器是分开的，为了使投光器发出的光能进入受光器，投光器与受光器对向设置。如果被检测物体进入投光器和受光器之间，遮蔽了光线，进入受光器的光量就会减少，根据这种光的变化，便可进行检测。

对射型光敏传感器工作原理如图4-2所示。当光路中无物体遮挡时，受光器能接受投光器发出的光能，传感器输出OFF(或ON)。

当光路中无物体遮挡时，投光器发出的光通量被反射板全部反射到受光器，传感器输出OFF(或ON)。当光路中有物体遮挡时，受光器接受不到或接受很少反射板反射的光能，传感器输出信号发生反转，由OFF(或ON)反转为ON(或OFF)，由此可以检测光路中有无物体。

对射型光敏传感器的特点：动作的稳定度高，检测距离长(数厘米至数十米)。即使检测物体的通过线路变化，检测状态也不变。检测物体的光泽、颜色、倾斜等的影响很少。

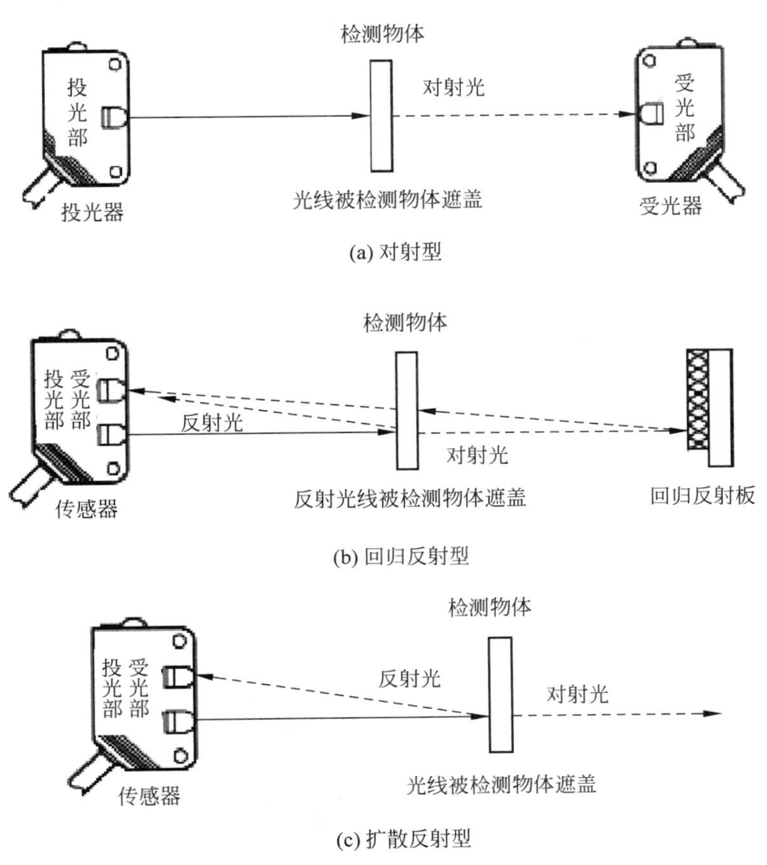

图 4-1　光敏传感器的类型

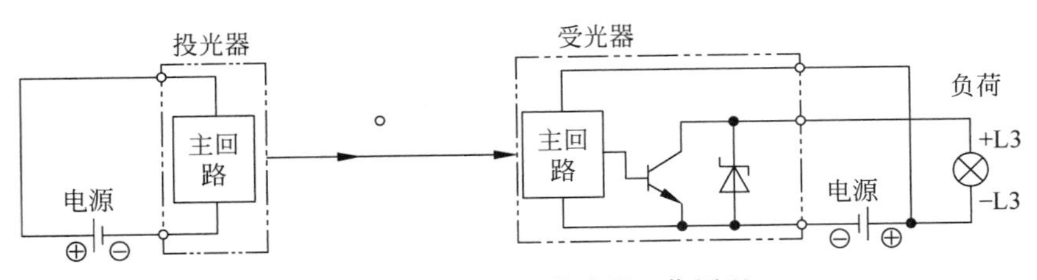

图 4-2　对射型光敏传感器工作原理

（2）回归反射型。回归反射型光敏传感器的投光器与受光器装在同一个机壳里。通常投光器发出的光线将投射到相对设置的反射板上，再反射回到受光器。如果检测物体遮蔽光线，进入受光器的光量将减少。根据这种光的变化，便可进行检测。

回归反射型光敏传感器的特点：检测距离为数厘米至数米。布线、光轴调整方便。检测物体的颜色、倾斜等的影响很少。光线通过检测物体 2 次，所以适合透明体的检测。

（3）扩散反射型。扩散反射型又称为漫射型。扩散反射型光敏传感器的投光器与受光器也是装在同一个机壳里，但不需要反射板。通常光线不会返回受光部，如果投光器发出的光线碰到检测物体，检测物体反射的光线将进入受光器，受光量将增加。根据这种光的变化，便可进行检测。扩散反射型光敏传感器工作原理如图 4-3 所示。

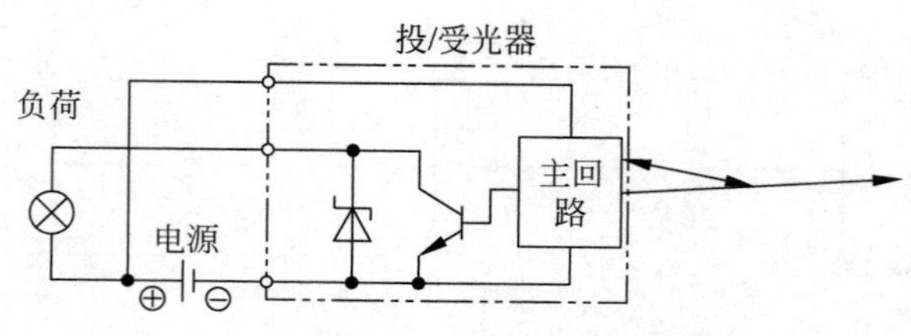

图 4-3 扩散反射型光敏传感器工作原理

当传感器前方一定距离内没有物体时,没有光被反射到受光器,传感器输出 OFF(或 ON);反之,当传感器的前方一定距离内出现物体,只要反射回来的光强度足够,受光器接收到足够的漫射光,传感器输出信号发生反转,由 OFF(或 ON)反转为 ON(或 OFF),由此可以检测传感器前方有无物体。

扩散反射型的工作距离被限定在光束的交点附近,以避免背景的影响。

扩散反射型光敏传感器的特点:检测距离为数厘米至数米。便于安装调整。在检测物体的表面状态(颜色、凹凸)中光的反射光量会变化,检测稳定性也变化。扩散反射型光敏传感器的应用如图 4-4 所示。

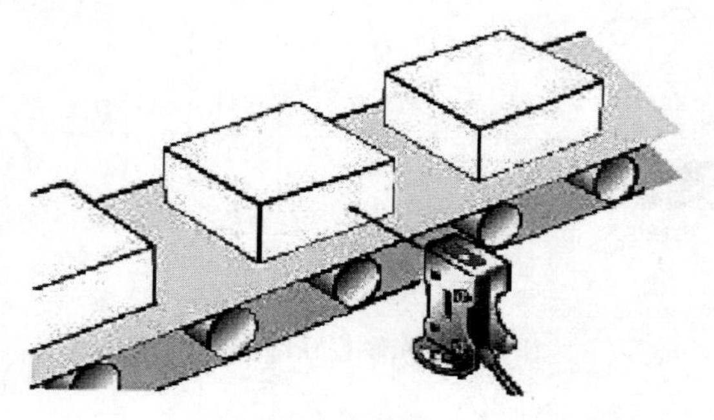

图 4-4 纸箱的通过检测

(4) 限定反射型。限定反射型光敏传感器与扩散反射型一样,投光器和受光器置于一体。由发射器发出光信号,并在限定范围内由接收器接受被检物反射的光,并引起光敏传感器动作,输出开关控制信号。呈正反射光结构,检测距离限定于某个范围,不易受到背景物体的干扰。

限定反射型光敏传感器的特点:可检测微小的段差。限定与传感器的距离,只在该范围内有检测物体时进行检测。不易受检测物体的颜色的影响。不易受检测物体光泽、倾斜的影响。

(5) 距离设定型。距离设定型光敏传感器的检测方式和前面介绍的反射型光敏传感器一样,但是受光素子是 PSD(位置检测元件),PSD 上光点的位置决定输出,而不是光量。如图 4-5 所示,PSD 上的光点位置变化其阻值也发生变化,当 PSD 阻值达到门槛值时,输出发生反转。

距离设定型光敏传感器具有 BGS 和 FGS 两种功能。

BGS 具有不会对比设定距离更远的背景进行检测的功能;FGS 具有不会对比设定距离更近的物体,以及回到受光器的光量少于规定的物体进行检测的功能。

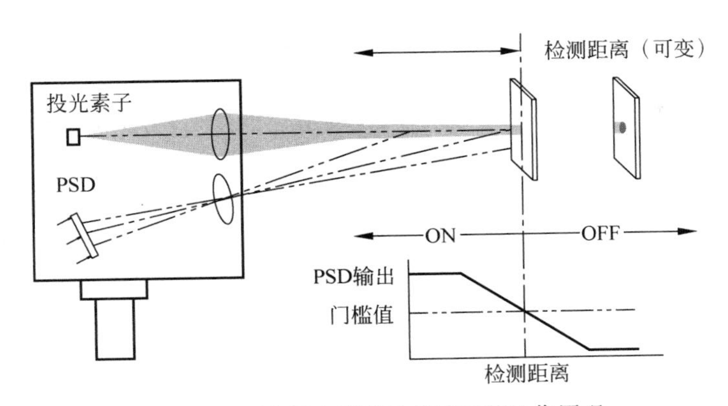

图 4-5 距离设定型光敏传感器的工作原理

回到受光器光量少的物体是指检测物体的反射率极低，如比黑画纸更黑的物体；反射光几乎都回到投光侧，如镜子等物体；反射光量大，但向随机方向发散，如有凹凸的光泽面等物体。

有些情况下，根据检测物体的移动，有时反射光会暂时回到受光侧，所以需要通过 OFF 延迟定时器来防止高速颤动。

距离设定型光敏传感器的特点：可对微小的间隔段差进行检测。不易受检测物体的颜色影响。不易受背景物体的影响。有时会受检测物体的斑点影响。距离设定型光敏传感器的应用如图 4-6 所示。

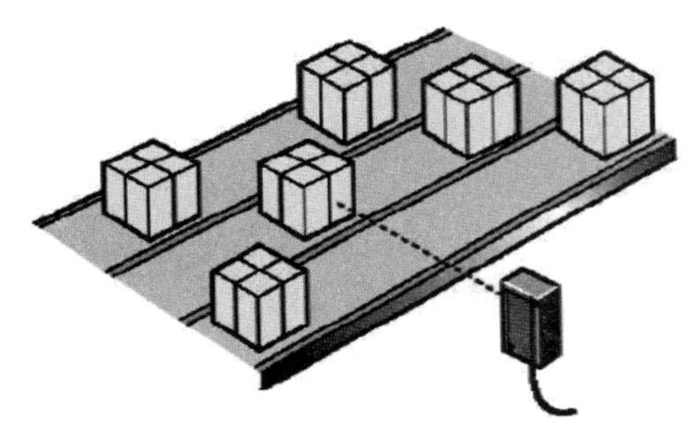

图 4-6 不同流水线上的瓦楞纸箱

4.2.2 传感器的选型方法

传感器主要是根据所测物理量、使用条件、灵敏度、量程等进行选择，其选型一般按照如下步骤进行。

1. 明确要测量的物理量

在选择传感器之初，首先应明确要测量的物理量，根据被测量选择传感器相应的传感器类型，如测量力矩时，应选用力矩传感器。

2. 明确传感器的使用条件

传感器的使用条件即为设置的场所环境（湿度、温度、振动等），测量的时间，与显示器之间的信号传输距离，与外设的连接方式等。

（1）环境。

对环境有明确要求的情况会对传感器的可靠性有特定的要求。在机械工程中，有些机械系统或自动化加工过程，往往要求传感器能长期使用而不需要经常更换或校准。其工作环境又比较恶劣，尘埃、油剂、温度、振动等干扰严重。例如，热轧机系统控制钢板厚度的射线检测装置，用于自适应磨削过程的测力系统或零件尺寸的自动检测装置等，在这种情况下应对传感器可靠性有严格的要求。

此外，为了保证传感器在应用中具有较高的可靠性，事前需选用设计、制造良好，使用条件适宜的传感器；在使用过程中，应严格保持规定的使用条件，尽量减轻使用条件的不良影响。例如，对于电阻应变式传感器，湿度会影响其绝缘性，温度会影响其零漂，长期使用会产生蠕变现象。而对于变间隙型的电容传感器，环境湿气或浸入间隙的油剂，会改变介质的介电常数。光电传感器的感光表面有尘埃或水汽时，会改变光通量、偏振性或光谱成分等。

（2）测量的时间。

测量的时间会影响传感器的响应特性。利用光电效应、压电效应等的物性型传感器，响应较快，可工作频率范围宽。而结构型传感器，如电感、电容、磁电式传感器等，往往由于结构中机械系统惯性的限制，其固有频率低，可工作频率较低。

（3）与显示器之间的信号传输距离。

与显示器之间的信号传输距离会影响信号的引出方法（有线式或无线式），当距离过远时，如采用有线连接，会使布线工程量大，且由于使用实体线，其线路容易损坏，一旦出错，就不得不换掉整条线，维护不易。相比之下，无线式接线主要在于相关设备的维护相对较为容易，且在系统需要改变时，无线式可以根据需要进行规划和随时调整，省去了巨额的工作量。

（4）与外设的连接方式。

与外设的连接方式确定了传感器的测量方式是接触式还是非接触式。在机械系统中，运动部件的被测量（如回转轴的误差运动、振动、扭力矩），往往需要非接触测量。因为对部件的接触式测量不仅造成对被测系统的影响，而且有许多实际困难，诸如测量头的磨损、接触状态的变动、信号的采集都不易妥善解决，也易于造成测量误差。采用电容式、涡电流式等非接触式传感器，会有很大方便。若选用电阻应变片，则需配以遥测应变仪或其他装置。

3. 需考虑的一些具体问题

灵敏度的高低、线性范围的大小、能否真实地反映被测量值等也是传感器选型时需考虑具体问题。

（1）灵敏度。

传感器的灵敏度越高越好，因为灵敏度越高，传感器能感知的变化量越小，被测量稍有微小变化时，传感器就有较大的输出。但是，在确定灵敏度时，要考虑以下问题：

① 当传感器的线性工作范围一定时，传感器的灵敏度越高，干扰噪声就越大，难以保证传感器的输入在线性区域内工作。过高的灵敏度，影响其适用的测量范围，应要求传感器的信噪比越大越好。

② 当被测量是一个单向量时，就要求传感器单向灵敏度越高越好，而横向灵敏度越小越好；如果被测量是二维或三维的向量，那么还应要求传感器的交叉灵敏度越小越好。

（2）线性范围。

任何传感器都有一定的线性范围，在线性范围内输出和输入成比例关系。线性范围越宽，表明传感器的工作量程越大。传感器工作在线性区域内，是保证测量精确度的基本条件。例如，机械式传感器中的测力弹性元件，其材料的弹性极限是决定测力量程的基本因素，当超过弹性极限时，会产生线性误差。然而任何传感器都不容易保证其绝对线性，在许可限度内，可以在其近似线性区域应用。变间隙式的电容、电感传感器，均采用在初始间隙附近的近似线性区内工作。选用时必须考虑被测量的变化范围，令其线性误差在允许范围内。

（3）精确度。

传感器处于测试系统的输入端，能否真实地反映被测量值，对整个测试系统具有直接影响。然而，也并非要求传感器的精确度越高越好，还应考虑经济性。传感器精确度越高，价格越昂贵。因此应从实际出发，尤其应从测试目的角度来选择。首先应了解测试目的，判定是定性分析还是定量分析。如果属于相对比较的定性试验研究，只需获得相对比较值即可时，则无须要求绝对量值，而应要求传感器的精密度高。如果属于定量分析，就必须获得精确量值，因而要求传感器有足够高的精确度。例如，研究超精密切削机床运动部件的定位精确度、主轴回转运动误差、振动及热变形等，往往要求测量精确度为0.1～0.01μm，欲测得这样的量值，就必须采用高精确度的传感器。

4. 其他要求

除了以上选用传感器时应充分考虑的一些因素外，还应尽可能兼顾结构简单、体积小、重量轻、价格便宜、易于维修、易于更换等要求。

4.3　机器视觉

机器视觉是用机器代替人眼进行目标对象的识别、判断和测量，主要研究用计算机来模拟人的视觉功能。

机器视觉技术是一项综合技术，涵盖了视觉传感器技术、光源照明技术、光学成像技术、数字图像处理技术、模拟与数字视频技术及计算机软硬件技术和自动控制技术。机器视觉技术的特点不仅在于模拟人眼功能，更重要的是它能完成人眼所不能胜任的某些工作。作为当今最新技术之一，机器视觉技术在电子学、光学和计算机等技术不断成熟和完善的基础上得到了迅速发展。

机器视觉系统主要应用于不适合人工作业或者人类视觉无法达到要求，以及高速大批量工业产品制造自动生产流水线的一些场合。由于机器视觉较易实现信息集成，因此使其成为实现机器人系统集成制造的基础技术。在工业生产过程中，相对于传统测量检验方法，机器视觉技术的最大优点是快速、准确、可靠与智能化，对提高产品检验的一致性、产品生产的安全性，降低工人劳动强度以及实现企业的高效安全生产和自动化管理具有不可替代的作用。

4.3.1　机器视觉技术应用与分类

1. 机器视觉技术的应用

机器视觉技术涉及目标对象的图像获取技术、对图像信息的处理技术以及对目标对象的测量和识别技术。

机器视觉技术正在被广泛地应用于各种生产活动，可以说需要人类视觉的场合几乎都有机器视觉的应用，特别是在许多人类视觉无法感知的场合，如在精确定量感知、高速检测判定、危险场景感知和不可见物体感知等情况下，机器视觉技术更显示出其无可比拟的优越性。机器视觉技术的应用主要包括如下几个方面。

（1）在工业检测中的应用。

工业检测是指在工业生产中运用一定的测试技术和手段对生产环境、工况、产品等进行测试和检验,其检测结果是对生产过程进行控制的重要指标,直接影响着生产效率和质量。在现代自动化大生产中,视觉检测往往是不可缺少的重要环节。如汽车零件结构尺寸药品包装正误、印刷字符缺陷检测、电路板焊接好坏等,都需要工人通过卡尺、量规或者显微镜等工具进行观测检验。人工检测的弊端很多,主要体现在以下6个方面。

① 人工检测劳动强度大、生产效率低。

② 人工检测没有严格统一的质量标准,直接影响产品的检验一致性。

③ 在一些高速的生产环节,人工检测无法实现实时全检,只能对部分产品进行抽检。

④ 在高精度检测要求下,人工检测很难达到精度要求,而且检测成本居高不下。

⑤ 在某些高温或有毒生产现场,无法通过人工方式对产品质量进行检测。

⑥ 人工检测的数据无法及时准确地纳入质量管理系统,不利于测控管系统集成。

随着现代工业的发展和进步,特别是在一些高精度加工产业,传统的检测手段已远远不能满足生产的需要。机器视觉技术则因其具备在线检测、实时分析、实时控制的能力以及高效、经济、灵活的优点,成为现代检测技术中一种重要的技术手段。

机器视觉技术在微尺寸、大尺寸、复杂结构尺寸和异型曲面尺寸检测中具有突出的优势和特点:对于微尺寸测量,机器视觉技术不仅具有非接触的特点,还可以通过调节摄像系统的分辨率和放大倍数方便地实现不同测量范围的高精度测量;对于大尺寸测量,机器视觉技术可以通过拼接零件不同部位的图像,分析得到零件的完整结构尺寸;对于复杂结构零件(如齿轮螺纹、凸轮等)测量,机器视觉技术只需要一幅或多幅图像就可以获得复杂结构的轮廓信息。

机器视觉工业检测就其检测性质和应用范围而言,分为定量检测和定性检测两大类,每类又分为不同的子类。除了对各种零件几何尺寸的测量,机器视觉技术在工业在线检测的应用还包括印制电路板检查、钢板表面自动探伤、大型工件平行度和垂直度测量、容器容积或杂质检测、机器零件的自动识别和分类等。

(2) 在医学诊断中的应用。

目前医学图像已经广泛用于医学诊断,成像方法包括传统的X射线成像、显微图片、B超、红外、层析成像(CT)和核磁共振图片(MRI)等,主要通过人眼对图像中的信息进行分析和判断,从而对病情、病因作出诊断。

机器视觉在医学图像诊断方面有两类应用:一是对图像进行增强、标记、染色等,帮助医生诊断疾病,并协助医生对感兴趣的区域进行测量和比较;二是利用专家知识系统对图像进行分析和解释,给出建议诊断结果。此外,三维机器视觉方法可以分析物体的三维信息与动参数,如一种称为计算机辅助外科手术(Computer-aided Surgery)的技术,其基本原理就是用CT或MRI图像对体内物体进行三维定位并引导自动手术刀或辐射源实行手术或治疗。

(3) 在智能交通中的应用。

机器视觉技术在智能交通中可以完成自动导航和交通状况监测等任务。在自动导航中,机器视觉可以通过双目立体视觉等检测方法获得场景中的路况信息,然后利用这些信进行道路识别、障碍识别等。自动导航装置可以将立体图像和运动信息组合起来,与周围环境进行自主交互,这种技术已用于无人汽车、无人飞机和无人战车等。另外,机器视技术可以用于交通状况监测,如交通事故现场勘察、车场监视、车牌识别、车辆识别与可疑目标跟踪等。在许多大中城市的交管系统中，机器视觉系统担任了“电子警察”的角色，其“电子眼”功能在识别车辆违章、监测车流量、检测车速等方面都发挥着越来越重要的作用。

2. 机器视觉方法分类

作为一种先进的检测技术，机器视觉技术与系统开始越来越多地出现在各种生产和科研活动中，并建立了如产品质量检测、自动化装配、机器人视觉导航和无人驾驶等具有一定代表性和通用性的智能测控系统，形成了一些典型的机器视觉测量对象和方法。

(1) 尺寸测量：在检测技术中，被测物体的外形往往具有某种几何形状，通常情况下，其长度、角度、圆孔直径、弧度等都是典型的待测几何参数。在传统的尺寸测量中，典型的方法是利用卡尺或千分尺在被测工件上针对某个参数进行多次测量后取平均值。这些检测设备或检测手段具有测量简便、成本低廉的优点，但测量精度低、测试速度慢，测试数据无法及时处理，不适合自动化的生产。

基于机器视觉的尺寸测量方法具有成本低、精度高、安装简易等优点，其非接触性、实时性、灵活性和精确性等特点可以有效地解决传统检测方法存在的问题。另外，基于机器视觉的尺寸测量方法不但可以获得尺寸参数，还可以根据测量结果及时给出反馈信息，修正加工参数，避免产生更多的次品，减少企业的损失。

被测物的尺寸测量通常包括多个参数尺寸，如距离测量、圆测量、角度测量、线弧测量、区域测量等。

(2) 缺陷检测：在现代工业连续、大批量自动化生产中，涉及各种各样的质量检测，如工件表面是否有划痕、印刷品是否有油污或破损、字符印刷正误和电路板线路正误检查等。质量检测系统的性能优劣在一定程度上直接影响着产品质量和生产效率。能够对产品进行在线高速缺陷检测已经成为高质量和高效率生产的保证。

产品缺陷检测方法可以分为三种。第一种是人工检测法，这种方法不仅成本高，而且在对微小缺陷进行判别时，难以达到所需要的精度和速度，人工检测法还存在劳动强度大、检测标准一致性差等缺点。第二种是机械装置接触检测法，这种方法虽然在质量上能满足生产的需要，但存在检测设备价格高、灵活性差、速度慢等缺点。第三种是机器视觉检测法，即利用图像处理和分析对产品可能存在的缺陷进行检测，这种方法采用非接触的工作方式，安装灵活，测量精度和速度都比较高。同一台机器视觉检测设备可以实现对不同产品的多参数检测，为企业节约大笔设备开支。

待检测物品的缺陷表现在图像上，即为缺陷处的灰度值与标准图像的差异。将缺陷图像的灰度值同标准图像进行比较，判断其差值(两幅图灰度值的差异程度)是否超出预先设定的阈值范围，就能判断出待测物品有无缺陷。

在实际应用中，不同产品对缺陷的定义也不一样。一般来说，产品表面缺陷分为结构缺陷、几何缺陷和颜色缺陷等几种类型。常见的工件完整性检测属于结构缺陷检测，尺寸规格检测属于几何缺陷检测，而印刷品质量检测中常需要进行颜色缺陷检测。机器视觉缺陷检测软件通过对目标表面图像进行预处理，并与标准图像对比，找到其中存在的缺陷，然后识别并判断缺陷种类和严重程度，对产品进行分类分级处理。

(3) 模式识别：“模式”是一个抽象的概念。客观世界和主观世界即物质和意识的所有方面、所有个体、所有单元、所有事物都可以称为模式。客观世界的事物，比如人的长相、人的声音、汽车等形形色色，种类万千，每一种事物都叫一个模式。人类通过自己的感觉器官从外界获取信息，然后经过思考、分析和判断，建立对客观世界各种事物的认识，这就是模式识别。比如，通过视觉获得形状、大小、色彩等特征信息，映入脑海中构成一幅幅图像；通过听觉取得各种音响的信息；通过嗅觉闻到种种气味；通过触觉得知温度、湿度、材料强度等。随着计算机的出现以及人工智能的兴起，人们希望能用计算机来代替或扩展人类的部分脑力劳动，模式识别技术就是试图让计算机或机器实现人的视觉、听觉等模式识别能力，使计算机成为一种会看、会听、会说、会思考的高级智能人造系统。

严格来说，模式识别是指对表征事物或现象的各种形式的(数值的、文字的和逻辑关系的)信息进行处理和分析，以对事物或现象进行描述，辨认、分类和解释的过程。它是信息科学和人工智能的重要组成部分。这里所说的模式识别主要是对各种声波、电波、图片和文字符号等对象的具体模式进行分类和辨识。

模式识别的应用非常广泛，目前技术比较成熟的有文字和语音识别、生物特征与生物信息处理、视觉与图像分析三大类。其中，文字识别主要用于手写汉字输入、票据自动识别和处理等；语音识别技术主要用于语音输入、自动翻译、声音识别等；生物特征与生物信息处理包括指纹识别、声音识别、人脸识别、虹膜识别、笔迹识别、步态识别等个人身份鉴定技术。视觉与图像分析在许多行业都有应用，如遥感图像识别用于农作物估产、资源勘察、气象预报和军事侦察等；医学图像识别用于癌细胞检测、X 射线照片分析、血液化验、染色体分析心电图诊断和脑电图诊断等；交通监控视频识别用于车流量分析、车辆分类和统计等。

(4) 图像融合：由于受照明、环境条件(如噪声、云、烟雾、雨等)、目标状态(如运动、密集目标、伪装目标等)、目标位置(如远近、障碍物等)以及传感器固有特性等因素的影响，通过单一传感器所获得的图像不足以用来对目标进行准确的检测、分析和理解，因此需要通过某些方法将不同条件下获取的图像有效地融合在一起，这就是图像融合技术。

图像融合是指将一个或多个传感器在同一时间或不同时间获取的关于某个场景的多幅图像加以综合，生成一个新的关于这一场景的解释。通过图像融合可以减少图像信息的不确定性，提高信息的可信度，同时提高系统获取信息的效率和容错能力。经过图像融合可以获得目标更为准确、全面、可靠的图像描述，进而更有效地实现特征提取、目标识别与跟踪及三维重构等处理。

根据图像信息的来源，图像融合分为 3 种形式：多传感器不同时间获取的图像融合；多传感器同时获取的图像融合；同一传感器在不同环境条件下获取的图像融合。基本原理都是利用多幅图像间在时间或空间上的冗余或互补信息，依据一定的融合算法合成一幅满足某种需要的新图像。例如，红外传感器可以探测目标的工作状态，可见光图像则包含丰富的细节信息，它们的融合较单一传感器而言，可以大大提高目标的可探测性和识别可靠性。20 世纪 90 年代以来，人们对图像融合技术的研究呈不断上升趋势，应用领域遍及智能交通、安全监控、医学成像与诊断、地理信息系统、智能制造以及军事目标探测与识别等。在机器视觉方面，图像融合技术被认为是克服某些难题的重要技术手段；在航空、航天运载平台上，各种遥感设备所获得的大量不同光谱、不同波段或不同时相、不同角度的遥感图像的融合，为信息的高效提取提供良好的技术手段；在国土资源勘测方面，图像融合技术可以用于土地利用情况动态监测，森林、海洋资源调查，环境调查与监测，洪涝灾害的预测与评估等；在医学上，通过对计算机断层扫描图像(CT)和核磁共振(NMR)图像的融合，可以帮助医生对疾病作出准确诊断。

（5）目标跟踪：所谓目标跟踪，是指对图像序列中的运动目标进行检测、提取、识别和跟踪，获得运动目标的运动参数，如位置、速度、加速度和运动轨迹等，进而实现对运动目标的行为理解，以完成更高一级的检测任务。运动目标检测是目标跟踪的第一个环节，它实时地在被监视的场景中检测运动目标，并将其提取出来。运动目标跟踪是在目标检测的基础上，利用目标的有效特征，使用适当的匹配算法，在序列图像中寻找与目标模板最相似的图像的位置，即目标定位。在实际应用中，运动目标跟踪不仅可以提供目标的运动轨迹和位置信息，为下一步的目标行为分析与理解提供可靠的数据来源，而且可以为运动目标检测提供帮助，形成一个良性循环。

目标跟踪在很多领域都有非常重要的作用，最常见的是对于民宅、停车场、银行等公共场合的监视。目标跟踪系统能够对可疑人员进行有效的检测，通过跟踪轨迹对运动目标行为模式进行判定，有效地提供异常行为报警，从而防止偷盗或破坏行为的发生，保障社会的安定。如 DETER（Detection of Events for Threat Evaluation and Recognition）系统用于对停车场进行监控，以防止车辆被盗，该系统在提取出运动目标之后，能够对运动目标的行为进行跟踪，通过跟踪轨迹对运动目标行为模式进行判定，有效地提供异常行为报警，从而确保停车场的安全。在交通系统中，目标跟踪主要用于交通流量控制、车辆异常行为检测、行人行为判定、智能车辆等方面。智能车辆是利用安装在车辆上的摄像头实现对道路、前方车辆和行人的检测与跟踪，以保证车辆的安全行驶。在军事上，为了对敌人实施精确打击，需要对战场环境中的敌方目标进行快速准确的搜索和跟踪，因此高性能的目标跟踪系统对现代战争也具有重要的实际意义。例如，LOTS（Lehigh Omnidirectional Tracking System）系统对隐藏的狙击手进行检测和跟踪这一问题进行了详细的讨论，AVS（Aerial Video System）系统研究了飞行器在飞行状态下对运动或静止的目标跟踪与识别的难题。运动目标的检测与跟踪在技术上由于涉及计算机图像处理、视频图像处理、模式识别以及人工智能等诸多领域，因而具有较强的研究价值和意义。

运动目标检测算法分为静态背景下运动检测和动态背景下运动检测。静态背景下运动目标检测常用方法包括相邻帧间差分法、背景差分法和光流法。相邻帧间差分法是将连续两帧进行比较，从中提取运动目标的信息；背景差分法通过将当前帧与背景模型进行比较，判断出像素点是属于运动目标区域还是背景区域；光流法通过计算位移向量光流场来初始化目标的轮廓，利用基于轮廓的跟踪算法检测和跟踪目标。

动态背景下运动检测由于存在目标与摄像头之间复杂的相对运动，所以算法比较复杂，常用的算法包括匹配块法、光流估计法、图像匹配法以及全局运动估计法等。

（6）三维重构：三维重构是通过分析一幅或者多幅图像的灰度信息，结合某些先验知识获得物体三维表面形状的技术。随着机器视觉在众多工程领域的广泛应用，如何准确、快速地自动获取和分析图像中所包含的三维信息成为视觉研究人员非常关注的问题。

计算机视觉中被动式三维形状重建或恢复技术主要是指 Shape-from-X（由图像的结构或结构特征信息重建三维形状）技术。根据 Marr 的计算视觉理论，该技术利用对图像的低级处理阶段得到的结果，获得蕴涵在图像中的三维物体表面的 2.5 维图，通常以针图或深度图形式表示。典型的 Shape-from-X 技术有立体视觉法、光度立体法纹理恢复形状、运动恢复形状、轮廓恢复形状、阴影恢复形状以及单幅图像灰度明暗变化重建三维形状等。三维重构技术在许多领域都有用武之地，例如在医疗方面，牙科医生可以通过牙齿的三维成像模型对牙齿发育情况进行监测,确定矫正方法;外科手术时,可以利用器官的三维形状数据协助诊断组织局部的病变状况;在空间技术方面,通过对卫星返回的地表图像进行三维形状恢复,可以获得星球表面山峦河流等地貌分布,进而建立该地区的全景模型,进行地质结构分析等;在工业检测中,利用工件的三维几何信息进行多维度的特征提取和识别,有助于提高工件识别效率。

4.3.2 机器视觉系统组成

机器视觉系统主要由视觉感知单元、图像信息处理与识别单元、结果显示单元以及视觉系统控制单元组成。视觉感知单元获取被测目标对象的图像信息,并传送给图像信息处理单元;图像信息处理单元经过对图像的灰度分布、亮度以及颜色等信息进行各种运算处理,从中提取出目标对象的相关特征,达到对目标对象的测量识别和 NG 判定,并将其判定结论提供给视觉系统控制单元;视觉系统控制单元根据判别结果控制现场设备,实现对目标对象进行相应的控制操作。

机器视觉系统是指通过机器视觉产品(图像采集装置)获取图像,然后将获得的图像传送至处理单元,通过数字化图像处理进行目标尺寸、形状、颜色等的判别,进而根据判别的结果控制现场设备。

机器视觉系统由获取图像信息的图像测量子系统与决策分类或跟踪对象的控制子系统两部分组成。图像测量子系统又可分为图像获取和图像处理两大部分。图像测量子系统包括照相机、摄像系统和光源设备等,例如观测微小细胞的显微图像摄像系统,考察地球表面的卫星多光谱扫描成像系统,在工业生产流水线上的工业机器人监控视觉系统,医学层析成像系统(CT)等。图像测量子系统使用的光波段可以从可见光、红外线、X 射线、微波、超声波到 γ 射线等。从图像测量子系统所获取的图像可以是静止图像,如文字、照片等;也可以是运动图像,如视频图像等;既可以是二维图像,也可以是三维图像。图像处理就是利用数字计算机或其他高速、大规模集成数字硬件设备,对从图像测量子系统获取的信息进行数字运算和处理,进而达到人们所要求的效果。决策分类或跟踪对象的控制系统主要由对象驱动和执行机构组成,根据对图像信息处理的结果实施决策控制,如在线视觉测控系统对产品 NG 判定分类的去向控制、自动跟踪目标动态视觉测量系统的实时跟踪控制,以及机器人视觉的模式控制等。

目前市场上的机器视觉系统可以按结构分为两大类:基于 PC 的机器视觉系统和嵌入式机器视觉系统。基于 PC 的机器视觉系统是传统的结构类型,硬件包括 CD 相机、视觉采集卡和 PC 等,目前居于市场应用的主导地位,但价格昂贵,对工业环境的适应性较弱。嵌入式机器视觉系统将所需要的大部分硬件如 CCD、内存、处理器以及通信接口等压缩在一个“黑箱”式的模块里,又称为智能相机,其优点是结构紧凑、性价比高、使用方便、对环境的适应性强,是机器视觉系统的发展趋势。

在机器视觉系统中,好的光源与照明方案往往是整个系统成败的关键。光源与照明方案的配合应尽可能地突出物体特征参量,在增加图像对比度的同时,应保证足够的整体亮度;物体位置的变化不应该影响成像的质量。光源的选择必须符合所需的几何形状、照明亮度、均匀度、发光的光谱特性等,同时还要考虑光源的发光效率和使用寿命。

照明方案应充分考虑光源和光学镜头的相对位置、物体表面的纹理、物体的几何形状以及背景等要素。摄像机和图像采集卡共同完成对目标图像的采集与数字化，是整个系统成功与否的又一关键所在。高质量的图像信息是系统正确判断和决策的原始依据。在当前的机器视觉系统中，CCD摄像机以其体积小巧、性能可靠、清晰度高等优点得到了广泛使用。CCD摄像机按照其使用的CCD器件可以分为线阵式和面阵式两大类。

图像处理系统是机器视觉系统的核心，它决定了如何对图像进行处理和运算，是开发机器视觉系统的重点和难点。随着计算机技术、微电子技术和大规模集成电路技术的快速发展，为了提高系统的实时性，可以借助DSP、专用图像信号处理卡等硬件完成一些成熟的图像处理算法，而软件则主要完成那些复杂的、尚需不断探索和改进的算法。

机器视觉硬件系统可概括为图像获取、图像分析处理和图像结果显示与控制三个部分。可进一步细分为光学模块、图像捕捉、图像数字化、数字图像处理、智能判断决策和控制执行等硬件模块。机器视觉硬件系统包括光源、镜头、CCD、图像采集卡以及计算机等环节。其中，光源为视觉系统提供足够的照度；镜头将被测场景中的目标成像到视觉传感器(CCD)的靶面上，将其转变为电信号；图像采集卡将电信号转变为数字图像信息，即把每一点的亮度转变为灰度级数据，并存储为一幅或多幅图像；计算机实现图像存储、处理，并给出测量结果和输出控制信号。

机器视觉系统的应用范围特别广泛，因此在不同系统中会选用不同的部件，但无论何种系统都离不开最基本的组成单元，即光源、镜头、相机、图像采集模块和图像处理软件。实际上，目前的摄像机与图像采集卡已集成为一体化，逐步替代了摄像机与采集卡分离的结构模式。

镜头技术。镜头是集聚光线，使成像单元能获得清晰影像的结构。光学镜头目前有监控级和工业级两种，监控级镜头主要适用于对图像质量要求不高、价格较低的应用场合；工业级镜头由于图像质量好、畸变小、价格高，主要应用于工业零件检测和科学研究等应用场合。视场角和焦距是光学镜头最重要的技术参数，滤光镜的使用也是镜头技术的重要组成部分。

(1) 视场角。在介绍视场角前先了解什么是视场，视场(Field of View，FoV)就是整个系统能够观察的物体的尺寸范围，进一步分为水平视场和垂直视场，也就是CCD芯片上最大成像对应的实际物体大小，定义为

$$\mathrm{FoV}=L/M \tag{4-1}$$

其中，L是CCD芯片的高或者宽；M是放大率，定义为

$$M=h/H=V/U \tag{4-2}$$

其中，h是像高；H是物高；U是物距；V是像距。FoV即是相应方向的物体大小。当然，FoV也可以表示成镜头对视野的高度和宽度的张角，即视场角α，定义为

$$\alpha=2\theta=2\arctan(L/2V) \tag{4-3}$$

经常可以看到镜头用视场角来给出视场的大小，且按照其视场大小可以把镜头分为鱼眼镜头、超广角镜头、广角镜头和标准镜头。

(2) 焦距。焦距是光学系统中衡量光的聚集或发散的度量，指从透镜中心到光聚集焦点的距离，亦是相机中从镜片中心到底片或CCD等成像平面的距离，简单地说焦距是焦点到面镜顶点之间的距离。

镜头焦距的长短决定着视场角的大小，焦距越短，视场角就越大，观察范围也越大，但物

体不清楚；焦距越长，视场角就越小，观察范围也越小，很远的物体也能看清楚，短焦距的光学系统比长焦距的光学系统有更佳的聚集光的能力。由此可知，焦距和视场角一一对应，一定的焦距就意味着一定的视场角。因此在选择焦距时应该充分考虑是要观察细节还是要较大的观测范围。如果需要观察近距离大场面，就选择小焦距的广角镜头；如果要观察细节，应该选择焦距较大的长焦镜头。

（3）自动调焦。在机器视觉系统中，调焦直接影响光测设备的测量效果，特别是光测设备在对运动目标进行拍摄过程中，目标与光测设备的距离随时发生变化，因而需要不断地调整光学系统的焦距，从而调整目标像点的位置，使其始终位于焦平面上，以获得清晰的图像。对光学镜头进行手动调焦，其调节过程长，调焦精度受人为影响较大，成像效果往往不能满足需要，而自动调焦技术能很好地解决这一问题。

自动调焦相机的调焦利用电子测距器自动进行，当采集图片时，根据被摄目标的距离，电子测距器可以把前后移动的镜头控制在相应的位置上，或旋转镜头至需要位置，使被摄目标成像达到最清晰。

自动调焦有几种不同的方式，目前应用最多的是主动式红外系统。这种系统的工作程序是从相机发光元件发射出一束红外线，照射到被摄物主体后反射回相机，感应器接收到回波。相机根据发光光束与反射光束所形成的角度来测知拍摄距离，实现自动对焦。采用这种方式的自动调焦相机，因为是由自身发出照射光，所以其对焦精度与被摄物的亮度和反差无关，即使是室内等较暗的环境下，也可以顺利地拍摄。但是，由于这种方式是以被摄物反射的红外线为检测对象，所以对反射率较低或面积太小的被摄物，有时不能发挥其功能。

（4）滤光镜。滤光镜的简单解释就是拍摄时放在镜头前面的一块玻璃片或者塑料片。光线通过滤光镜后会发生改变，并通过镜头投射到CCD芯片上，产生不同的摄像效果。

滤光镜是图像采集中重要的光学器件。它能按照规定的需要改变入射光的光谱强度分布或使其偏振状态发生变化。滤光镜的原理就光学行为而言，主要是透射、反射、偏振、密度衰减和散射等。

4.4 变频器的选型

正确选择变频器对于控制系统的正常运行是非常关键的。选择变频器时必须要充分了解变频器所驱动的负载特性。

1. 负载特性的类型

人们在实践中常将生产机械分为三种类型：恒转矩负载，恒功率负载和风机类负载。

恒转矩负载：恒转矩负载的特点是负载转矩 TL 与转速 n 无关，任何转速下 TL 总保持恒定或基本恒定。例如传送带、搅拌机、挤压机等摩擦类负载以及吊车、提升机等位能负载都属于恒转矩负载。变频器拖动恒转矩性质的负载时，低速下的转矩要足够大，并且有足够的过载能力，如果需要在低速下稳速运行，应该考虑标准异步电动机的散热能力，避免电动机的温升过高。

恒功率负载：机床主轴和轧机、造纸机、塑料薄膜生产线中的卷取机、开卷机等要求的转矩，大体与转速成反比，这就是所谓的恒功率负载，负载的恒功率性质应该是就一定的速度变化范围而言的。当速度很低时，受机械强度的限制，TL 不可能无限增大，在低速下转变为恒转矩性质。

负载的恒功率区和恒转矩区对传动方案的选择有很大的影响。电动机在恒磁通调速时，最大容许输出转矩不变，属于恒转矩调速；而在弱磁调速时，最大容许输出转矩与速度成反比，属于恒功率调速。如果电动机的恒转矩和恒功率调速的范围与负载的恒转矩和恒功率范围相一致时，即所谓"匹配"的情况下，电动机的容量和变频器的容量均最小。

风机类负载在各种风机、水泵、油泵中，随叶轮的转动，空气或液体在一定的速度范围内所产生的阻力大致与速度的 2 次方成正比，这种负载所需的功率与速度的 3 次方成正比。当所需风量、流量减小时，利用变频器通过调速的方式来调节风量、流量，可以大幅节约电能。由于高速时所需功率随转速增长过快，与速度的 3 次方成正比，所以通常不应使风机、泵类负载超工频运行。

2. 变频器的选型原则

充分考虑负载的特性、应用的场合等因素，根据负载特性选择变频器。

(1) 选择变频器时应以电动机实际电流值作为变频器选择的依据，电动机的额定功率只能作为参考。另外，应充分考虑变频器的输出含有高次谐波，会造成电动机的功率因数和效率都会变坏。因此，用变频器给电动机供电与用工频电网供电相比较，电动机的电流增加 10%而温升增加约 20%。所以在选择电动机和变频器时，应考虑到这种情况，适当留有余量，以防止温升过高，影响电动机的使用寿命。

(2) 变频器与电动机之间的电缆过长时，应该采取措施抑制长电缆对地耦合电容的影响，避免变频器出力不够。所以变频器应放大一挡选择或在变频器的输出端安装输出电抗器。

(3) 当变频器用于控制并联的几台电动机时，一定要考虑变频器到电动机的电缆的长度总和应在变频器的容许范围内。如果超过规定值，要放大一挡或两挡来选择变频器。另外，在此种情况下，变频器的控制方式只能为 V/F 控制方式，并且变频器无法实现电动机的过电流、过载保护，此时需在每台电动机上加熔断器和热继电器来实现保护。

(4) 对于一些特殊的应用场合，如高温度环境、高开关频率、高海拔高度等，会引起变频器的降容，变频器需放大一挡选择。

(5) 使用变频器控制高速电动机时，由于高速电动机的电抗小，高次谐波会增加输出电流值。因此，选择用于高速电动机的变频器时，应比普通电动机的变频器稍大一些。

(6) 变频器用于变极电动机时，应充分注意选择变频器的容量。另外，在运行中进行极数转换时，应先停止电动机工作，否则会造成电动机空转，恶劣时会造成变频器损坏。

(7) 驱动防爆电动机时，变频器没有防爆构造，应将变频器设置在危险场所之外。

(8) 使用变频器驱动齿轮减速电动机时，使用范围受到齿轮转动部分润滑方式的制约，润滑油润滑时，在低速范围内没有限制；在超过额定转速的高速范围内，有可能发生润滑油用光的危险。因此，不要超过最高转速容许值。

(9) 对于压缩机、振动机等转矩波动大的负载和油压泵等有峰值负载情况下，如果按照电动机的额定电流或功率值选择变频器，有可能发生因峰值电流使过电流保护动作现象。因此，应了解工频运行情况，选择比其最大电流更大的额定输出电流的变频器。变频器驱动潜水泵电动机时，因为潜水泵电动机的额定电流通常比电动机的额定电流大，所以选择变频器时，其额定电流要大于潜水泵电动机的额定电流。

(10) 当变频器控制罗茨风机时，由于其起动电流很大，所以选择变频器时一定要注意变频器的容量是否足够大。

(11) 选择变频器时，一定要注意其防护等级是否与现场的情况相匹配，否则现场的灰尘、水汽会影响变频器的长久运行。

(12) 单相电动机不适用变频器驱动。

3. 三菱 E740 系列变频器

变频器为三菱 E740 系列变频器，系统共有五个变频器，分别驱动一二三四段线体以及一个移栽机。

该型号变频器是可实现高驱动性能的经济型产品。具有在 0.5Hz 以下，使用先进磁通矢量控制模式可以使转矩提高到 200%；提高短时超载能力(200%，持续 3s)；经过改进的限转矩与限电流功能可以为机械提供必要的保证等特点。

该型号变频器具有突出的操作性能，具有经过改进的操作旋钮，操作更便捷；具有简单设定模式，可以利用 MODE 键和 PU/EXT 键的操作实现 Pr. 79 运行模式进行快捷选择设定；提供 USB 接口与计算机连接，可以使用 configurator 对变频器参数进行设定和监控。

该型号变频器具有丰富的扩展性，可根据需要安装多种选件单元；可根据使用要求选择控制端子排；支持各种主流网络；可连接容量为 0.4～15kΩ 的外置电阻。

4. 协议转换模块

搬运码垛机器人工作站所采用的协议转换模块为倍福 EL6692 模块，用作 PLC 与机器人之间通信的桥梁，将 PLC 的 ETHERCAT 协议与机器人的 DEVICENET 协议进行转换，使得机器人与 PLC 之间正常通信。其模块特点是能够简便有效地实现两种工业通信协议的转换，无论是简单的串行通信、传统的现场总线，还是众多的实时以太网协议，并提供了一个共同的平台，用以进行任何两种工业自动化通信协议的透明转换。对于那些已经使用现场总线进行了通信系统升级，或准备采用实时以太网进行系统现代化改造的工厂，都能帮助构建起新、旧通信间的桥梁，用户不需更换既有的已经过验证的现场设备。

第5章

PLC系统设计选型

PLC 是工业机器人系统集成的控制核心，主要用来协调工作站中各元器件的动作和功能，实现集成系统的自动化运行。

5.1 PLC 概述

PLC 以其结构紧凑、应用灵活、功能完善、操作方便、速度快、可靠性高、价格低等优点，已经越来越广泛地应用于自动化控制系统中，并且在自动化控制系统中起着非常重要的作用，已成为与分布式控制系统并驾齐驱的主流工业控制系统。世界上有 200 多个 PLC 生产厂家，如美国的 AB 公司、莫迪康公司、GE 公司，德国的西门子公司，日本的欧姆龙公司、三菱电机公司以及中国的浙江浙大中控信息技术有限公司等。对于不同的工业控制需求，应当选择合适的 PLC。

1. 控制系统任务的分析

随着 PLC 功能的不断完善，几乎可以用 PLC 完成所有的工业控制任务。但是，是否选择 PLC 控制，选择单台 PLC 控制、还是多台 PLC 的分散控制或分级控制，还应根据系统所需完成的控制任务、对被控对象的生产工艺及特点进行详细分析，特别是从以下几方面考虑。

控制规模：一个控制系统的控制规模可用该系统的输入、输出设备总数来衡量，控制规模较大时，特别是开关量控制的输入、输出设备较多且连锁控制较多时，最适合采用 PLC 控制。

工艺复杂程度：当工艺要求较复杂时，用继电器系统控制极不方便，而且造价也相应提高，甚至会超过 PLC 控制的成本，因此，采用 PLC 控制将有更大的优越性。特别是工艺要求经常变动或控制系统有扩充功能的要求时，则只能采用 PLC 控制。

可靠性要求：虽然有些系统不太复杂，但对可靠性、抗干扰能力要求较高时，也需采用 PLC 控制。20 世纪 70 年代，一般认为 I/O 总数在 70 点左右时，可考虑 PLC 控制；到了 20 世纪 80 年代，一般认为 I/O 总数在 40 点左右就可以采用 PLC 控制；目前，由于 PLC 性价比的进一步提高，当I/O点总数在20点甚至更少时，就趋向于选择PLC控制了。

数据处理速度：当数据的统计、计算规模较大，需要很大的存储器容量，且要求很高的运算速度时，可考虑带有上位计算机的PLC分级控制；如果数据处理程度较低，而主要以工业过程控制为主时，采用PLC控制将非常适宜。

2. PLC选型原则

选择能满足控制要求的适当型号的PLC是应用设计中至关重要的一步。目前，国内外PLC生产厂家生产的PLC品种已达数百个，其性能各有特点。所以，在设计时，首先要尽可能考虑采用与单位正在使用的同系列的PLC，以便于学习和掌握；其次是备件的通用性，可减少编程器的投资。此外，还要充分考虑下面因素，以便选择最佳型号的PLC：

(1) 输入、输出设备的数量和性质根据系统的控制要求，详细给出PLC所有输入量和输出量的情况，包括：

有哪些开关量输入？电压分别是多少？尽量选择直流24V或交流220V。

有哪些开关量输出？要求驱动功率为多少？一般的PLC输出驱动能力约2A，如果容量不够，可以考虑输出功率的扩展，如在输出端接功率放大器、继电器等。

有哪些模拟量输入、输出？具体参数如何？PLC的模拟量处理能力一般为1～5V、0～10V，或4～20mA。

在确定了PLC的控制规模后，一般还要考虑一定的余量，以适应工艺流程的变动及系统功能的扩充，一般可按10%的余量来考虑。另外，还要考虑PLC的结构，如果规模较大，以选用模块式的PLC为好。

(2) PLC的特殊功能要求。控制对象不同会对PLC提出不同的控制要求。如用PLC替代继电器完成设备的生产过程控制、上下限报警控制、时序控制等，只需PLC的基本逻辑功能即可。对于需要模拟量控制的系统，则应选择配有模拟量输入/输出模块的PLC，PLC内部还应具有数字运算功能。对于需要进行数据处理和信息管理的系统，PLC则应具有图表传送、数据库生成等功能。对于需要高速脉冲计数的系统，PLC还应具有高数计数功能，且应了解系统所需的最高计数额率。有些系统，需要进行远程控制，就应先配置具有远程I/O控制的PLC。还有一些特殊功能，如温度控制、位置控制、PID控制等，如果选择合适的PLC及相应的智能控制模块，将使系统设计变得非常简单。

(3) 被控对象对响应速度的要求。各种型号的PLC的指令执行速度差异很大，其响应时间也各不相同。一般来讲，不论哪种PLC，其最大响应时间都等于输入、输出延迟时间及2倍的扫描时间三者之和。对于大多数被控对象来说，PLC的响应时间都是能满足要求的，但对于某些要求快速响应的系统，则必须考虑PLC的最大响应时间是否满足要求。

(4) 用户程序存储器所需容量的估算。用户程序存储器的容量以地址(或步)为单位，每个地址可以存储一条指令，用户所需程序存储器的容量在程序编好后可以准确地计算出来，但在设计开始时往往办不到，通常需要进行估算，一般粗略的方法是

(I/O)总数×(10～20)＝指令步数

如果系统中含有模拟量，可以按每个模拟量通道相当于16个I/O点来考虑。比较复杂的系统，应适当增加存储器的容量，以免造成麻烦。

5.2 PLC选型实践

5.2.1 PLC系统设计

系统设计包括硬件设计和软件设计。所谓硬件设计，是指PLC及外围线路的设计，而软件设计即PLC程序的设计，包括系统初始化程序、主程序、子程序、中断程序、故障应急措施和辅助程序等。

1. 硬件设计

在硬件设计中，要进行输入设备的选择（如操作按钮、转换开关及模拟量的输入信号等）、执行元件（如接触器、电磁阀、信号灯等），以及控制台、柜的设计等。应根据PLC使用手册的说明，对PLC进行输入/输出通道分配及外部接线设计。在进行I/O通道分配时应做出I/O通道分配表，表中应包含I/O编号、设备代号，名称及功能，且应尽量将相同类型的信号、相同电压等级的信号排在一起，以便于施工。对于较大的控制系统，为便于软件设计，可根据工艺流程，将所需的计数器、定时器及内部辅助继电器也进行相应的分配，这些工作完成之后，就可以进行软件设计了。

2. 软件设计

软件设计的主要方法是先编写工艺流程图，将整个流程分解为若干步，确定每步的转换条件，配合分支、循环、跳转及某些特殊功能便可很容易地转为梯形图了。在编写梯形图时，经验法是非常重要的方法。因此，在平时要多注意积累经验。

软件设计可以与现场施工同步进行，即在硬件设计完成以后，同时进行软件设计和现场施工，以缩短施工周期。

系统调试分为两个阶段：第一阶段为模拟调试，第二阶段为联机调试。

当PLC的软件设计完成之后，应首先在实验室进行模拟调试，检查是否符合工艺要求。模拟调试可以根据所选机型，外接适当数量的输入开关作为模拟输入信号，通过输出端子的LED，可观察PLC的输出是否满足要求。

当现场施工和软件设计都完成以后，就可以进行联机统调了。在统调时，一般应首先屏蔽外部输出，再利用编程器或编程软件的监控功能，采用分段分级调试方法，通过操作外部输入器件检查外部输入量是否连接无误，然后再利用PLC的强迫置位/复位功能逐个运行输出部件。

系统调试完成以后，为防止程序遭到破坏和丢失，可通过存储设备将程序保存起来。

5.2.2 CODESYS软PLC的设计

CODESYS软件由德国Smart software solution GmbH公司所开发，是可编程逻辑控制PLC的完整开发环境（CODESYS是Controlled Developement System的英文缩写），在PLC程序员编程时，CODESYS为强大的IEC语言提供了一个简单的方法，系统的编辑器和调试器的功能是建立在高级编程语言的基础上（如Visual C++）。

CODESYS包括PLC编程、可视化HMI、安全PLC、控制器实时核、现场总线及运动控制，是一个完整的自动化软件。其功能强大，易于开发，可靠性高，开放性好并且集成了PLC、可视化、运动控制及安全PLC的组件。

软件 PLC 综合了计算机和 PLC 的开关量控制、模拟量控制、数学运算、数值处理、网络通信、PID 调节等功能，通过一个多任务控制内核，提供强大的指令集、快速而准确的扫描周期、可靠的操作和可连接各种 I/O 系统及网络的开放式结构。所以，软件 PLC 提供了与硬件 PLC 同样的功能，同时又提供了 PC 环境。软 PLC 与硬 PLC 相比，还具有如下的优点：

(1) 具有开放的体系结构。软 PLC 具有多种 I/O 端口和各种现场总线接口，可在不同的硬件环境下使用，突破传统 PLC 对硬件的高度依赖，解决了传统 PLC 互不兼容的问题。

(2) 开发方便，可维护性强。软 PLC 是用软件形式实现硬 PLC 的功能，软 PLC 可以开发更为丰富的指令集，以方便实际工业的应用；并且软 PLC 遵循国际工业标准，支持多种编程语言，开发更加规范方便，维护更简单。

(3) 能充分利用 PC 机的资源。现代 PC 机强大的运算能力和飞速的处理速度，使得软 PLC 能对外界响应迅速作出反应，在短时间内处理大量的数据。利用 PC 机的软件平台，软 PLC 能处理一些比较复杂的数据和数据结构，如浮点数和字符串等。PC 机大容量的内存，使得开发几千个 I/O 端口简单方便。

(4) 降低对使用者的要求，方便用户使用。由于各厂商推出的传统 PLC 的编程方法差别很大，并且控制功能的完成需要依赖具体的硬件，工程人员必须经过专业的培训，掌握各个产品的内部接线和指令的使用。软 PLC 不依赖具体硬件，编程界面简洁友好，降低了使用者的入门门槛，节约培训费用。

(5) 打破了几大家垄断的局面，有利于降低成本，促进软 PLC 技术的发展。

要实现软 PLC 控制功能，必须具有三个主要部分，即开发系统、对象控制器系统及 I/O 模块。开发系统主要负责编写程序，对软件进行开发。对象控制器及 I/O 模块是软 PLC 的核心，主要负责对采集的 I/O 信号进行处理、逻辑控制及信号输出的功能。

CODESYS 从架构上基本上可以分为三层，即应用开发层，通信层和设备层，如图 5-1 所示。

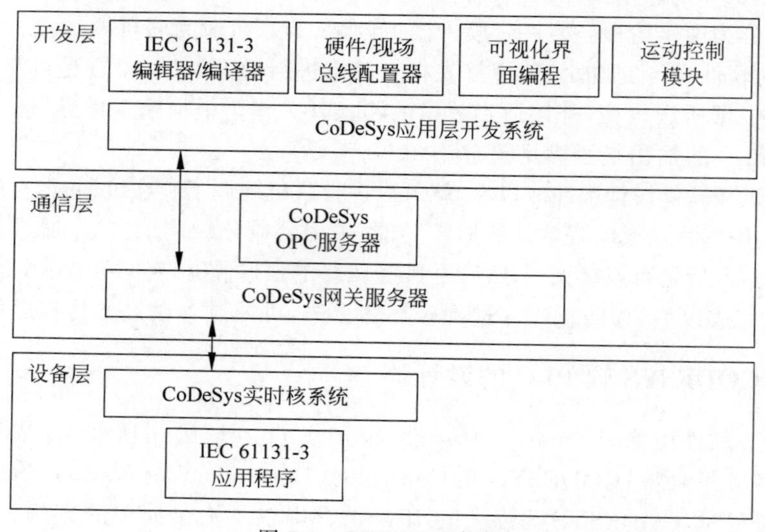

图 5-1 CODESYS 架构

软 PLC 开发系统实际上就是带有调试和编译功能的 PLC 编程软件，具备如下功能：编程语言标准化，遵循 IEC61131-3 标准，支持多语言编程(共有 5 种编程方式：IL，ST，LD，FBD 和 SFC)，编程语言之间可以相互转换；丰富的控制模块，支持多种 PID 算法(如常规

PID 控制算法、自适应 PID 控制算法、模糊 PID 控制算法、智能 PID 控制算法等)，还包括目前流行的一些控制算法，如神经网络控制；开放的控制算法接口，支持用户嵌入自己的控制算法模块；仿真运行，实时在线监控，在线修改程序和编译；网络功能；支持基于 TCP/IP 网络，通过网络实现 PLC 远程监控，远程程序修改等。

搬运码垛机器人工作站系统采用 CODESYS 软 PLC 利用 Windows 实时核作为 CPU，搭载倍福 I/O 硬件模块实现码垛系统设备的 I/O 控制。

CODESYS 软件安装步骤如下：

(1) 关闭杀毒软件，解压安装包，打开解压后的安装包，双击 setup_codeysv3. 5p10Patch2，如图 5-2、图 5-3 所示。

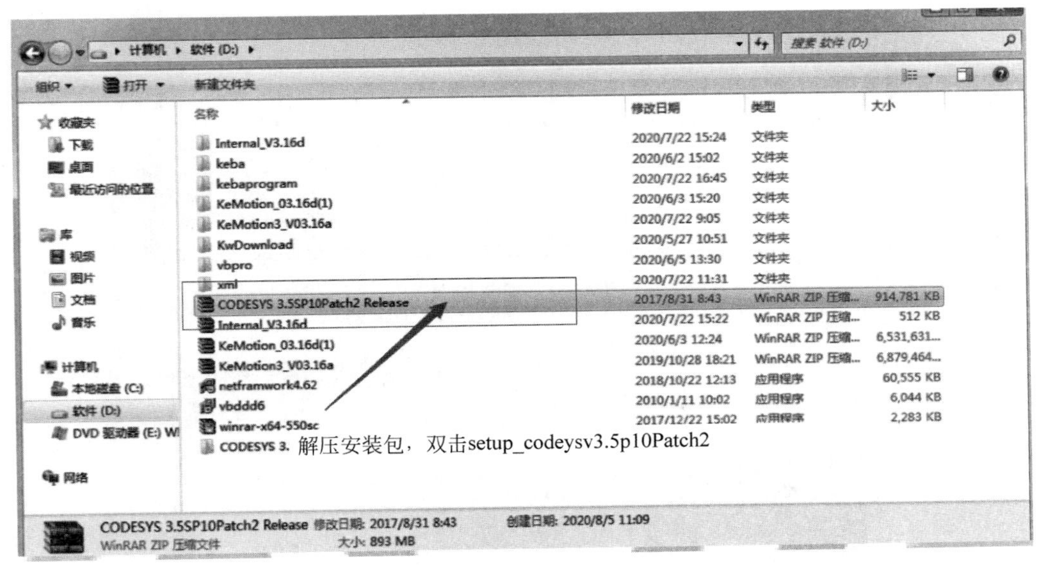

图 5-2　CODESYS 安装包解压

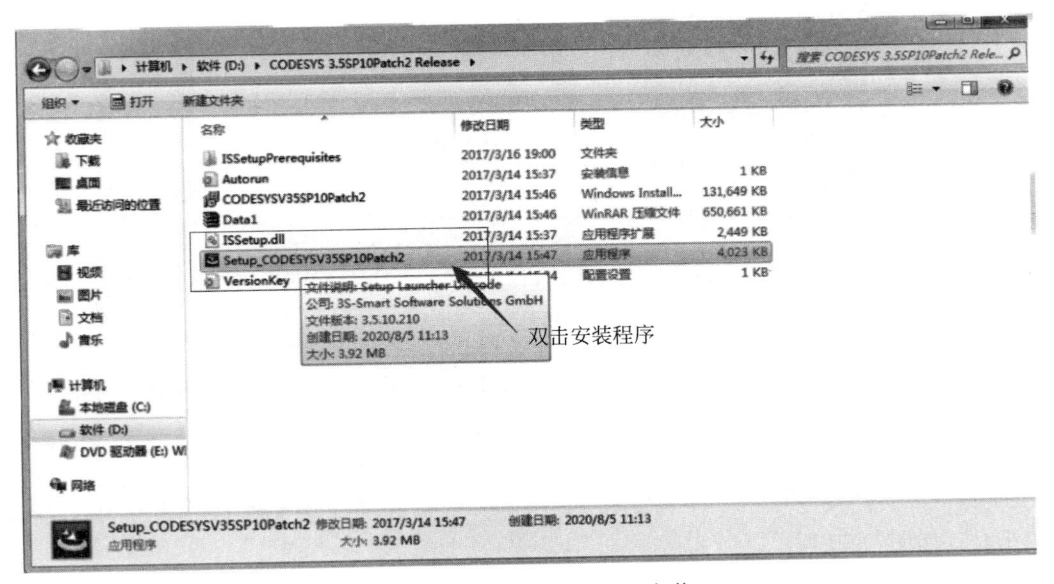

图 5-3　CODESYS 安装包安装

(2) 在图 5-4 所示界面，单击 Install，在图 5-5 单击 Next。

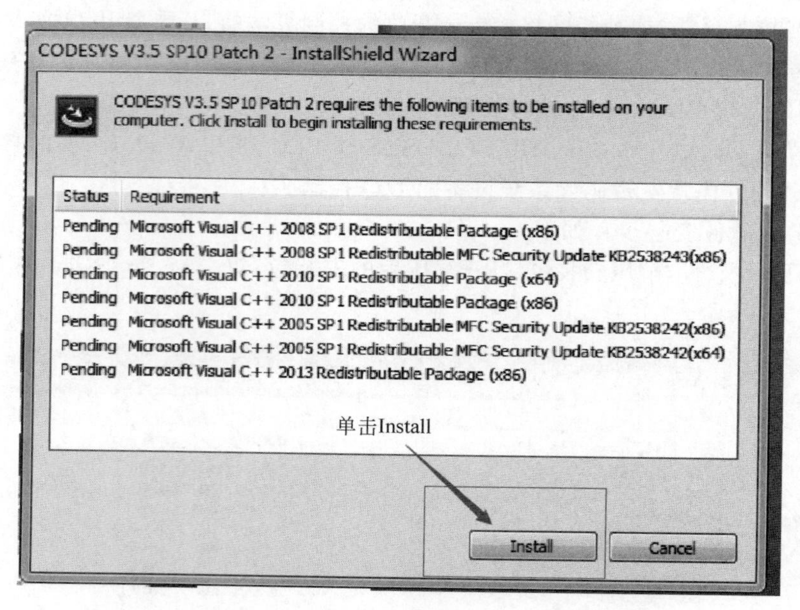

图 5-4　安装界面

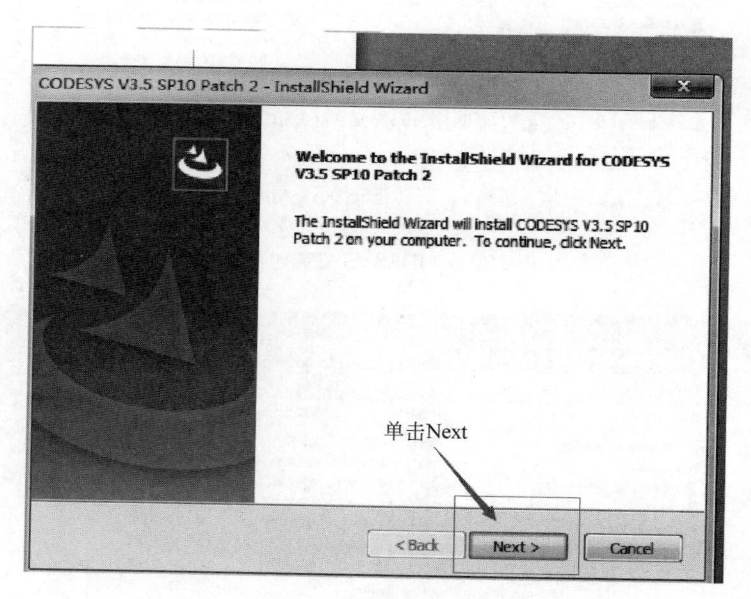

图 5-5　操作 Next 界面

(3) 如图 5-6 所示，选择并接受安装条款；如图 5-7 所示，可以安装在默认目录，也可以单击 Browse 浏览安装在其他目录下，但是要尽量保证安装目录是英文的。

(4) 选择要安装的 CODESYS 相关附属软件，如图 5-8 所示，全选并单击 Next。选择默认 CODESYS 文件夹并单击 Next，如图 5-9 所示。确认选择安装文件无误单击 Next，否则单击 Back，如图 5-10 所示。

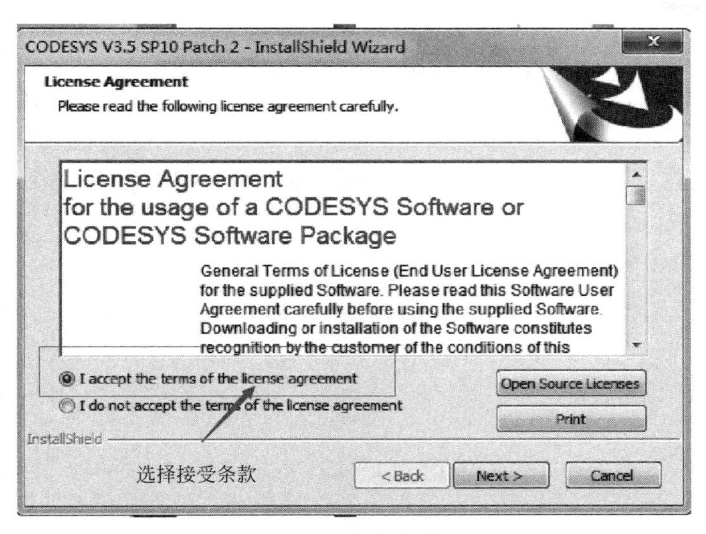

图 5-6　接受安装条款界面

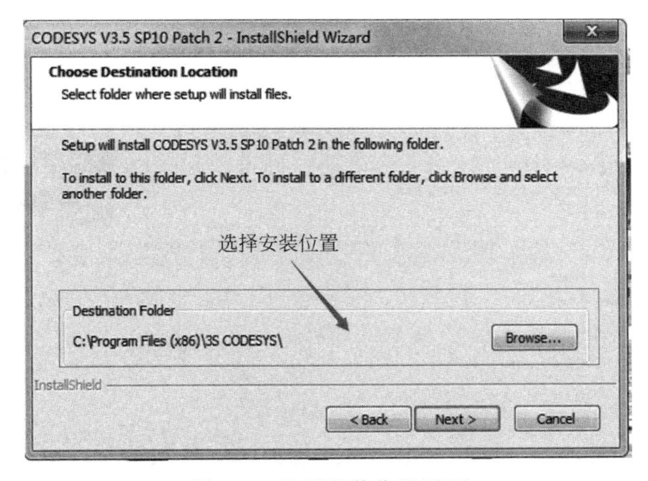

图 5-7　选择安装位置界面

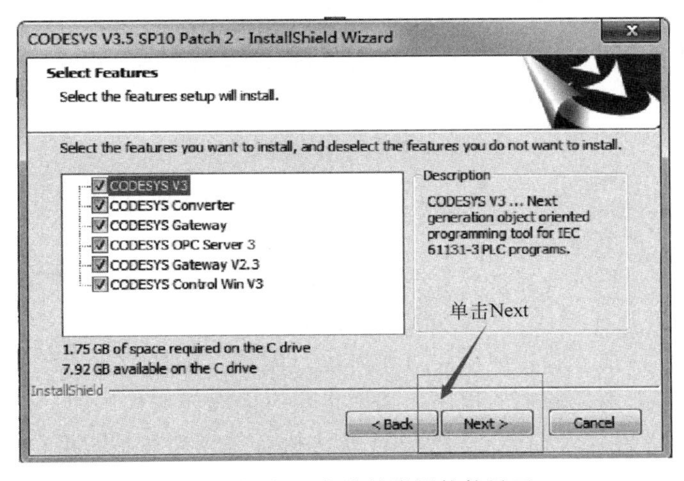

图 5-8　选择要安装的附属软件界面

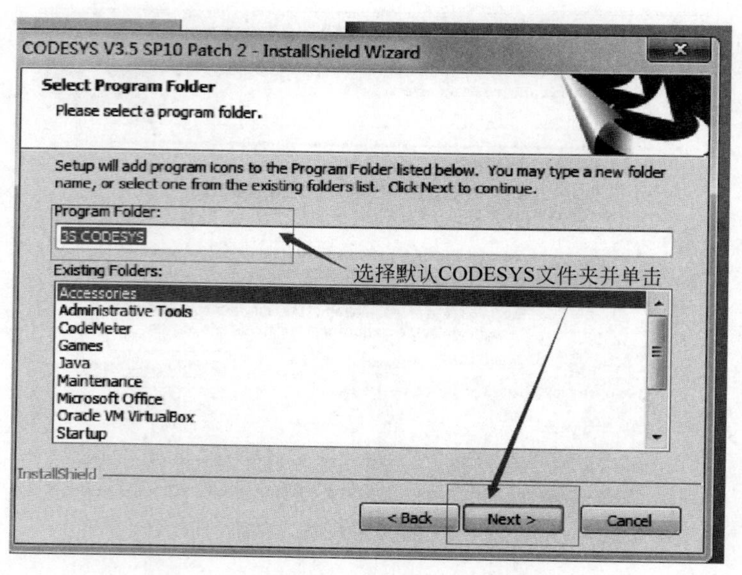

图 5-9　选择默认 CODESYS 文件夹界面

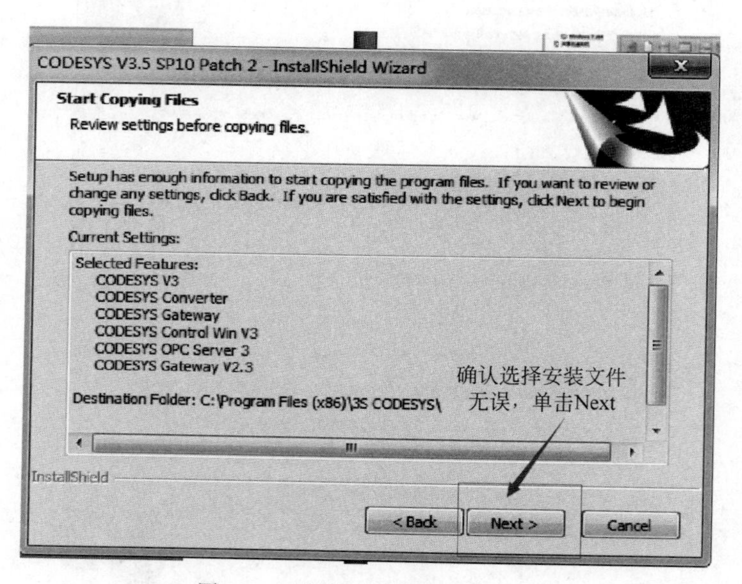

图 5-10　确认选择安装文件界面

(5) 经过 5～10min 的安装过程，会出现图 5-11 所示的界面，单击接受→Next。如图 5-12 所示，单击 Finish 完成软件安装。

(6) 注意安装完成后会在显示屏幕右下角出现如图 5-13 所示的三个图标，表示安装完成。

CODESYS 软件程序编译、下载方法如下：

程序编写完成后，在下载之前需要对程序进行编译。编译命令对编写的程序进行语法检查，并且只编译添加到任务中的程序。编译指令不生成任何代码，只针对 POU 的语法进行检查。直接执行设备登录命令，系统也将默认执行编译指令(等同于先手动执行编译命令)，再编译检查没有语法错误后执行连接登录指令。CODESYS 编译菜单如图 5-14 所示。

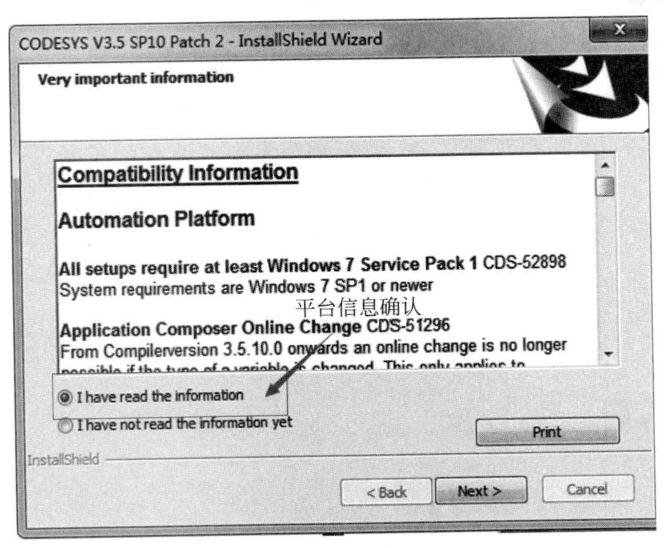

图 5-11　安装过程界面

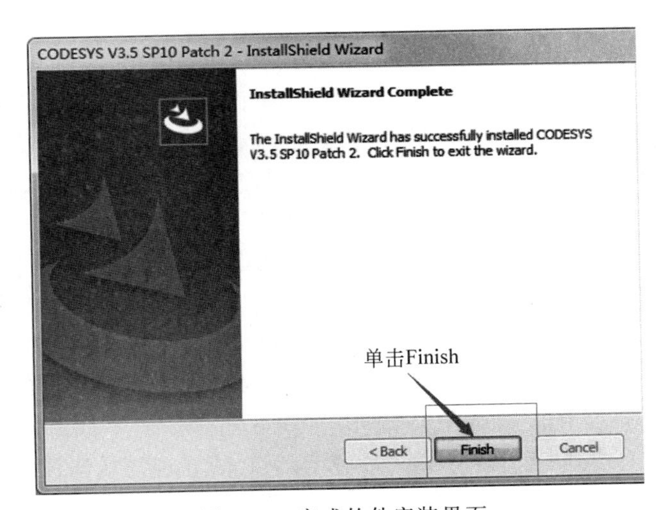

图 5-12　完成软件安装界面

图 5-13　安装完成图标

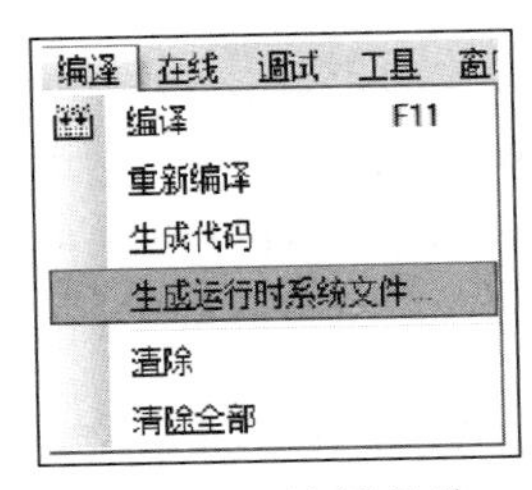

图 5-14　编译菜单

(1) 编译：对当前的应用进行编译。

(2) 重新编译：如果需要对已经编译过的应用再次编译，可以通过重新编译指令进行。

(3) 生成代码：执行此命令后生成当前应用的机器代码，执行登录命令时，生成代码默认执行。

(4) 清除：删除当前应用的编译信息，如果再次登录设备时需要重新生成编译信息。

(5) 清除全部：删除工程中所有的编译信息。执行编译命令后可以看到，添加到任务里面的“PLC_PRG”显示为蓝色，没有添加到任务中的则显示为灰色，如图 5-15 所示。编译指令不会对灰色的 POU 进行语法检查，因为该程序单元没有处于活动状态，编译指令只针对处于活动状态的 POU 进行语法检查。如果在编译的过程中发现需要运行的程序单元显示为灰色，可以检查该程序单元是否已经被成功地添加到了所需要运行的任务当中。

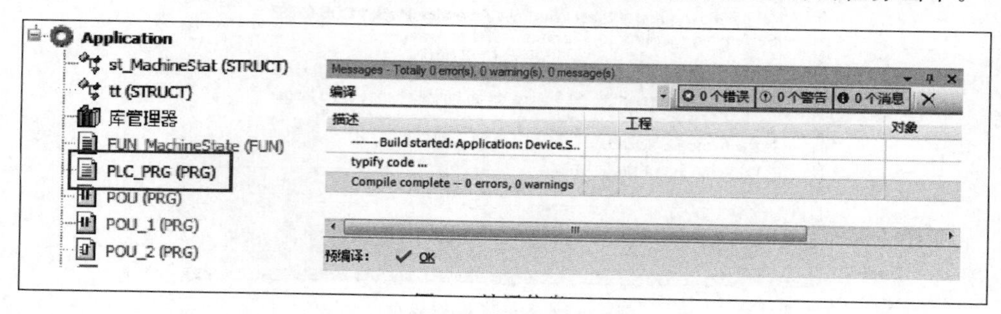

图 5-15　编译信息

编译命令执行完成之后可以在消息栏看到编译生成的信息，其中可以看到编译的程序是否有错误或者警告，以及错误和警告的数量。如果有错误和警告产生可以通过消息窗口进行查看和查找，根据提示信息对程序进行修改。

登录下载。登录使应用程序与目标设备建立起连接，并进入在线状态。能正确登录的前提条件是要正确配置设备的通信设置并且应用程序必须是无编译错误的。对于以当前活动应用登录，生成的代码必须没有错误并且设备通信设置必须配置正确。登录后，系统会自动选择程序下载。下载命令在线模式下有效，包括对当前应用程序的编译和生成目标代码两部分。除了语法检查(编译处理)外，还生成应用目标代码并装载到 PLC。

(1) 在线修改后登录：选择此选项后，项目的更改部分被装载到控制器中。使用“在线修改后登录”操作，可以防止控制器进入 STOP 状态。

(2) 登录并下载：选择“登录并下载”后，将整个项目重新装载到控制器中。其与“在线修改后登录”最大的区别，是当完成下载后，控制器会停留在 STOP 模式，等待用户发送 RUN 指令，或重启控制器程序才会运行。

(3) 没有变化后的登录：登录时，不更改上次装载到控制器中的程序。当完成下载后，需要将程序每次启动时运行，还需要单击“创建启动应用”，已编译的项目在控制器上以这种方式创建引导，即控制器再启动后，可以自动装入项目程序运行。引导项目的存储方式取决于目标系统。

5.2.3 CODESYS 基础编程及应用

通过对 CODESYS 编程软件中变量、编程指令、编程语言、程序编译下载的深入学习，掌握 CODESYS 基础编程方式方法并完成简单工程应用实例。

1. 了解全局变量和局部变量区别

变量的范围确定其在哪个程序组织单元中是可用的，范围可能是全局或局部。每个变量的范围 由它被声明的位置和声明所使用的变量关键字所定义。

全局变量：在程序组织单元之外定义的变量称为外部变量，外部变量是全局变量。全局变量可以为本文件中其他程序组织单元所共用。全部程序可共享同一数据，它甚至能与其他网络进行数据交换。其原理示意图如图 5-16 所示。图中，bIn1 能同时为程序 A 和程序 B 共用。

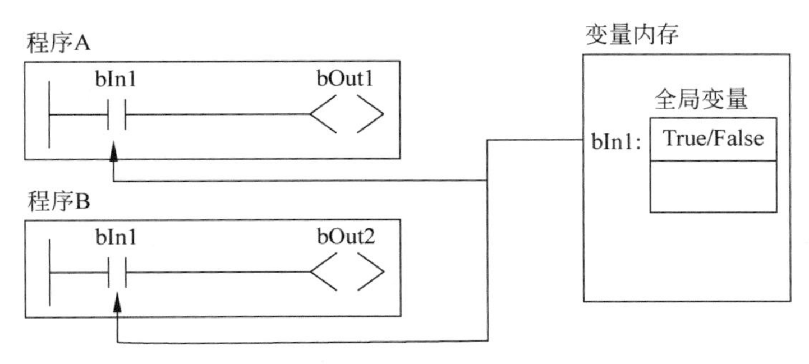

图 5-16　全局变量原理示意图

一个系统中不能有相同名称的两个全局变量。所有的全局变量都在全局变量列表中进行声明，全局变量提供了两个不同程序和功能块之间非常灵活地交换数据的方法。全局变量的关键字如下：

```
VAR_GLOBAL
<全局变量声明>
END_VAR
```

可以通过添加全局变量列表实现全局变量的添加。鼠标选中 Application，右键选择“添加对象”→“全局变量列表”，系统则会自动弹出全局变量列表，用户只需输入列表名称，单击“确认”即可，具体步骤请参考图 5-17。

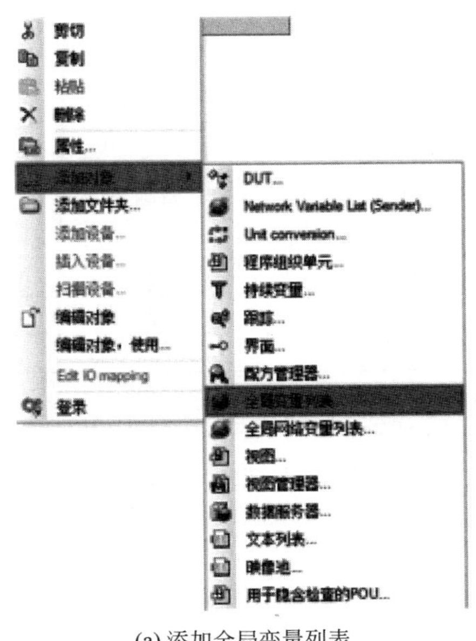

(a) 添加全局变量列表

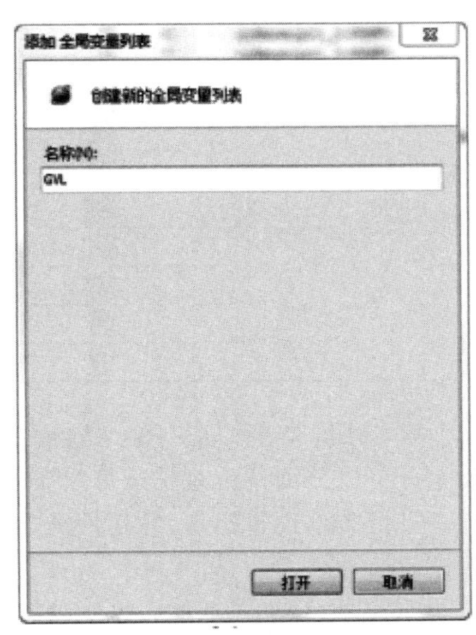

(b) 输入列表名称

图 5-17　全局变量列表添加

局部变量：在一个程序组织单元(POU)内定义的变量都为内部变量，它只在该程序组织单元内有效，这些变量称为"局部变量"，其结构原理图如图 5-18 所示。

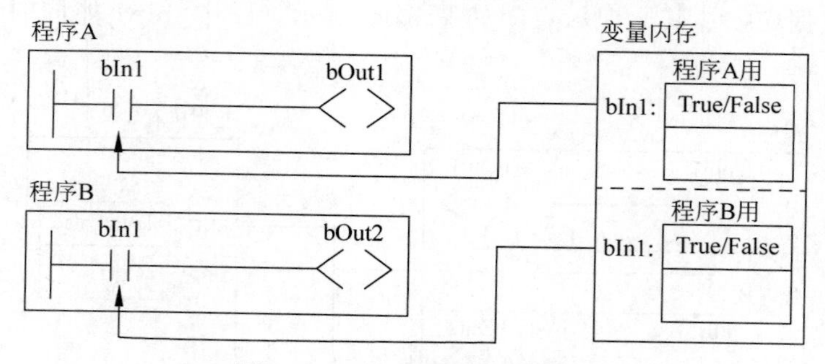

图 5-18　局部变量结构原理图

使用局部变量后，在执行多个独立的程序时，编程时无须理会其他独立程序中的同名变量，它们之间没有映射关系，互不影响。局部变量的关键字如下：

```
VAR
<局部变量声明>
END_VA
```

2. CODESYS 相关编程指令

基础编程指令：

(1) 位逻辑指令。位逻辑指令处理布尔值"1"和"0"的逻辑变化。CODESYS 提供的位逻辑指令包括基本的逻辑运算、置位/复位优先触发器及上升/下降沿检测指令，如表 5-1 所示。

表 5-1　位逻辑指令的图形化与文本化指令表

位逻辑指令	图形化语言	文本化语言	说　明
位逻辑指令		AND	与
		OR	或
		NOT	非
		XOR	异或
		SR	置位优先触发器
		RS	复位优先触发器
		R_TRIG	上升沿触发
		F_TRIG	下降沿触发

(2) 基本逻辑指令。基本位逻辑指令包括有"与""或""非""异或"。在 CODESYS 中，从功能上分可以分为按位逻辑运算及布尔逻辑运算。按位逻辑运算：对两个整型数据的相应位逐一进行布尔逻辑运算，并返回兼容的整数结果。布尔逻辑运算：对两个布尔类型数据执行逻辑运算。

① 按位"与"AND。功能：按位"与"运算指令是比较两个整数的相应位。当两个数是"11"时，返回相应的结果位是"1"；当两个数是"00"或者其中一位是"0"时，则返回相应的结果位是"0"。

② 布尔“与”AND。功能：布尔“与”运算用于计算两个布尔表达式的“与”结果。当两个布尔表达式都为真时，则返回为真；其中只要有一个为假时，则返回为假。

③ 按位“或”OR。功能：按位“或”运算指令是比较两个整数的相应位。当两个数的对应位有一个是“1”或者是“11”时，返回相应的结果位为“1”；当两个整数的相应位都是“0”时，则返回相应的结果为“0”。

④ 布尔“或”OR。功能：布尔“或”运算指令用于计算两个布尔表达式的“或”结果。当两个布尔表达式中有一个表达式为真时，则结果为真；当两个布尔表达式都是假时，则结果为假。

⑤ 按位“非”NOT。功能：对逻辑串进行取反，将当前的值由“0”变“1”，或由“1”变“0”。按位“非”运算指令是将变量或常量逐一取非。

⑥ 布尔“非”NOT。功能：布尔“非”运算指令用于计算单个布尔表达式的结果。当输入为真时，结果为假；当输入为假时，结果为真。

(3) 置位优先与复位优先触发器指令。在继电器系统中，一个继电器的若干对触点是同时动作的。在 PLC 中，指令是一条一条执行的，指令的执行是有先后次序的，没有“同时”执行的指令。

所以线圈格式的置位、复位指令有优先级。SR 触发器与 RS 触发器的置位输入和复位输入在同一条指令里，置位和复位输入谁在指令输入端的下面谁后执行。SR 触发器为“置位优先”型触发器，当置位信号(SET1)和复位信号(RESET)同时为“1”时，触发器最终为置位状态；RS 触发器为“复位优先”型触发器，当置位信号(SET)和复位信号(RESET1)同时为“1”时，触发器最终为复位状态。置位优先 SR 与 RS 复位优先触发器指令参数如表 5-2 所示，指令表详见表 5-3。

表 5-2　置位优先 SR 与 RS 复位优先触发器指令

功能名	FB	ST	说明
置位优先触发器 SR 与复位优先触发器 RS	SR: SET1 BOOL, RESET BOOL → BOOL Q1	SR	置位优先触发器
	RS: SET BOOL, RESET1 BOOL → BOOL Q1	RS	复位优先触发器

表 5-3　置位优先 SR 与复位优先 RS 触发器指令参数

名称	定义	数据类型	说明
SET1	输入变量	BOOL	置位优先命令
SET	输入变量	BOOL	置位命令
RESET1	输入变量	BOOL	复位优先命令
RESET	输入变量	BOOL	复位命令
Q1	输出变量	BOOL	输出

置位优先触发器 SR 功能：置位双稳态触发器，置位优先。

逻辑关系：Q1=(NOT RESET AND Q1)OR SET1，其中 SET1 为置位信号，RESET 为复位信号。当 SET1 为“1”时，不论 RESET 是否为“1”，Q1 输出都为“1”；当 SET1 为“0”

时，如果 Q1 输出为“1”，一旦 RESET 为“1”，Q1 输出立刻复位为“0”。如果 Q1 输出为“0”，不论 RESET 为“1”或者“0”，Q1 输出保持为“0”。其时序图如图 5-19 所示。

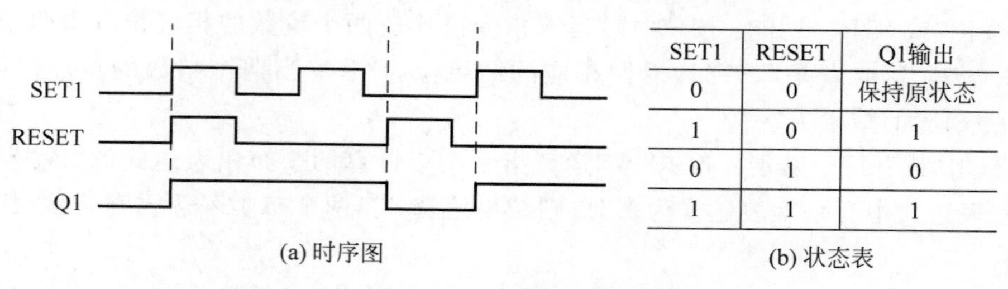

SET1	RESET	Q1输出
0	0	保持原状态
1	0	1
0	1	0
1	1	1

图 5-19 SR 置位优先触发器时序

复位优先触发器 RS 功能：复位双稳态触发器，复位优先。逻辑关系：Q1＝NOT RESET1 AND (Q1 OR SET)，其中 SET 为置位信号，RESET1 为复位信号。当 RESET1 为“1”时，不论 SET 是否为“1”，Q1 输出都为“0”；当 RESET1 为“0” 时，如果 Q1 输出为“0”，一旦 SET 为“1”，Q1 输出立刻置位为“1”。如果 Q1 输出为“1”，不论 SET 为“1”或者“0”，Q1 输出保持为“1”。其时序图如图 5-20 所示。

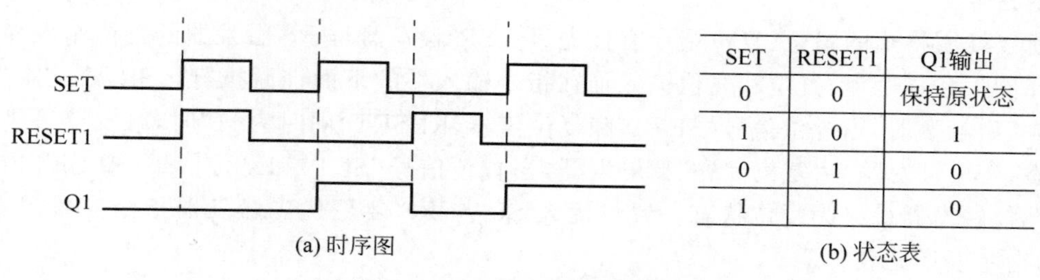

SET	RESET1	Q1输出
0	0	保持原状态
1	0	1
0	1	0
1	1	0

图 5-20 RS 复位优先触发器时序

(4) 边沿检测指令。边沿检测指令用来检测 BOOL 信号的上升沿（信号由 0→1）和下降沿（信号由 1→0）的变化，如图 5-21 所示。在每个扫描周期中把信号状态和它在前一个扫描周期的状态进行比较，若不同则表明有一个跳变沿。因此，前一个周期里的信号状态必须被存储，以便能和新的信号状态相比较。

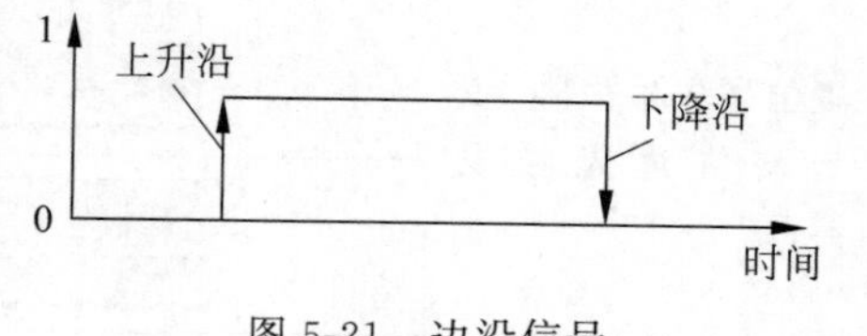

图 5-21 边沿信号

上升沿检测 R_TRIG 功能：用于检测上升沿。当 CLK 从“0”变为“1”时，该上升沿检测器开始启动，Q 输出先由“1”然后输出变 为“0”，持续一个 PLC 运算周期；如果 CLK 持续保持为“1”或者“0”，Q 输出一直保持为“0”。采集 bInput 信号的上升沿，程序如图 5-22 所示。

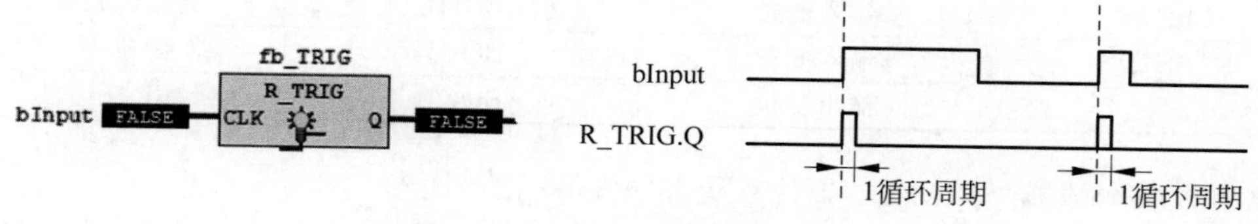

图 5-22 上升沿触发程序及时序

下降沿检测 F_TRIG 功能：用于检测下降沿。当 CLK 从“1”变为“0”时，该下降沿检测器开始启动，Q 输出先由“1”然后输出变为“0”，持续一个 PLC 运算周期；如果 CLK 持续保持为“1”或者“0”，Q 输出一直保持为“0”。采集 bInput 信号的下降沿，当 bInput 由 True 变为 False 时，功能块 F_TRIG. Q 会根据下降沿的触发事件给出相应输出，输出时间维持在一个周期。程序如图 5-23 所示。

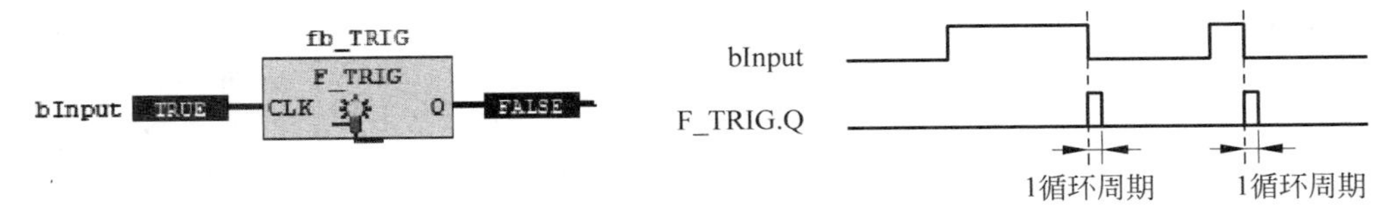

图 5-23 下降沿触发程序及时序

3. 梯形图编程语言

梯形图是国内应用最为广泛的编程语言，是传统 PLC 使用得最多的图形编程语言，也被称为 PLC 的第一编程语言。根据梯形图中各触点的状态和逻辑关系，求出与图中各线圈对应的编程元件的状态，称为梯形图的逻辑解算。梯形图中的某些编程元件沿用了继电器这一名称，如线圈、触点等，但是它们不是真实的物理继电器，而是一些存储单元（软继电器），每一软继电器与 PLC 存储器中映像寄存器的一个存储单元相对应。该存储单元如果为 TRUE 状态，则表示梯形图中对应软继电器的线圈“通电”，其常开触点接通，常闭触点断开，称这种状态是该软继电器的 TRUE 或 ON 状态。如果该存储单元为 FALSE 状态，对应软继电器的线圈和触点的状态与上述的相反，称该软继电器为 FALSE 或 OFF 状态。使用中也常将这些“软继电器”称为编程元件。

梯形图程序执行顺序：梯形图的执行过程是按照从左至右、从上到下的顺序进行，如图 5-24 所示。

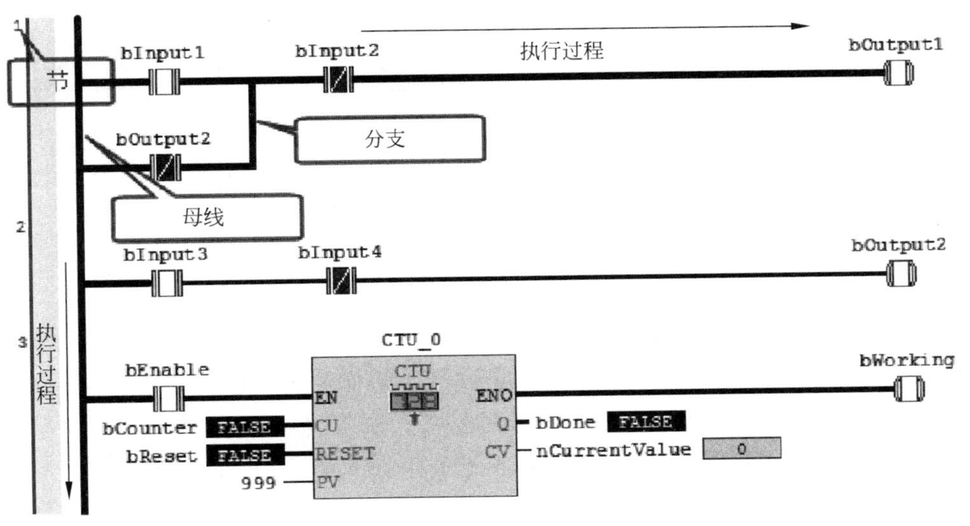

图 5-24 梯形图执行过程

执行过程包括：

(1) 母线：梯形图采用网络结构，一个梯形图的网络以左母线为界。在分析梯形图的逻辑关系时,为了借用继电器电路图的分析方法,可以想象左右两侧母线(左母线和右母线)之间有一个左正右负的直流电源电压,母线之间有"能流"从左向右流动。右母线不显示。

(2) 节:节是梯形图网络结构中最小单位,从输入条件开始,到一个线圈的有关逻辑的网络称为一个节。在编辑器中,节垂直排列。在 CODESYS 中,每个节通过左侧的一系列节号标示,包含输入指令和输出指令、逻辑式、算术表达式、程序、功能或功能块调用指令、跳转或返回指令所构成。要插入一个节,可以使用命令插入节或从工具箱拖动它。一个节所包含的元素都可以通过在编辑器中拖放来进行复制或移动。梯形图执行时,从标号最小的节开始执行,从左到右确定各元素的状态,并确定其右侧连接元素的状态,逐个向右执行,操作执行的结果由执行控制元素输出,然后进行下一节的执行过程。

(3) 能流:加粗线即为能流,可以理解为一个假想的"概念电流"或"能流"(PowerFlow)从左向右流动,这一方向与执行用户程序时的逻辑运算的顺序是一致的。能流只能从左向右流动。利用能流这一概念,可以帮助我们更好地理解和分析梯形图。

(4) 分支:当梯形图中有分支出现时,同样依据从上到下、从左至右的执行顺序分析各图形元素的状态,对垂直连接元素根据上述有关规定确定其右侧连接元素的状态,从而逐个从左向右、从上向下执行求值过程。在梯形图中,没有反馈路径的求值不是很明确。其所有外部输入值与这些有关的触点必须在每个梯级以前被求值。

CODESYS 的主要的图形符号包括:

触点类:常开触点、常闭触点、正转换读出触点、负转换触点。

线圈类:一般线圈、取反线圈、置位(锁存)线圈、复位去锁线圈、保持线圈、置位保持线圈、复位保持线圈、正转换读出线圈、负转换读出线圈。

功能和功能块:包括标准的功能和功能块以及用户自己定义的功能块,如图 5-25 所示。

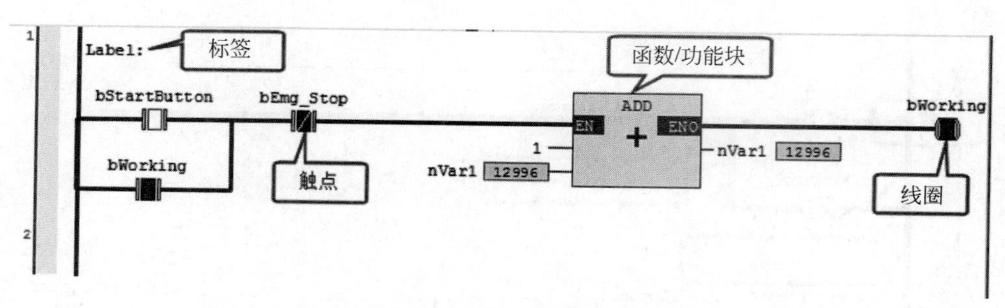

图 5-25 梯形图编辑器

① 电源轨线:梯形图电源轨线(Power Rail)的图形元素亦称为母线。其图形表示是位于梯形图左侧,也可称其为左电源母线。图 5-26 为左母线的图形表示。

② 连接元素:在梯形图中,各图形符号用连接元素连接,连接元素的图形符号有水平线和垂直线,它是构成梯形图的最基本元素。图 5-27 是水平和垂直连接元素的图形表示。

③ 触点:触点是梯形图的图形元素。梯形图的触点沿用了电气逻辑图的触点术语,用于表示布尔型变量的状态变化。触点是向其右侧水平连接元素传递一个状态的梯形图元素。触点可以分为常开触点和常闭触点。常开触点指在正常工况下,触点断开,其状态为 FALSE。常闭触点指在正常工况下,触点闭合,其状态为 True,如表 5-4 所示。

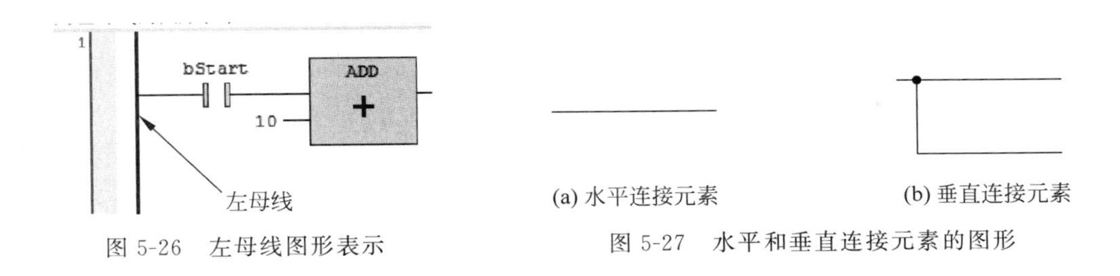

图 5-26　左母线图形表示

图 5-27　水平和垂直连接元素的图形

表 5-4　触点元素的图形符号与说明

类型	图形符号	说　明
常开触点		如果该触点对应当前布尔变量值为 True 时，则该触点吸合，如触点左侧连接元素的状态为 True 时，则状态 True 传递至该触点右侧，使右侧连接元素的状态为 True；反之，当布尔变量值为 False 时，右侧连接元素状态 False
常闭触点		如果该触点对应当前布尔变量值为 False 时，则该闭触点处于吸合状态，如触点左侧连接元素的状态为 True 时，则状态 True 被传递至该触点右侧，使右侧连接元素的状态为 True；反之，当布尔变量值为 True 时，触点断开，则右侧连接元素状态为 False
插入右触点		可以进行多个触点的串联，在右侧插入触点。多个串联的触点都为吸合状态时，最后一个触点才能传输 True
插入并联下常开触点		可以进行多个触点的并联，在触点下侧并联插入常开触点。两个并联触点中只需一个触点为 True，则平行线传输 True
插入并联下常闭触点		可以进行多个触点的并联，在触点下侧并联入常闭触点。常闭触点默认为吸合状态，如该触点对应当前布尔变量值为 False，左侧连接元素的状态为 True 时，则该并联触点右侧传输 True
插入并联上常开触点		可以进行多个触点的并联，在触点上侧并联插入常开触点。两个并联触点中只需一个触点为 True，则平行线传输 True

④ 线圈：线圈是梯形图的图形元素。梯形图中的线圈沿用了电气逻辑图的线圈术语，用于表示布尔型变量的状态变化。根据线圈的不同特性，可以分为瞬时线圈和锁存线圈，锁存线圈分为置位线圈和复位线圈。如表 5-5 所示。

表 5-5　线圈元素的图形符号与说明

类型	图形符号	说　明
线圈		左侧连接元素的状态被传递到有关的布尔型变量和右侧连接元素，如果线圈左侧连接元素的状态为 True，则线圈的布尔变量为 True；反之，线圈为 False
置位线圈		线圈中有一个 S。当左侧连接元素的状态为 True 时，该线圈的布尔型变量为置位并且保持，直到有复位线圈的复位
复位线圈		线圈中有一个 R。当左侧连接元素的状态为 True 时，该线圈的布尔型变量为复位并且保持，直到有置位线圈的置位

⑤ 函数及功能块调用：与节点和线圈一起，用户也可以插入功能块和程序。在网络中，它们必须有带布尔值的一个输入和一个输出，并可在相同位置上像接点那样使用，也就是说在 LD 网络的左侧。

4. 对象控制器系统及 I/O 模块

这两部分是软 PLC 的核心，完成输入处理、程序执行、输出处理等工作。通常由 I/O 接口、通信接口、系统管理器、错误管理器、调试内核和编译器组成。

I/O 接口：可与任何 I/O 信号连接，包括本地 I/O 和远程 I/O，远程 I/O 主要通过现场总 InterBus，ProfiBus，CAN 等实现。

通信接口：通过此接口使运行系统可以和开发系统或 HMI 按照各种协议进行通信，如下载 PLC 程序或进行数据交换。

系统管理器：处理不同任务和协调程序的执行。

错误管理器：检测和处理程序执行期间发生的各种错误。

调试内核：提供多个调试函数，如强制变量、设置断点等。

编译器：通常开发系统将编写的 PLC 源程序编译为中间代码，然后运行系统的编译器将中间代码翻译为与硬件平台相关的机器码存入控制器。

搬运码垛机器人工作站系统总线配置采用 EtherCAT 技术，通过自动连接检测使设备部件的热插拔成为可能。EtherCAT 技术对线型、树状、星状或菊花链状拓扑结构都可以实现。设备的连接或断开由总线管理器管理，也可以由从站设备自动实现。若用一条线缆连接 EtherCAT 主站上另一个（标准的）以太网端口，就简单而经济地实现了网络冗余。EtherCAT 拥有多种机制，支持主站到从站、从站到从站以及主站到主站之间的通信。

① 主站配置：首先在设备下添加 EtherCAT 主站，单击“设备”，右键选择“添加设备”，当弹出添加设备窗口后，选择 EtherCAT→“主站”→EtherCAT Master，单击“添加设备”。主站添加后，可以通过单击选中主站从而对其进行配置。在 EtherCAT“主站”选项卡中，配置主站、分布式时钟、冗余及从站相应设置，如图 5-28 所示。

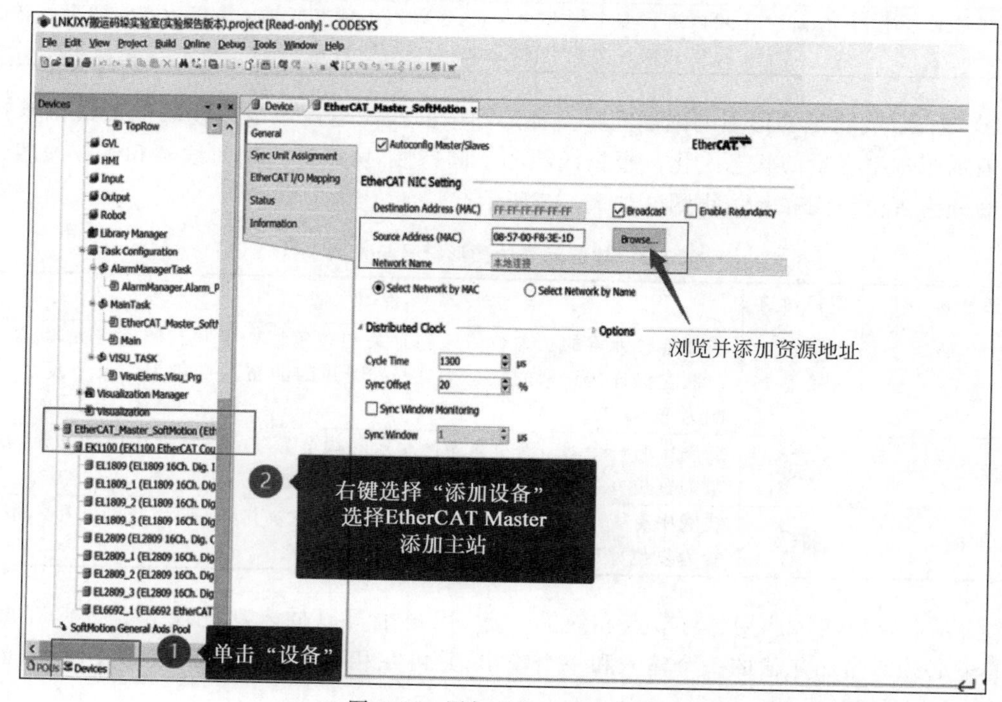

图 5-28　添加 EtherCAT 主站

② 从站配置：安装 EtherCAT 从站设备描述文件。为了在设备目录中插入和配置 EtherCAT 设备，主站和从站必须使用硬件提供的设备描述文件，通过“设备库”对话框安装(标准的 CODESYS 设置自动地完成)。主站的设备描述文件(＊.devdesc.xml)定义了可以插入的从站，从站为“xml”文件格式(文件类型：EtherCAT XML 设备描述配置文件)。

在“工具”菜单栏中通过“设备库”→“安装”选择“EtherCAT XML 设备描述配置文件(＊.xml)”，找到该文件路径，选择“打开”进行安装。

添加从站设备通过选择“插入设备”，系统会自动弹出从站设备添加框，根据实际连接的从站进行添加。此外，也可以通过选中主站选项卡，单击鼠标，选择“扫描设备”进行实际从站自动扫描搜索，如图 5-29 所示。

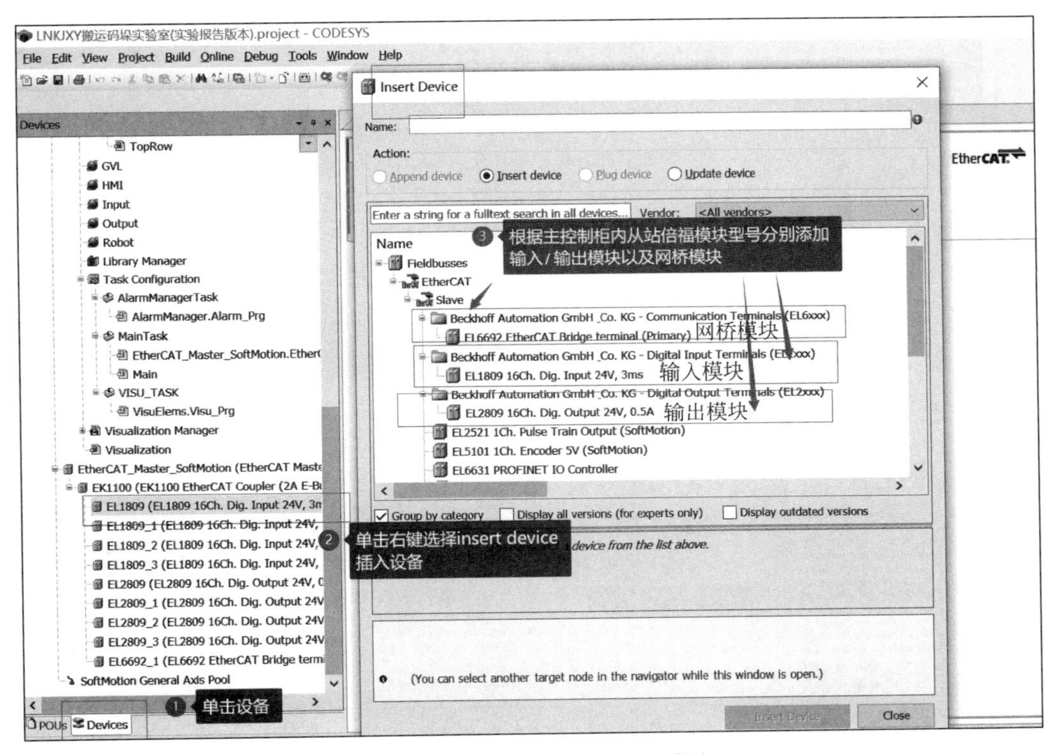

图 5-29 添加 EtherCAT 从站模块

③ EtherCAT I/O 匹配：按照图纸 I/O 接线图，将输入/输出点分别关联至已经组态好的 I/O 模块相应地址，具体步骤如图 5-30 和图 5-31 所示。

5. HMI 人机界面可视化编辑

HMI 人机界面可视化编辑的学习是了解 CODESYS 软 PLC 上位监控软件界面创建及编辑的方法，并绘制码垛系统 HMI 人机界面。

下面以创建“机器人 Robot”界面为例进行说明如何创建 HMI 人机界面。

(1) 右键单击 Mainview，选择“添加对象”，单击视图，如图 5-32(a)所示。

(2) 如图 5-32(b)所示，添加视图，输入人机界面名称“Robot”，确认打开，则完成机器人的可视化编辑器。

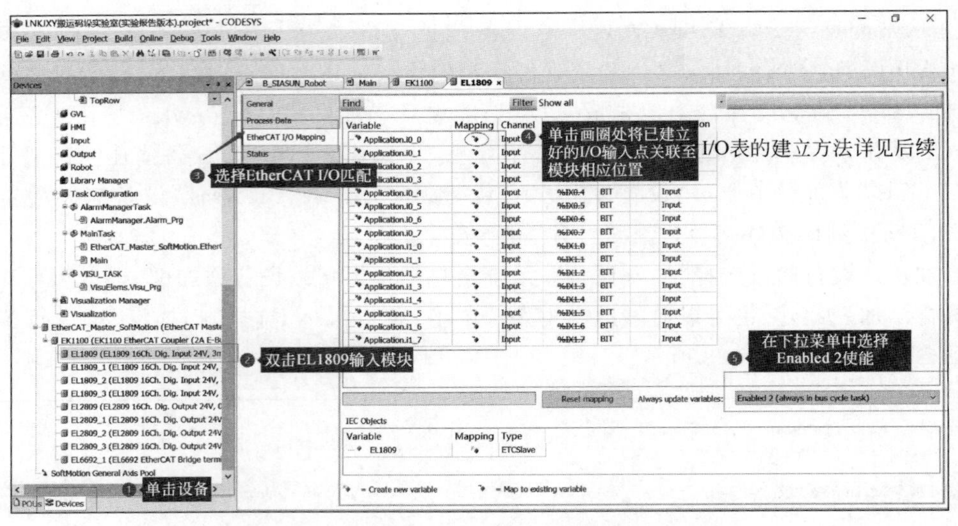

图 5-30 EtherCAT 输入 I/O 匹配

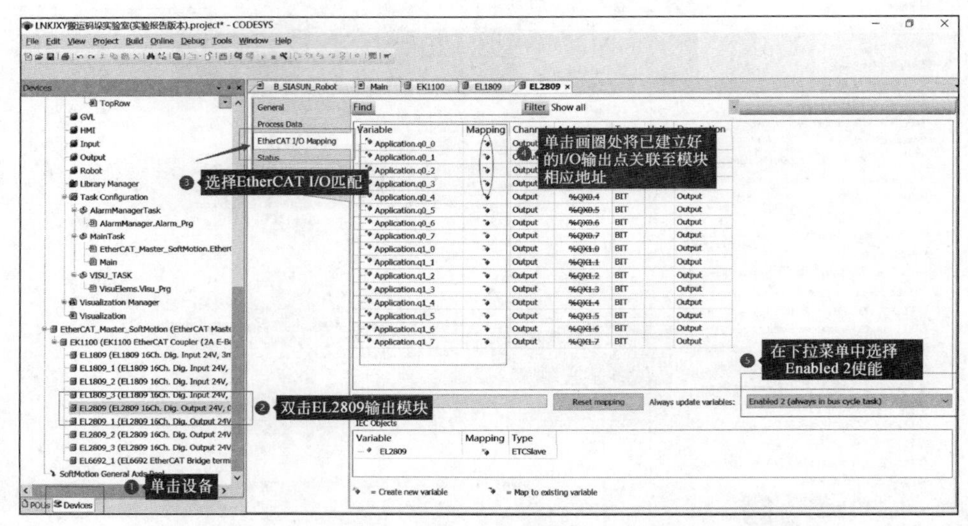

图 5-31 EtherCAT 输出 I/O 匹配

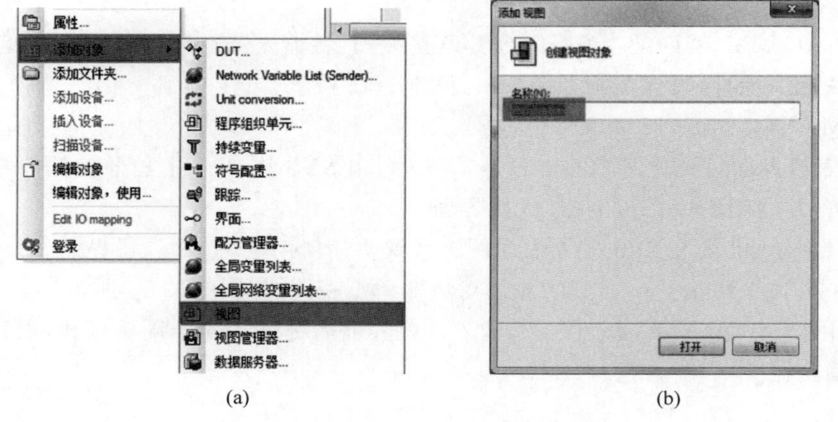

(a) (b)

图 5-32 创建“机器人 Robot”界面

接下来绘制 Robot 人机界面可视化界面：

(1) 如图 5-33 所示，单击工具箱并找到指示灯元件图库，拖曳指示灯至 Robot 界面可视化编辑器窗口。

图 5-33 可视化编辑器指示灯工具

(2) 如图 5-34 所示，右击指示灯图标，选择指示灯背景颜色为蓝色，并关联机器人执行模式 Execute_Mode 变量至指示灯属性。

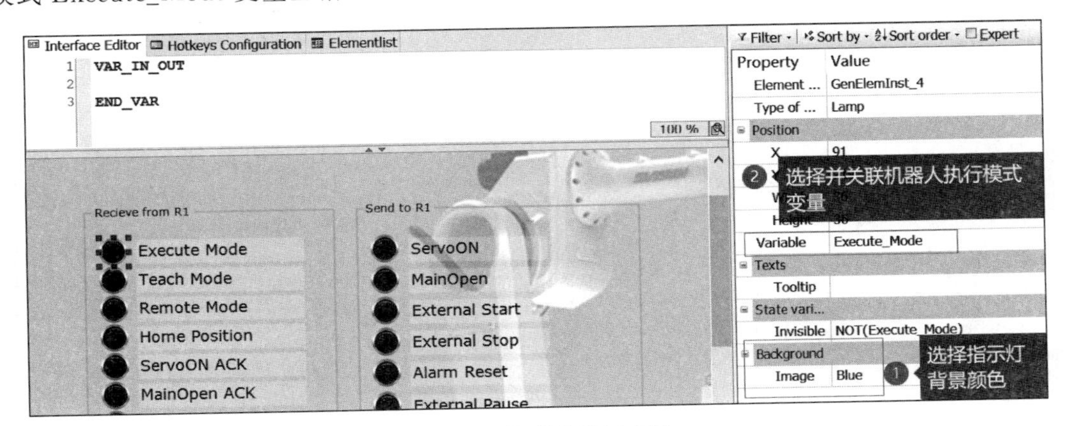

图 5-34 关联指示灯变量

（3）按照以上步骤重复创建机器人监控变量指示灯，并关联机器人变量至相应指示灯。

（4）如图 5-35 所示，单击工具箱并选择基础工具，拖曳矩形文本至可视化编辑器窗口。

图 5-35　可视化编辑器矩形文本工具

（5）按照步骤（4）重复创建其他机器人监控变量指示灯文本，如图 5-36 所示。

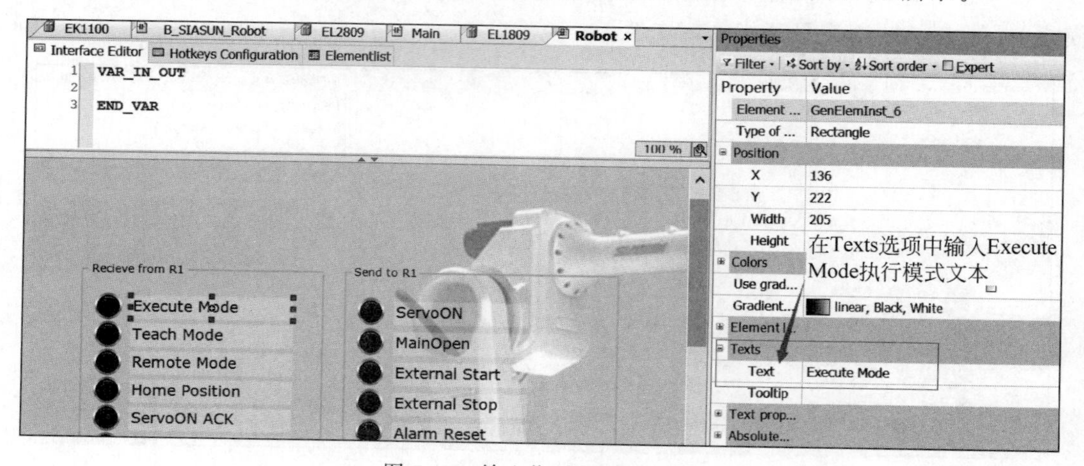

图 5-36　输入指示灯相关文本

(6) 按钮创建及关联方法在此不再赘述。

(7) 按照以上步骤完成图 5-37 所示 Robot 人机界面可视化编辑绘制。

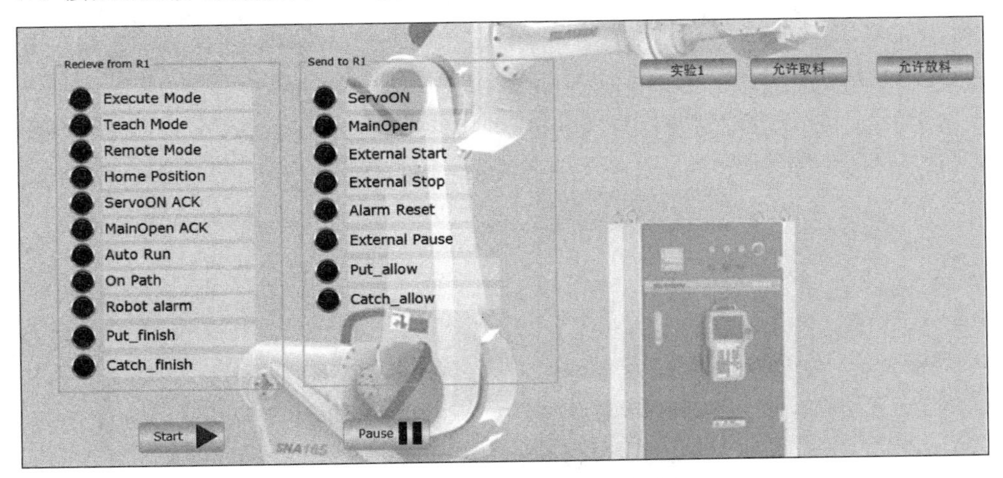

图 5-37 Robot 人机界面可视化编辑

绘制 transfer 输送线可视化界面方法如下：

在 Devices 栏双击 MainView 文件夹，选择 transfer 界面，在打开的空白界面中按照图 5-38 所示分别添加五条输送线变频器的正转控制按钮、反转控制按钮、变频器复位按钮、低速选择按钮、高速选择按钮，运行以及报警指示灯，并关联相关属性变量完成 transfer 可视化界面绘制。

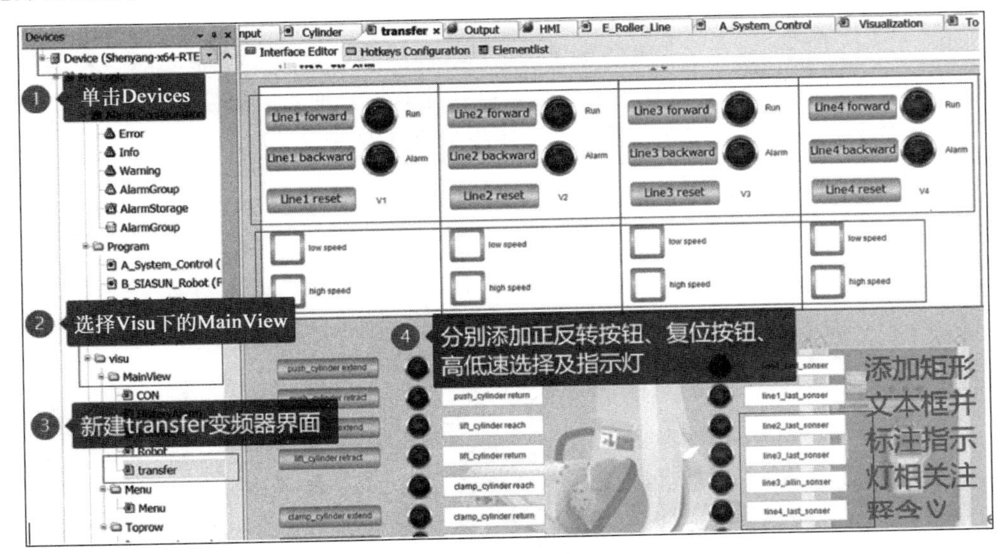

图 5-38 transfer 界面绘制

绘制 Start 启动可视化界面的方法如下：

① 如图 5-39 所示，右击 Mainview，创建 Start 启动可视化界面；

② 如图 5-40 所示，单击 ToolBox，选择当前工程；拖曳工艺流程截图至 Start 启动界面可视化窗口；

图 5-39　新建 Start 可视化界面

图 5-40　添加工艺流程图片

③ 如图 5-41 所示，在工艺流程图背景基础上，按照码垛系统实验室实际布置的传感器及磁性开关位置，分别添加传感器及磁性开关可视化监控界面指示灯及矩形文本注释，更加直观地实现现场传感器设备的在线监控；具体添加方法及变量关联方法按照上文介绍方式逐一添加并完成 Start 启动界面的绘制。

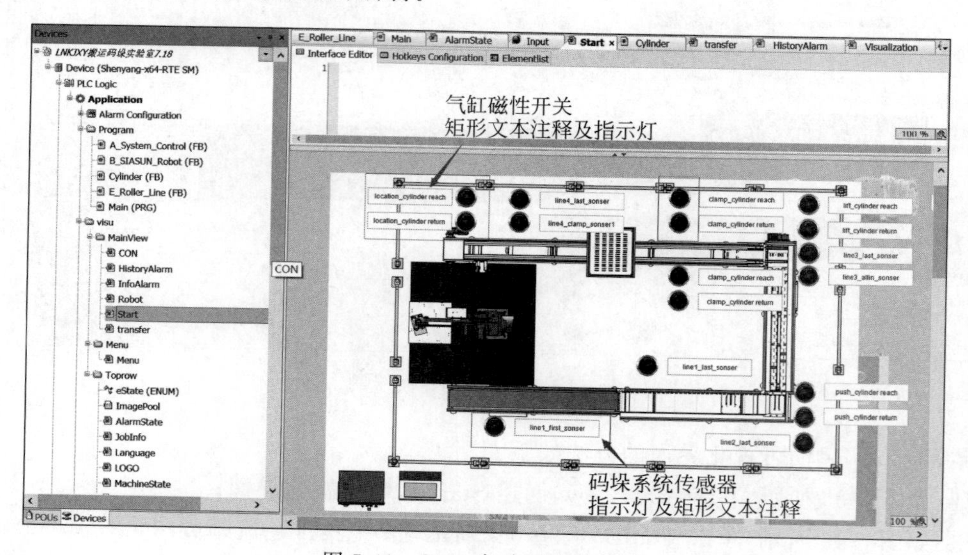

图 5-41　Start 启动可视化界面

设置 Start 启动界面为开机启动画面。如图 5-42 所示，单击 Device 设备，选择目标 TargetVisu 界面设置，单击 Start Visualization，关联 Start 启动界面为开机画面。

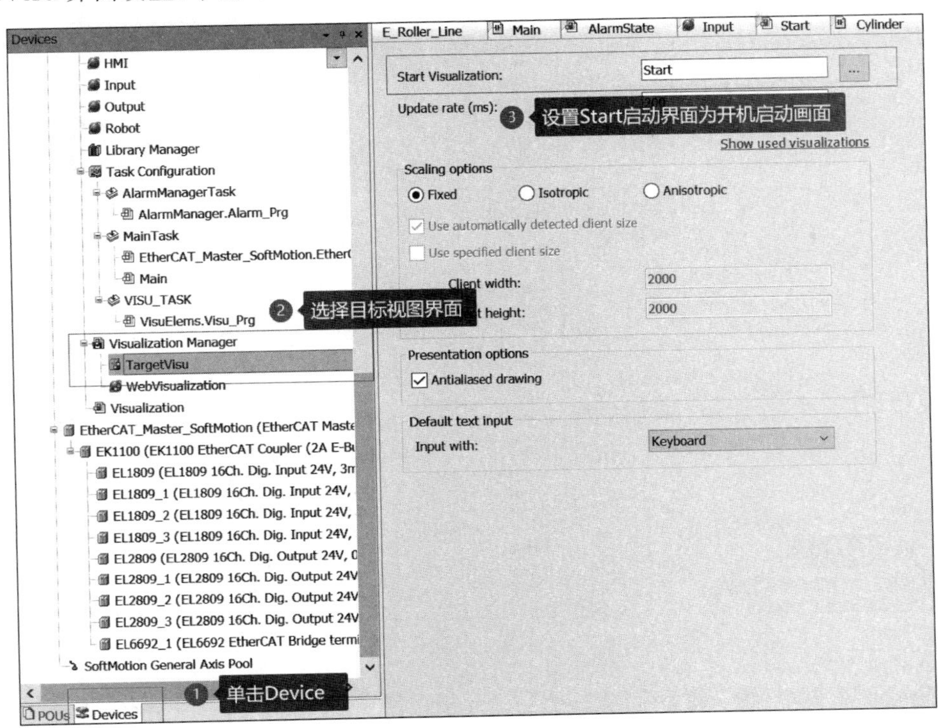

图 5-42 开机启动界面设置

可视化界面注释中英文切换：①如图 5-43 所示，单击 POUs；②选择 Global 文本列表；③在 ch 中文注释列分别输入注释的中文含义。

添加可视化界面背景图片：①单击 Devices；②选择图片库；③输入图片 ID 名称；④浏览并添加背景图片；⑤添加完成后，Link type 列显示连接到文件，如图 5-44 所示。

浏览添加背景图片：①浏览并选择相应图片；②单击 OK，如图 5-45 所示。

综合控制方案软 PLC 控制器的硬件平台主要可以分为如下三部分：

(1) 基于嵌入式控制器的控制系统。嵌入式控制器是一种超小型计算机系统，一般没有显示器，软件平台是嵌入式操作系统(如 Windows CE、VxWorks 和 QNX 等)。软 PLC 的实时控制核被安装到嵌入式控制系统中，以保证软 PLC 的实时性，开发完的系统通过串口或以太网将转换后的二进制码写入对象控制器中。

(2) 基于工控机(IPC)或嵌入式控制器(EPC)的控制系统。该方案的软件平台可以采用 Windows 操作系统(Windows XP Embedded、Windows 7 等)，通用 I/O 总线负责将远程采集的 I/O 信号传至控制器进行处理，软 PLC 可以充当开发系统的角色及对象控制器的角色。目前市场上越来越多的用户更倾向于直接使用面板型工控机进行控制的方案，这样的方案直接集成了 HMI，开发系统及对象控制器的功能，大大降低了成本。

(3) 基于传统硬 PLC 的控制系统。此方案中，PLC 开发系统一般在普通 PC 上运行，而传统硬 PLC 只是作为一个硬件平台，将软 PLC 的实时核安装在传统硬 PLC 中，将开发系统编写的系统程序下载到硬 PLC 中，其与控制系统图的区别是将图中的嵌入式控制器替换成传统硬 PLC。

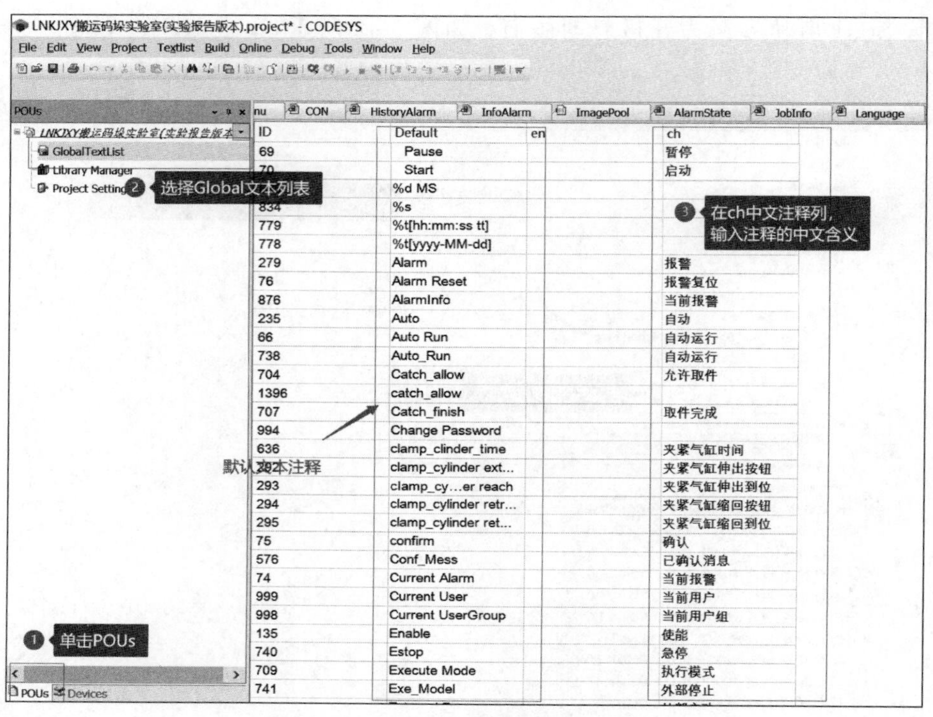

图 5-43　可视化界面中英文注释

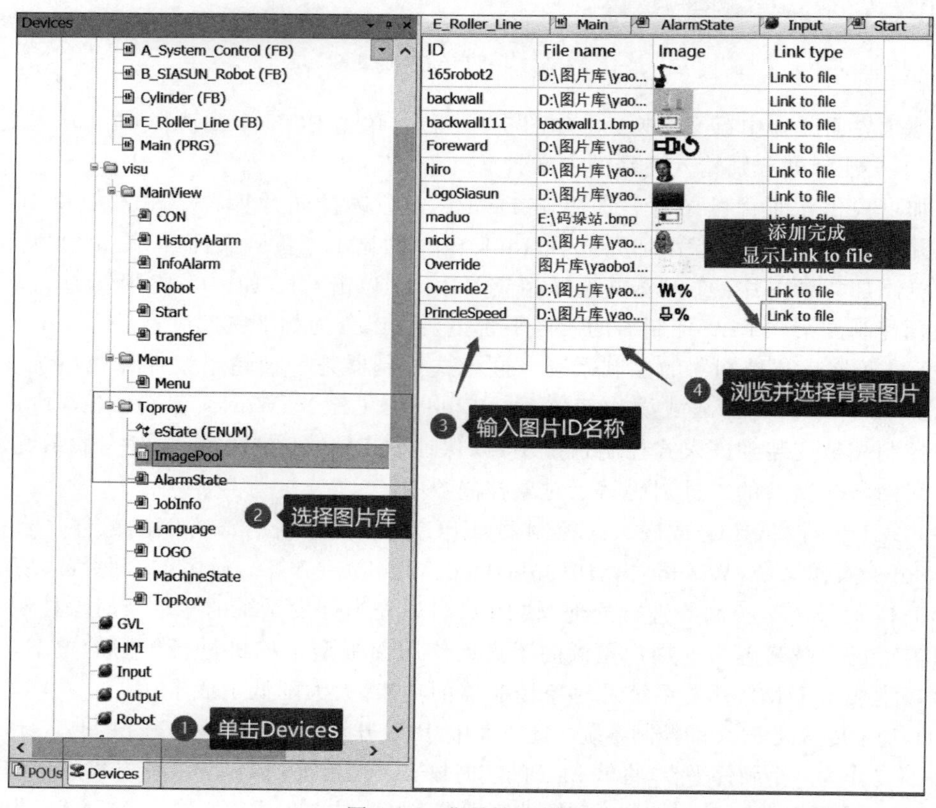

图 5-44　背景图片添加

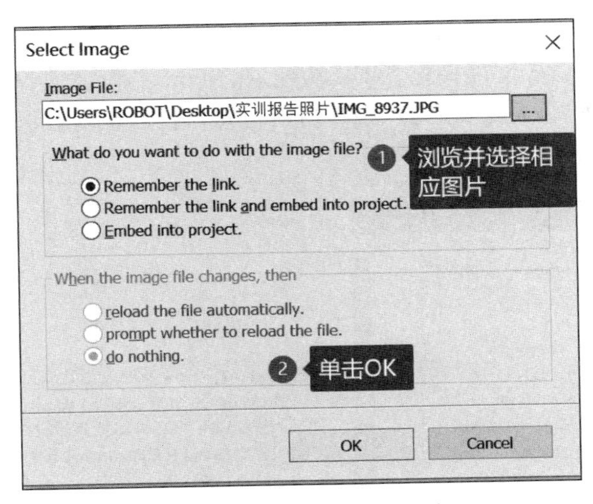

图 5-45 浏览添加背景图片

6. CODESYS 软 PLC 码垛工作站编程

了解码垛工作站编程思路及程序架构，熟悉 Main 主程序、FB 功能块、FC 程序块创建及编写方式方法，利用所学的 CODESYS 基础编程知识完成码垛工作站编程工作。学习新建 CODESYS 工程项目的步骤，熟悉码垛工作站系统 PLC 程序架构，掌握 CODESYS 软 PLC 的 FB 功能块形参变量的创建方法以及输送线、气缸、机器人等 FB 功能块程序的编程方法。

(1) 新建 CODESYS 工程项目。如图 5-46 所示，按照图片所示步骤，可以完成工程项目创建。

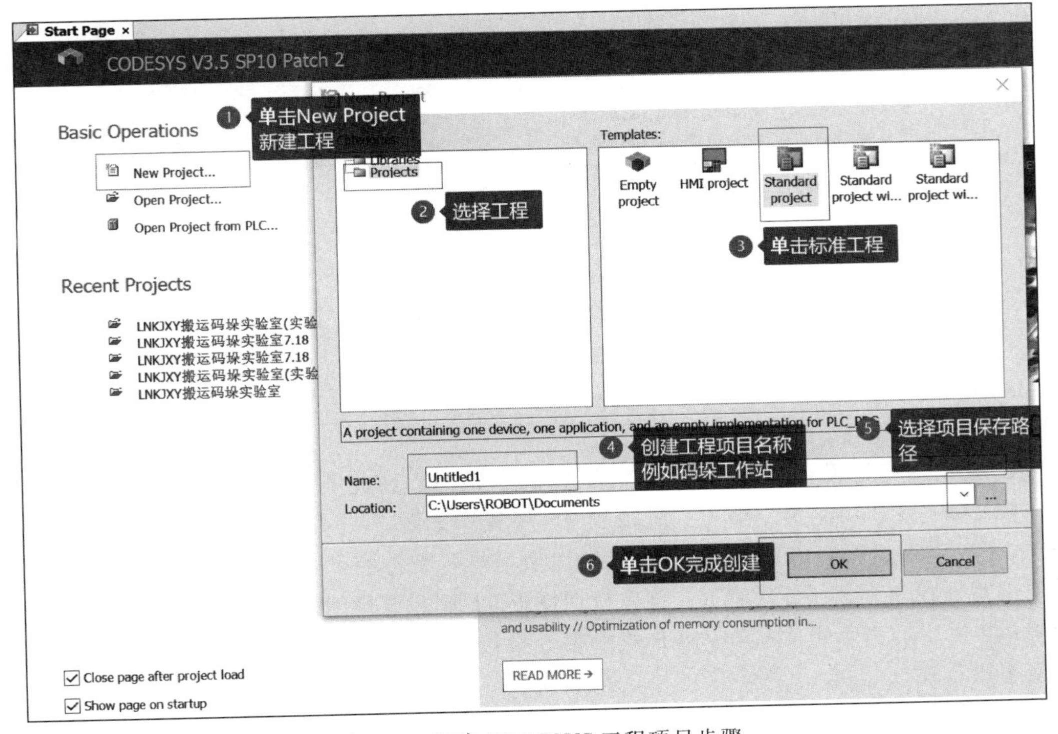

图 5-46 新建 CODESYS 工程项目步骤

(2) CODESYS 工程程序架构。如图 5-47(a)所示，Device 设备树涵盖了整个工程项目的所有设备信息，Program 文件夹包含 FB 功能块、Main 主程序等程序段，图 5-47(b)与电气图纸中倍福模块组态分布保持一致，模块所有信息与控制柜内各模块完全对应，正确的配置保证了组态的顺利完成。

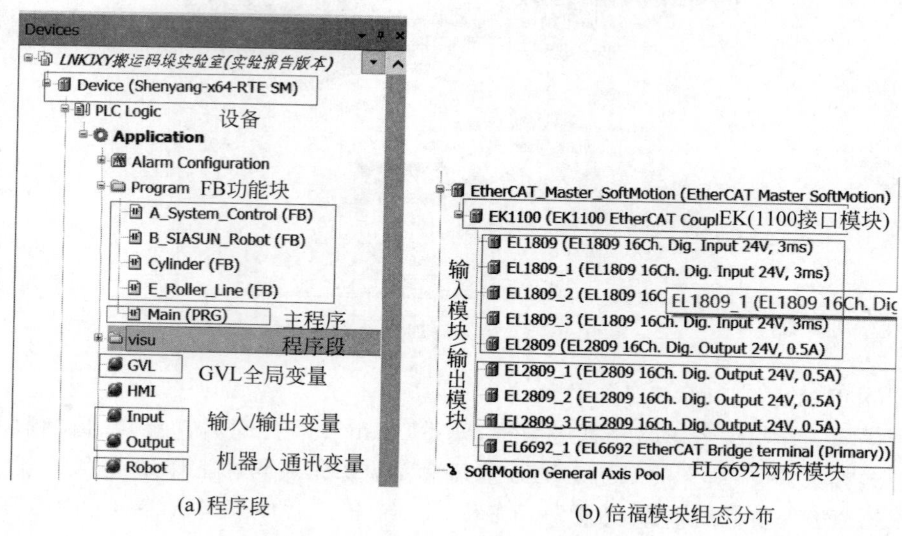

(a) 程序段　　(b) 倍福模块组态分布

图 5-47　CODESYS 工程程序架构

(3) 创建变量表。新建码垛工作站工程第一步需要根据电气图纸 PLC 输入/输出模块接线图，创建 GVL 全局变量表(图 5-48)、Input 和 Output 变量表(图 5-49)，以及机器人通信 I/O 变量表(图 5-50)。

VAR_GLOBAL	**system_auto_mode_A**	BOOL		系统自动模式
VAR_GLOBAL	**system_hand_mode_A**	BOOL		系统手动运行
VAR_GLOBAL	**system_Start_Button_A**	BOOL		系统启动按钮
VAR_GLOBAL	**system_pause_Button_A**	BOOL		系统暂停按钮
VAR_GLOBAL	**system_auto_run_A**	BOOL		系统自动运行
VAR_GLOBAL	**system_auto_pause_A**	BOOL		系统自动停止
VAR_GLOBAL	**system_alarm**	BOOL		系统报警
VAR_GLOBAL	**T**	WORD	1200	
VAR_GLOBAL	**g_iMainVisuSwitch**	INT		主界面切换
VAR_GLOBAL	**firstYL**	BOOL		初始位有料
VAR_GLOBAL	**lastYL**	BOOL		末端位有料
VAR_GLOBAL	**R_start**	BOOL		机器人启动

图 5-48　GVL 全局变量表

创建 I/O 变量表有两种方式，可在右上角进行切换，在此不再赘述。

(4) 编写 FB 功能块。编写系统控制 FB 块程序如图 5-51 所示。编写系统控制功能块程序，完成启动、暂停、停止按钮及按钮灯，以及塔灯各状态相关逻辑。

编写新松机器人 FB 块程序：首先按照图 5-52 所示步骤创建新松机器人 FB 块形参变量表；然后用上面新建的机器人 FB 块形参变量按照图 5-53 所示步骤编写机器人 FB 块梯形图逻辑程序。

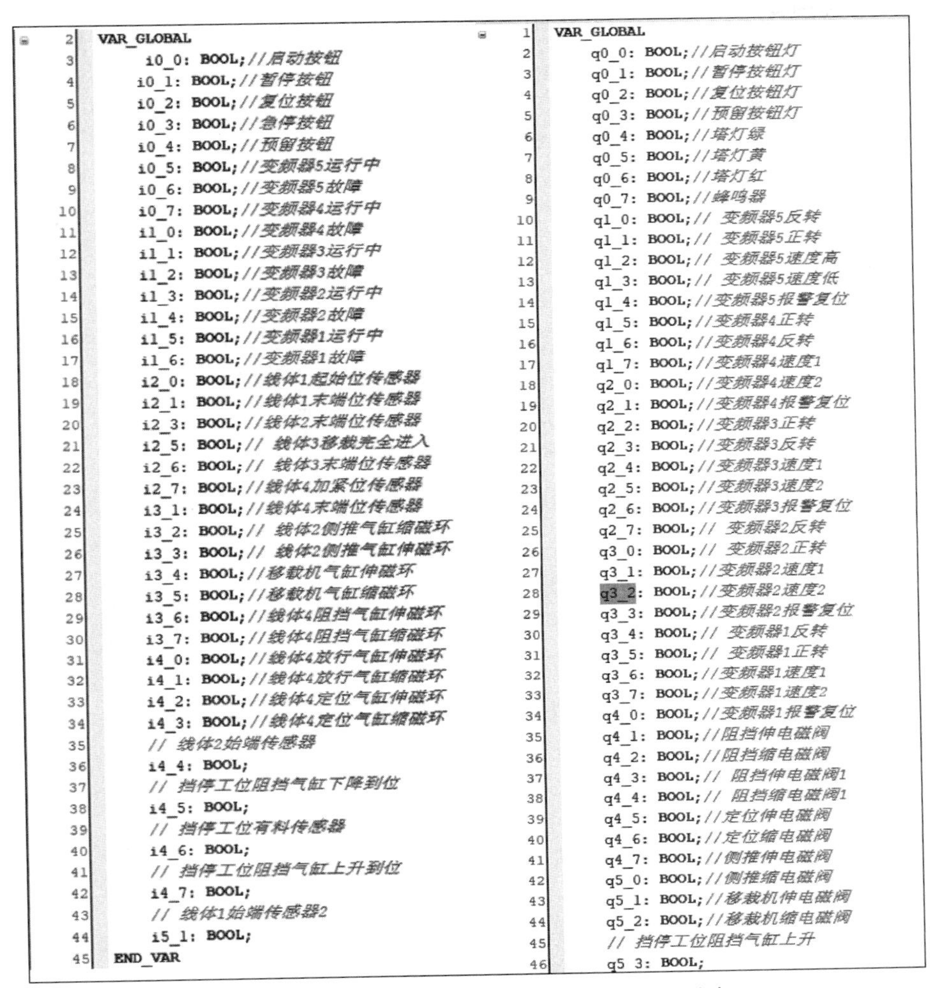

```
2  VAR_GLOBAL
3      i0_0: BOOL;//启动按钮
4      i0_1: BOOL;//暂停按钮
5      i0_2: BOOL;//复位按钮
6      i0_3: BOOL;//急停按钮
7      i0_4: BOOL;//预留按钮
8      i0_5: BOOL;//变频器5运行中
9      i0_6: BOOL;//变频器5故障
10     i0_7: BOOL;//变频器4运行中
11     i1_0: BOOL;//变频器4故障
12     i1_1: BOOL;//变频器3运行中
13     i1_2: BOOL;//变频器3故障
14     i1_3: BOOL;//变频器2运行中
15     i1_4: BOOL;//变频器2故障
16     i1_5: BOOL;//变频器1运行中
17     i1_6: BOOL;//变频器1故障
18     i2_0: BOOL;//线体1起始位传感器
19     i2_1: BOOL;//线体1末端位传感器
20     i2_3: BOOL;//线体2末端位传感器
21     i2_5: BOOL;// 线体3移载完全进入
22     i2_6: BOOL;// 线体3末端位传感器
23     i2_7: BOOL;//线体4加紧位传感器
24     i3_1: BOOL;//线体4末端位传感器
25     i3_2: BOOL;// 线体2侧推气缸缩磁环
26     i3_3: BOOL;// 线体2侧推气缸伸磁环
27     i3_4: BOOL;//移载机气缸伸磁环
28     i3_5: BOOL;//移载机气缸缩磁环
29     i3_6: BOOL;//线体4阻挡气缸伸磁环
30     i3_7: BOOL;//线体4阻挡气缸缩磁环
31     i4_0: BOOL;//线体4放行气缸伸磁环
32     i4_1: BOOL;//线体4放行气缸缩磁环
33     i4_2: BOOL;//线体4定位气缸伸磁环
34     i4_3: BOOL;//线体4定位气缸缩磁环
35     // 线体2始端传感器
36     i4_4: BOOL;
37     // 挡停工位阻挡气缸下降到位
38     i4_5: BOOL;
39     // 挡停工位有料传感器
40     i4_6: BOOL;
41     // 挡停工位阻挡气缸上升到位
42     i4_7: BOOL;
43     // 线体1始端传感器2
44     i5_1: BOOL;
45 END_VAR
```

```
1  VAR_GLOBAL
2      q0_0: BOOL;//启动按钮灯
3      q0_1: BOOL;//暂停按钮灯
4      q0_2: BOOL;//复位按钮灯
5      q0_3: BOOL;//预留按钮灯
6      q0_4: BOOL;//塔灯绿
7      q0_5: BOOL;//塔灯黄
8      q0_6: BOOL;//塔灯红
9      q0_7: BOOL;//蜂鸣器
10     q1_0: BOOL;// 变频器5反转
11     q1_1: BOOL;// 变频器5正转
12     q1_2: BOOL;// 变频器5速度高
13     q1_3: BOOL;// 变频器5速度低
14     q1_4: BOOL;//变频器5报警复位
15     q1_5: BOOL;//变频器4正转
16     q1_6: BOOL;//变频器4反转
17     q1_7: BOOL;//变频器4速度1
18     q2_0: BOOL;//变频器4速度2
19     q2_1: BOOL;//变频器4报警复位
20     q2_2: BOOL;//变频器3正转
21     q2_3: BOOL;//变频器3反转
22     q2_4: BOOL;//变频器3速度1
23     q2_5: BOOL;//变频器3速度2
24     q2_6: BOOL;//变频器3报警复位
25     q2_7: BOOL;// 变频器2反转
26     q3_0: BOOL;// 变频器2正转
27     q3_1: BOOL;//变频器2速度1
28     q3_2: BOOL;//变频器2速度2
29     q3_3: BOOL;//变频器2报警复位
30     q3_4: BOOL;// 变频器1反转
31     q3_5: BOOL;// 变频器1正转
32     q3_6: BOOL;//变频器1速度1
33     q3_7: BOOL;//变频器1速度2
34     q4_0: BOOL;//变频器1报警复位
35     q4_1: BOOL;//阻挡伸电磁阀
36     q4_2: BOOL;//阻挡缩电磁阀
37     q4_3: BOOL;// 阻挡伸电磁阀1
38     q4_4: BOOL;// 阻挡缩电磁阀1
39     q4_5: BOOL;//定位伸电磁阀
40     q4_6: BOOL;//定位缩电磁阀
41     q4_7: BOOL;//侧推伸电磁阀
42     q5_0: BOOL;//侧推缩电磁阀
43     q5_1: BOOL;//移载机伸电磁阀
44     q5_2: BOOL;//移载机缩电磁阀
45     // 挡停工位阻挡气缸上升
46     q5_3: BOOL;
```

图 5-49　Input 输入变量表与 Output 输出变量表

	Scope	Name	Address	Data type	Initialization	Comment	Attributes
1	VAR_GLOBAL	**Execute_Mode**		BOOL		机器人执行模式	
2	VAR_GLOBAL	**Teach_Mode**		BOOL		机器人示教模式	
3	VAR_GLOBAL	**Remote_Mode**		BOOL		机器人远程模式	
4	VAR_GLOBAL	**Home_Position**		BOOL		机器人原点位置	
5	VAR_GLOBAL	**ServoON_ACK**		BOOL		机器人伺服上电确认	
6	VAR_GLOBAL	**MainOpen_ACK**		BOOL		机器人主作业打开确认	
7	VAR_GLOBAL	**Auto_Run**		BOOL		机器人运行中	
8	VAR_GLOBAL	**On_Path**		BOOL		机器人在路径上	
9	VAR_GLOBAL	**Alarm_ing**		BOOL		机器人报警中	
10	VAR_GLOBAL	**estop**		BOOL		机器人急停中	
11	VAR_GLOBAL	**pause_ing**		BOOL		机器人暂停中	
12	VAR_GLOBAL	**catch_finish**		BOOL		取料完成	
13	VAR_GLOBAL	**put_finish**		BOOL		放料完成	
14	VAR_GLOBAL	**ServoON**		BOOL		机器人外部伺服上电	
15	VAR_GLOBAL	**MainOpen**		BOOL		机器人主作业打开	
16	VAR_GLOBAL	**external_Start**		BOOL		机器人外部启动	
17	VAR_GLOBAL	**external_Pause**		BOOL		机器人外部暂停	
18	VAR_GLOBAL	**external_Stop**		BOOL		机器人外部急停	
19	VAR_GLOBAL	**Alarm_Reset**		BOOL		机器人报警复位	
20	VAR_GLOBAL	**catch_allow**		BOOL		允许取料	
21	VAR_GLOBAL	**put_allow**		BOOL		允许放料	
22	VAR_GLOBAL	**catch_allow_Test**		BOOL		允许取料1(Test)	
23	VAR_GLOBAL	**put_allow_Test**		BOOL		允许放料1(Test)	

图 5-50　机器人通信 I/O 变量表

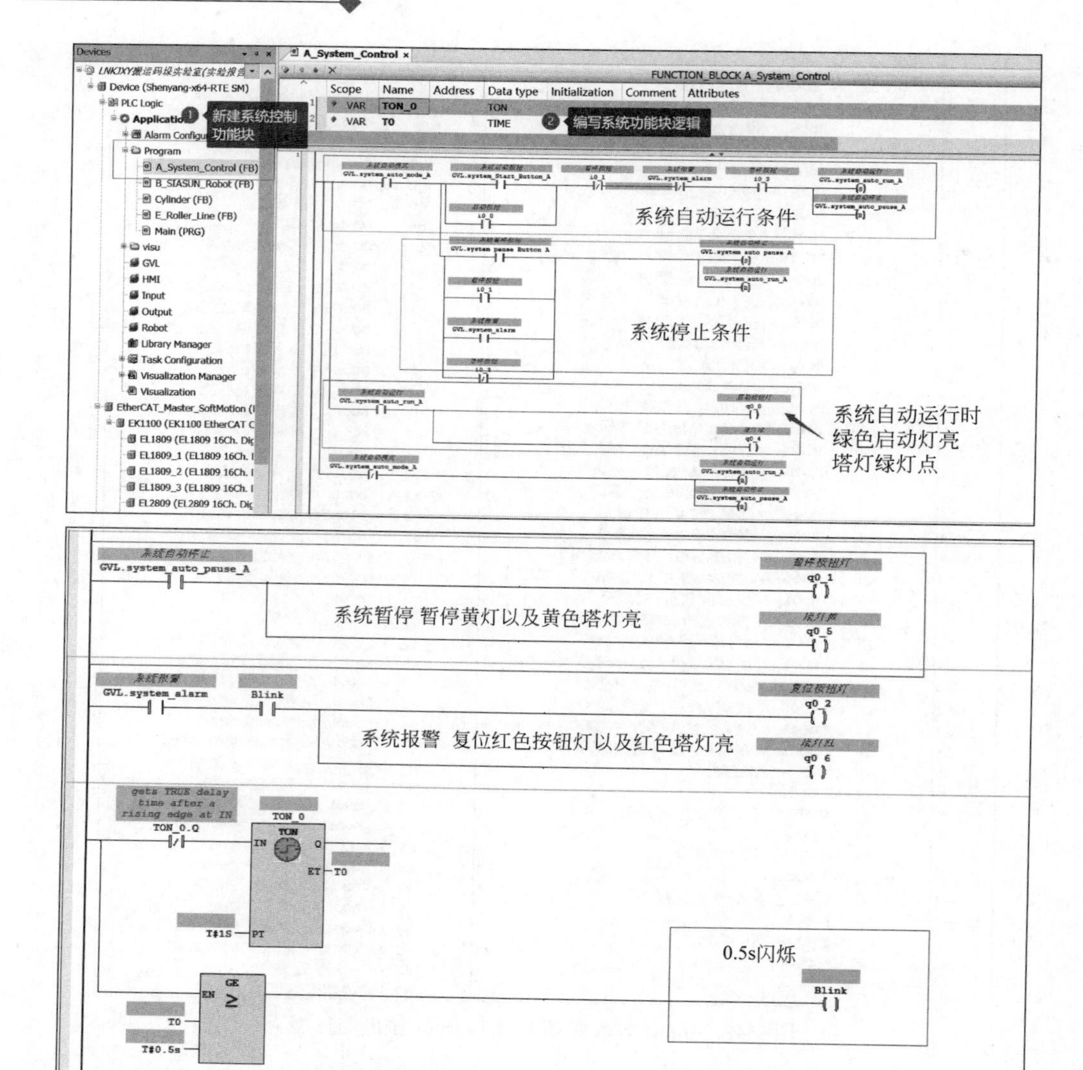

图 5-51 系统控制功能块逻辑程序

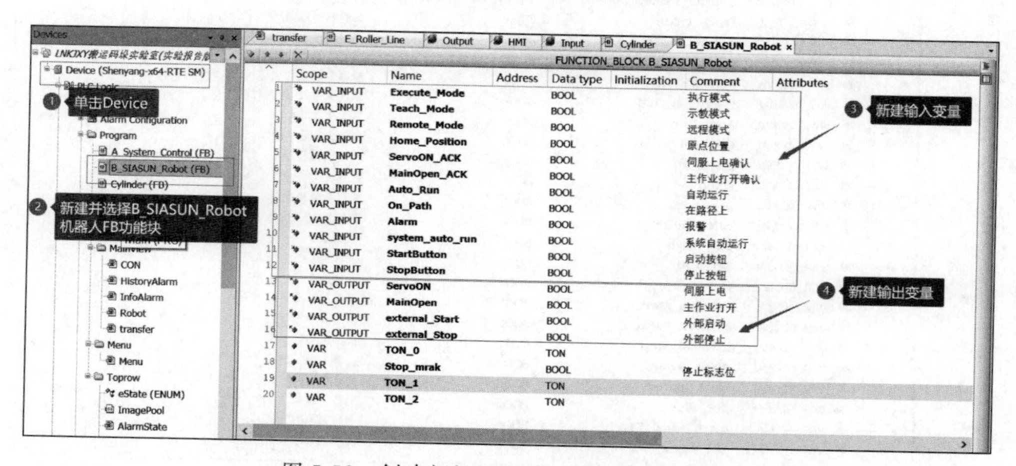

图 5-52 创建新松机器人 FB 功能块变量表

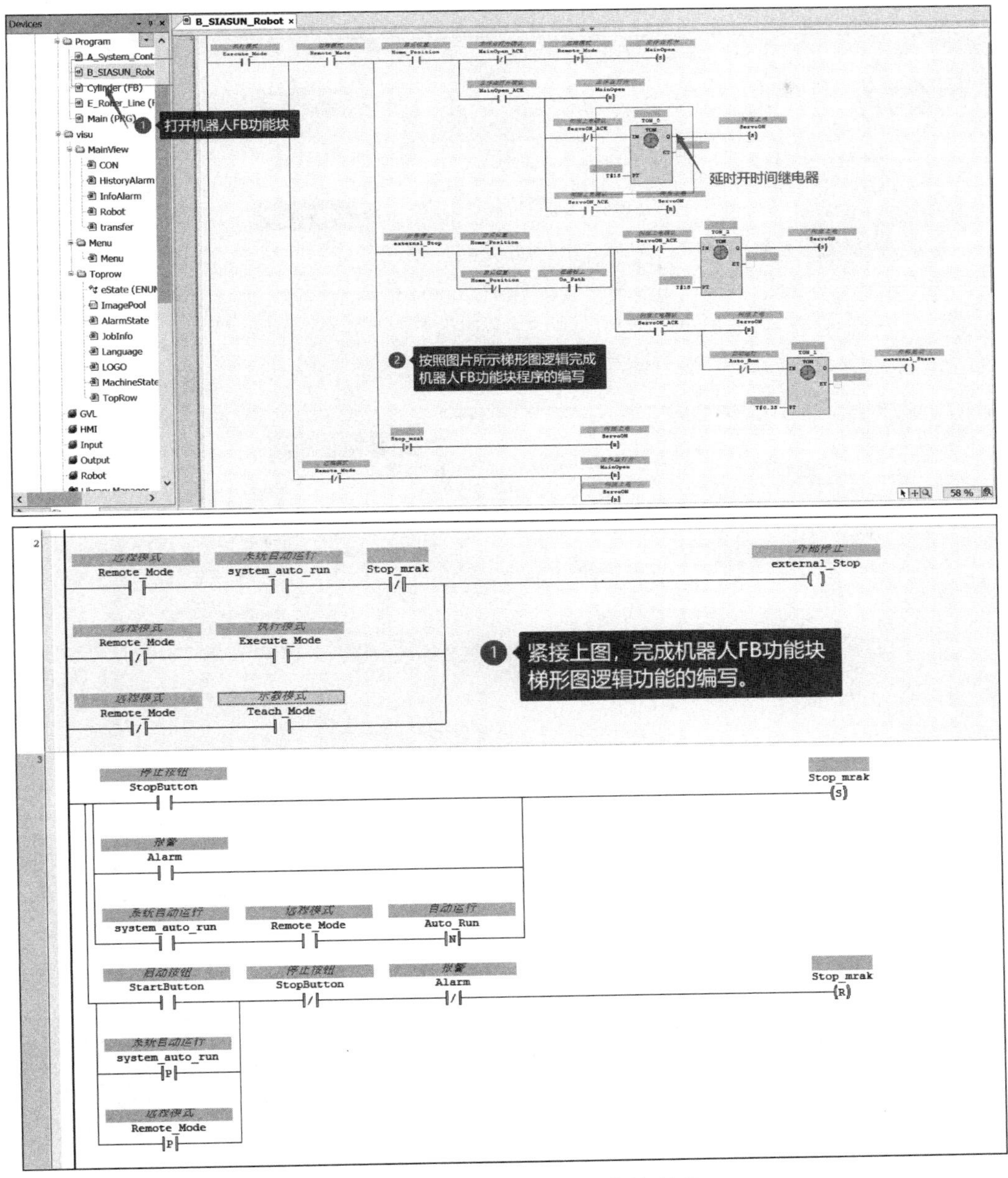

图 5-53　新松机器人 FB 功能块程序

编写气缸 FB 功能块程序：首先按照图 5-54 所示步骤创建气缸 FB 功能块形参变量表；然后用上面新建的机器人 FB 块形参变量按照图 5-55 所示步骤编写气缸 FB 功能块梯形图逻辑程序。

编写线体 FB 功能块程序：首先按照图 5-56 所示步骤创建线体 FB 功能块形参变量表；然后用线体 FB 功能块形参变量按照图 5-57 所示步骤编写线体 FB 功能块梯形图逻辑程序。

编写 Main 主程序段逻辑。码垛工作站系统自动运行需要控制的设备分别有：

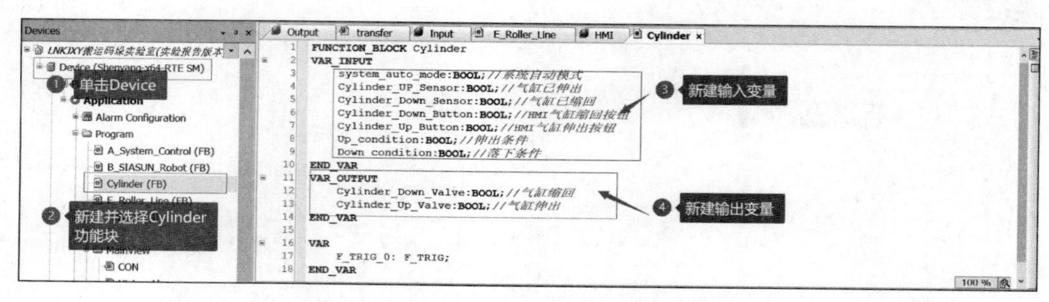

图 5-54 气缸 FB 功能块形参变量表

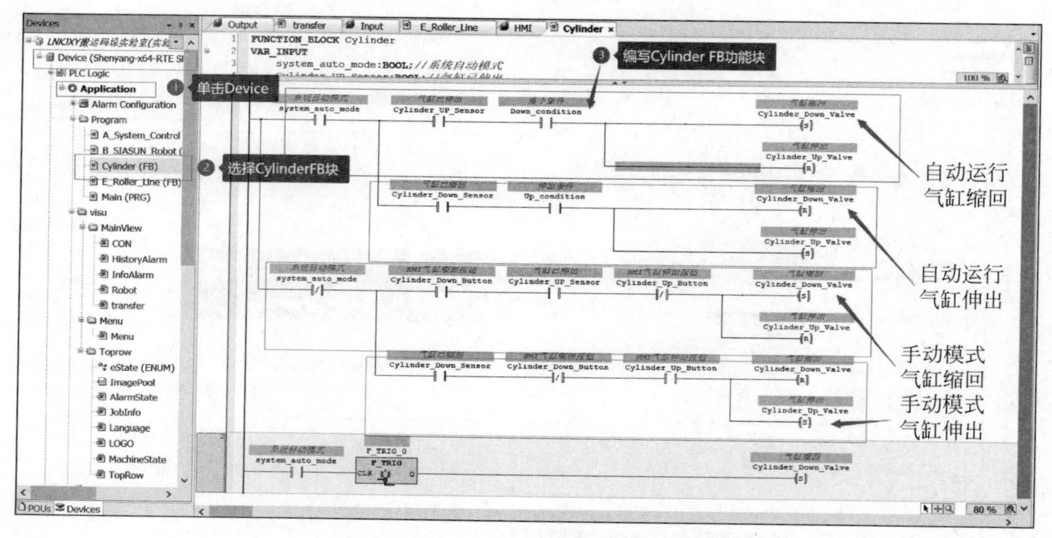

图 5-55 气缸 FB 功能块程序

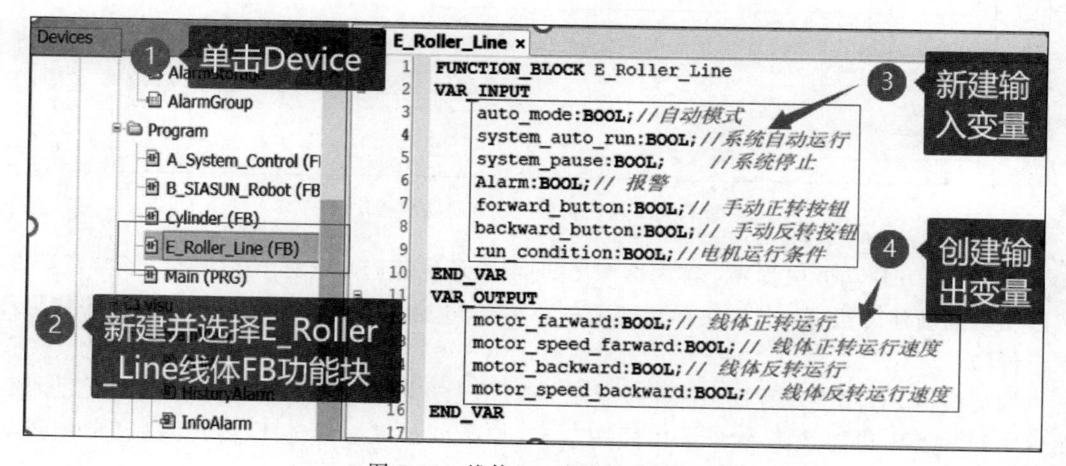

图 5-56 线体 FB 功能块变量表

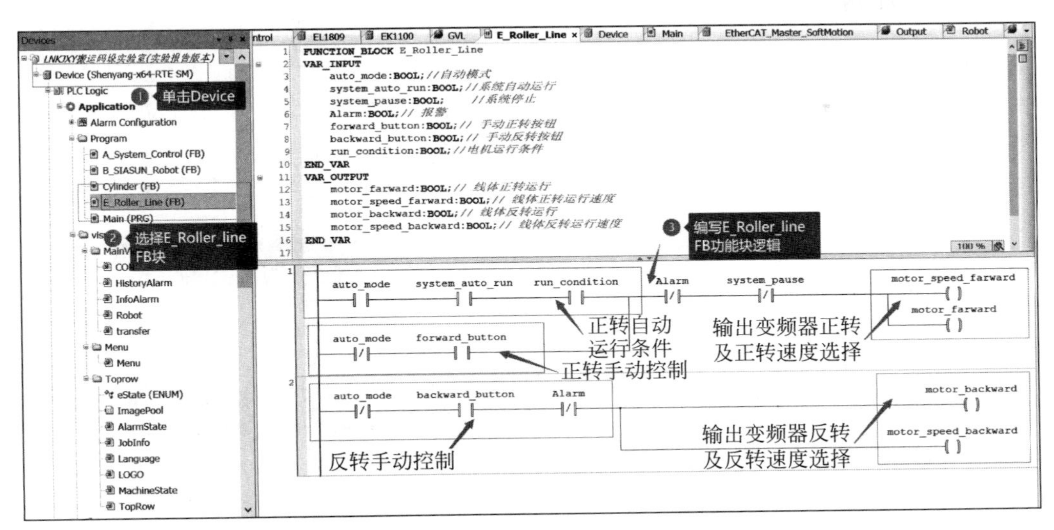

图 5-57　线体 FB 功能块逻辑程序

① 新松机器人一台。CODESYS 软 PLC 需要在自动运行过程中，调度机器人完成码垛及拆垛作业。

② 输送线体变频器五台。在传感器、气缸或者衔接的其他变频器达到固定的某种状态时启停变频器，在此仅以输送线 1 为例介绍相关程序编写方法，其他输送线体程序请参照 CODESYS 最终程序或者实验报告。

③ 气缸电磁阀若干。在自动运行过程中，PLC 需要在传感器或者变频器反馈信号达到某种固定的状态时伸出或者缩回气缸，在此仅以侧推气缸 1 为例介绍相关程序编写方法，其他气缸程序请参照 CODESYS 最终程序或者实验报告。

输送线体主程序。如图 5-58 所示，E_Roller_Line 中的 run condition 引脚关联输送线 1 自动运行的触发条件，系统自动运行时输送线 1 即自动运行，当输送线 2 始端传感器被触发，将标志位 M_mark1 置位，输送线 1 停止，当工件到达侧推气缸工位并被推出至侧推气缸伸出到位位置，磁性开关信号将 M_mark1 标志位复位，输送线 1 继续运行。

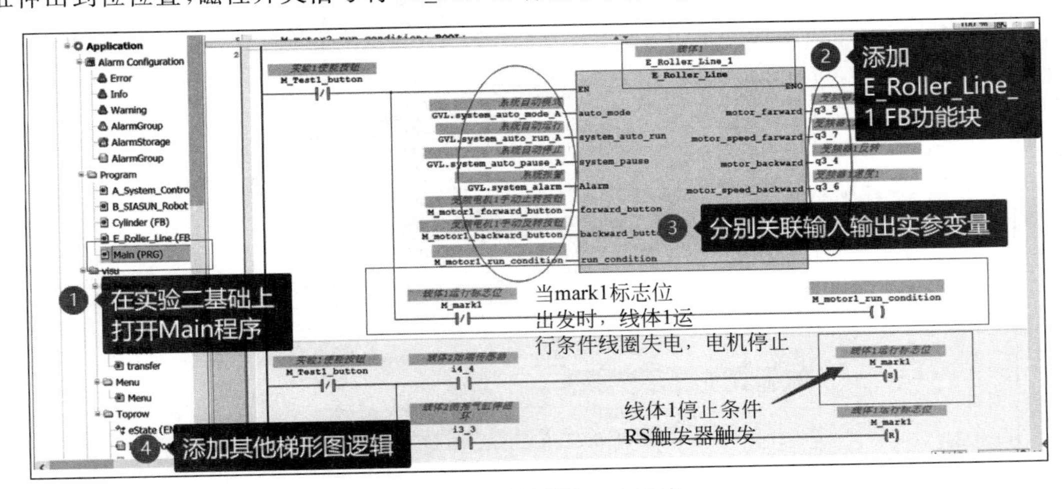

图 5-58　输送线体 1 主程序

侧推气缸主程序。如图 5-59 所示，Cylinder 中的 Up_condition 引脚、Down_condition 引脚关联气缸 1 自动伸出、自动缩回的触发条件，系统自动运行时，当输送线 2 末端传感器被触发并且移栽机气缸处于落下状态时，满足侧推气缸伸出条件，侧推气缸动作伸出，当侧推气缸伸出到位磁环触发延时 1s，满足侧推气缸缩回条件，侧推气缸动作缩回，当下一个工件到达末端传感器被触发并且移栽机气缸处于落下状态时，侧推气缸再次伸出，由此往复。

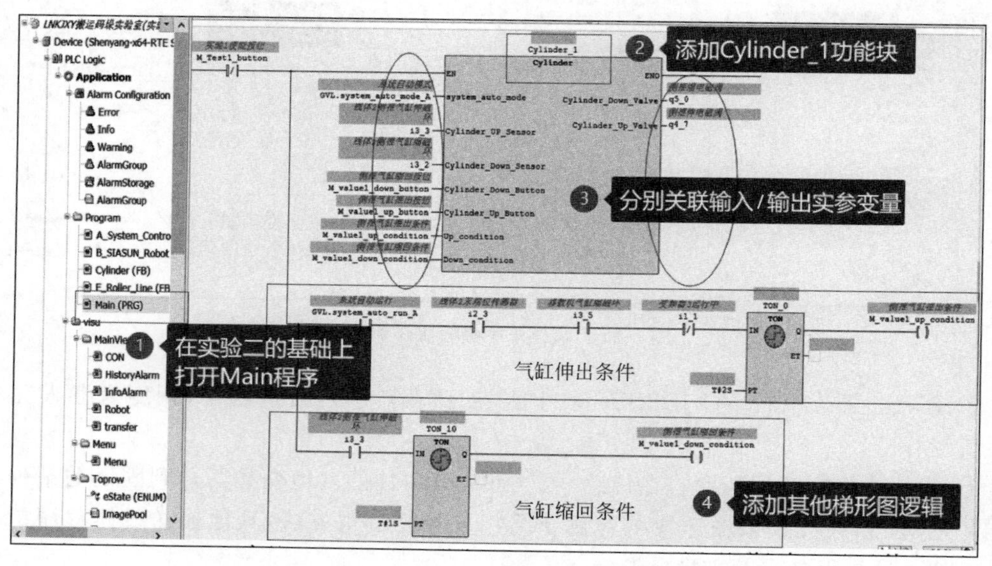

图 5-59　侧推气缸主程序

机器人调度主程序。如图 5-60 所示，系统自动运行时，当挡停工位有料传感器被触发并且线体 4 夹紧位传感器被触发时，满足阻挡气缸伸出条件，阻挡气缸动作伸出。当线体 4 末端位传感器有料并且挡停工位无料时，满足阻挡气缸缩回条件，阻挡气缸动作缩回，当下一个工件到达挡停工位且满足条件时，阻挡气缸再次伸出，如此往复。阻挡气缸自动运行程序编写步骤同侧推气缸。

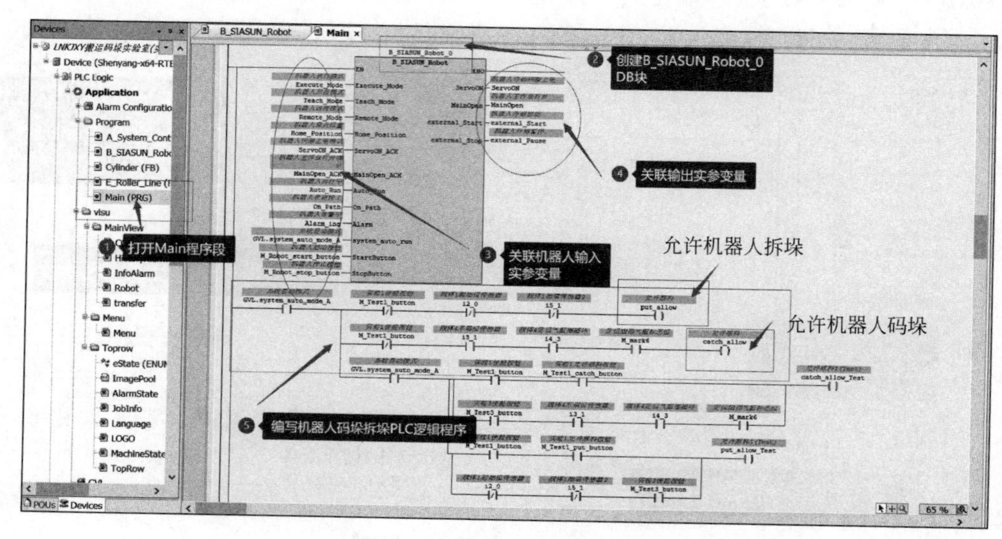

图 5-60　机器人调度主程序

第6章

搬运码垛机器人工作站系统集成开发

工业机器人搬运码垛机器人工作站由机器人系统、PLC控制柜、机器人安装底座、输送线系统、平面仓库和操作按钮盒等组成。机器人搬运工作站系统在选择机器人、PLC及相关控制设备后，应根据系统任务设计系统硬件电路、PLC控制程序以及机器人运行程序。

6.1 搬运码垛机器人工作站的设计与安装

6.1.1 搬运码垛工作站复杂码垛的设计

1. 码垛配置

在码垛配置界面中分为复杂码垛和简单码垛两种方式，简单码垛为机器人原有码垛功能，复杂码垛为新增的码垛功能。

在路径下寻找主菜单→用户→下一屏→应用→码垛→复杂码垛→文件配置。

码垛文件可配置8个不同的文件号，每个文件号具有点位配置、产品参数配置、托盘参数配置、抓手参数配置、垛型参数配置以及计数设置，如图6-1所示。

点位配置界面包括用户坐标系配置、竖点示教、横点示教、偶层竖点、偶层横点、垛点上方最低高度和垛点上方最高高度设定、花码高度的设定、码垛文件中的用户坐标系共8个用户坐标系可供选择。选定的用户坐标系与用户标定的用户托盘坐标系相对应；所谓的竖点和横点的示教位置点与标定的用户坐标系有关。如图6-2所示，当用户坐标系已确定时，工件较长的边与y轴平行的称为竖，工件较短的边与y轴平行的称为横，竖和横的示教都是为该方向码垛的第一个位置，所有该方向的码垛的偏移都是基于该点的偏移。偶层竖点和偶层横点这两个示教点主要是针对特殊的码垛的示教点，对于偶数层的抓取点与奇数层的抓取点不是一个位置时，则需要示教两个位置，使得奇数层和偶数层的码垛能够到达设定的位置。目前偶层竖点和偶层横点两个示教点只针对双层列异和双层行异码垛起作用，对于其他垛型的码垛来说暂不起作用，因此对于其他的码垛，仅示教竖点示教和横点示教两个点即可。

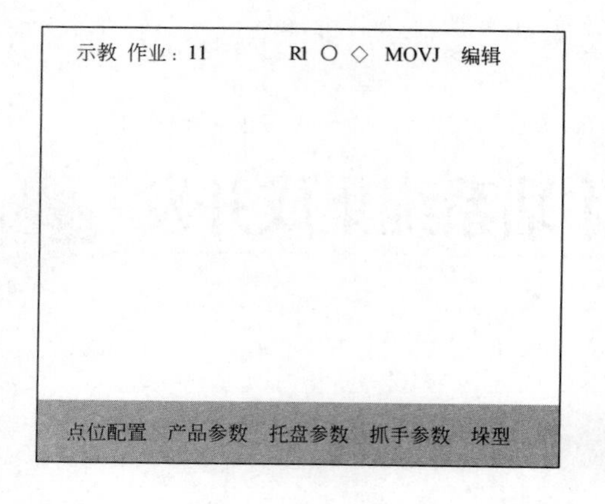

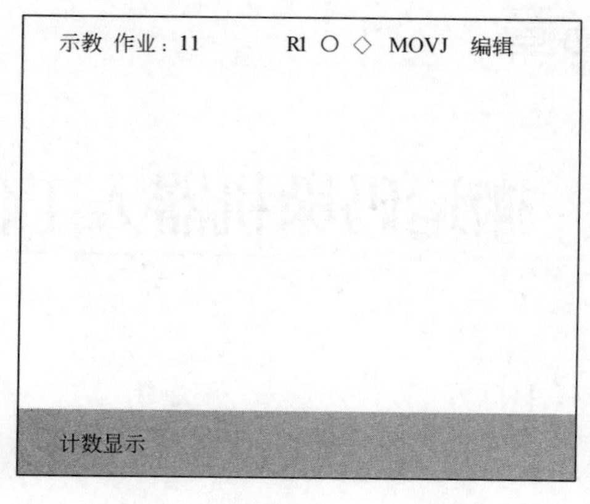

示教 作业：11　RI ○ ◇ MOVJ　编辑

点位示教配置　文件号：　1

用户坐标 1　示教长度 1375
竖点示教 ON　横点示教 OFF
偶层竖点 OFF　偶层横点 OFF
最低高度 10　最高高度 100
花码高度 10　预留配置

>

> 下一个　上一个　退格　退出

示教 作业：11　RI ○ ◇ MOVJ　编辑

产品属性　文件号：　1

产品长　10
产品宽　10
产品高　10
产品重量　10

>

> 下一个　上一个　退格　退出

图 6-1　可配置不同的文件号

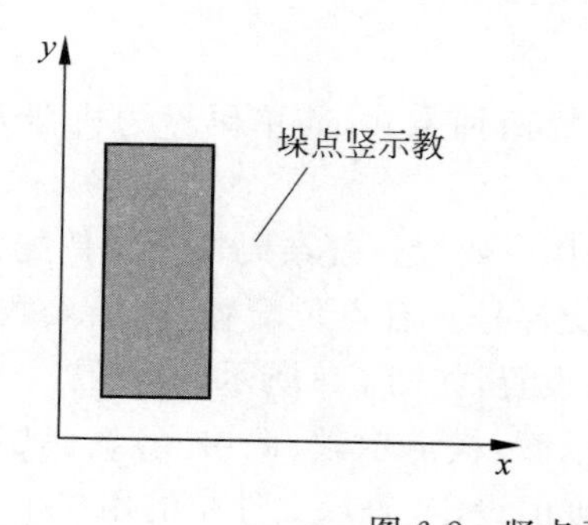

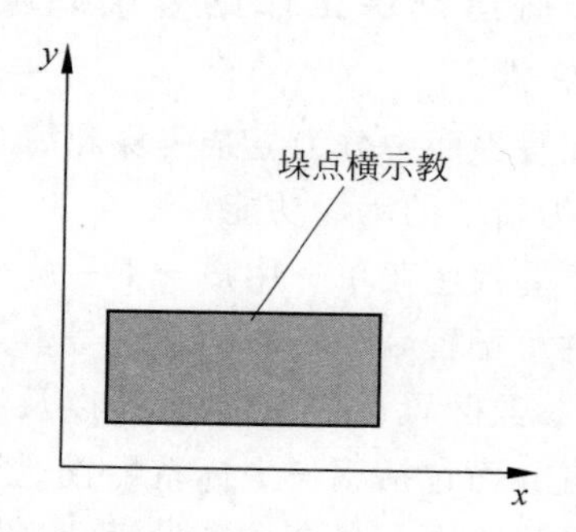

图 6-2　竖点示教和横点示教

码垛点位过渡点可设两个不同的上方高度点，最低上方高度即是设置的距离码垛点较近的点的上方高度，最高上方高度指的是设置的距离码垛点的距离稍远的过渡点位置。花码高度指的是实际的码垛点与示教的码垛点的高度差，实际码垛中有可能码垛的点位与示教的点位差一个高度，通过该参数可进行调节。产品参数设置界面包括设置产品的长、宽、高以及重量，单位为 mm，可精确到 0.1mm。

托盘参数设置界面如图 6-3 所示，包括行间距，列间距，型 1 行距，型 1 列距，型 2 行距，型 2 列距以及托盘的长、宽、高，单位为 mm，可精确到 0.1mm。行间距对于普通码垛来说指的是两行工件之间的距离，对于花码来说指的是两个不同形式的码垛之间的行距。列间距对于普通码垛来说指的是两列工件之间的距离，对于花码来说指的是两个不同形式的码垛之间的列距。型 1 行距指的是靠近坐标系原点的形式的码垛之间的行距，型 1 列距指的靠近坐标系原点的码垛形式列距，型 2 行距指的是相对离坐标系原点较远的码垛形式的行距，型 2 列距指的是相对离坐标系原点较远的码垛形式的列距。行距和列距具体的描述见图 6-4 中对于垛型描述的图形中的标注。所谓的行和列与用户坐标系有关，规定与 y 轴平行沿 x 轴走向的称为列，与 x 轴平行沿 y 轴走向的称为行。

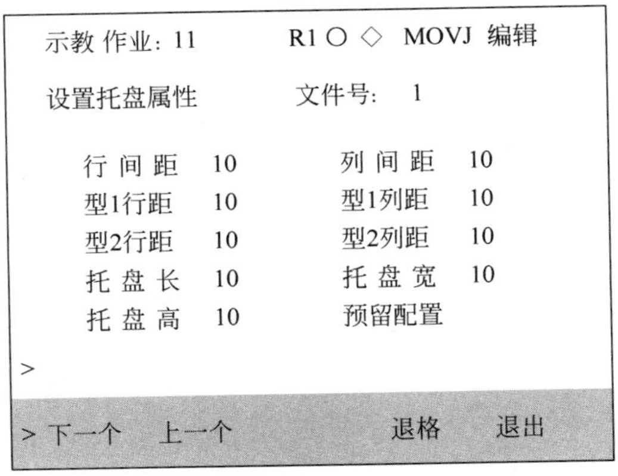

示教 作业：11　　R1 ○ ◇ MOVJ 编辑

设置托盘属性　　文件号：1

行 间 距	10	列 间 距	10
型1行距	10	型1列距	10
型2行距	10	型2列距	10
托 盘 长	10	托 盘 宽	10
托 盘 高	10	预留配置	

>

> 下一个　上一个　　退格　退出

图 6-3　托盘参数设置界面和抓手参数设置界面

抓手参数设置界面中抓手的个数最多可选择两个，抓手类型可选择吸盘式、单边抱夹、双边夹式、单边插取、方型、L 形六种方式（双边夹式、单边插取功能后续再开发），抓取方式可选择单抓单放、双抓单放、双抓双放（目前仅仅支持单抓单放，其他方式后续开发）。抓手参数界面还包括两个示教点位时夹手的方向，主要是针对产品抓取时，有一边为固定的不动边，考虑到换产时，不重新进行示教，则必须要确定不动边的位置。目前，对于单边抱夹、方形、L 形三种夹手来说区分夹手的方向的正反，另三种夹手不区分夹手的正反，当夹手平行于坐标系的不动边靠近坐标系时，夹手方向为正，否则，夹手方向为反。偶层竖点和偶层横点的夹手方向的定义与示教竖点和示教横点的夹手的定义相同。竖点和横点夹手的不动边分别如图 6-4 所示。

垛型选择界面如图 6-5 所示，包括奇偶镜像开关、垛型层数、行数、列数、型 1 行数、型 1 列数、型 2 行数、型 2 列数、起始形式、垛型类型。奇偶镜像开关用来确定奇数层和偶数层码放方式是否相同，OFF 表示奇偶层码放方式相同，ON 表示偶数层相对于奇数层的码放方式有旋转。对于按行和按列码垛，偶数层相对于奇数层旋转 90°。对于其他的垛型，奇偶镜像是偶数层相对于奇数层旋转 180°。垛型层数是指码垛过程中总共需要码垛的层数目。垛型行数是指用户坐标系 y 方向最多的工件数，垛型列数指的是用户坐标系 x 方向最多的工件数。其中，型 1 行数、型 1 列数、型 2 行数、型 2 列数是针对列异花码、回字形、行异花码、双层列异、双层行异的码垛中的参数配置。起始形式是指码的第一个垛的形式，分为竖和横，与码垛的示教位置中竖点示教和横点示教相对应。垛型类型主要包括按行码垛、按列码垛、偏移码垛、列异花码、回字形、行异花码、双层列异、双层行异 8 种码垛，其中列异花码是指在码垛列中出现不同的码垛方式，行异码垛是指在不同的行中出现不同的码垛方式。

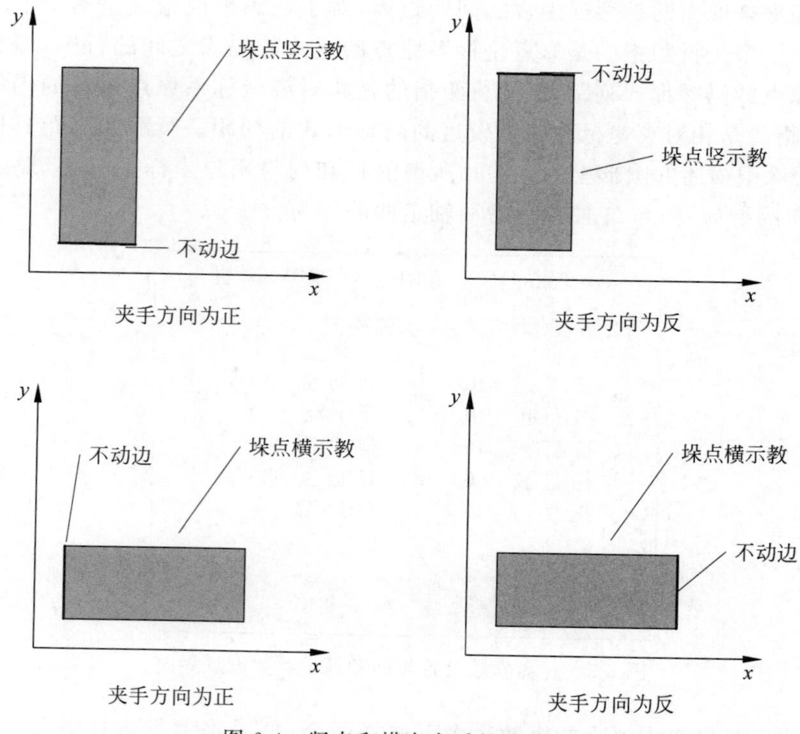

图 6-4 竖点和横点夹手的不动边

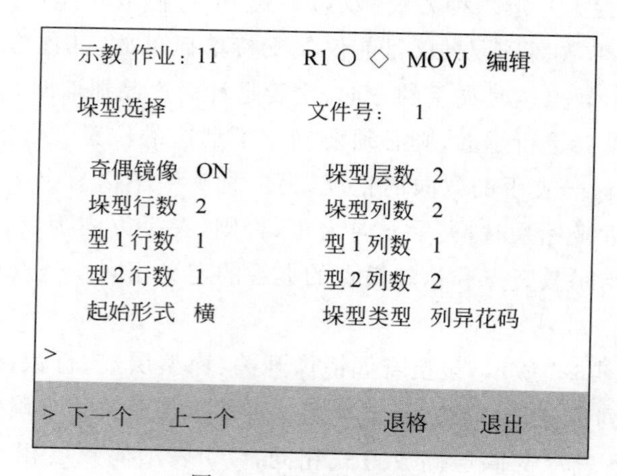

图 6-5 垛型选择界面

双层列异和双层行异是指在列异花码和行异花码的基础上同时码两层，码完下面的一个垛，再直接码上面的一个垛，同时完成两层的码垛。双层列异、双层行异的码垛的行列层的配置与列异花码和行异花码的行列层的配置相同。

垛型图形如图 6-6 所示，按行码垛、按列码垛时需要设置行数和列数。偏移码垛是指在按行码垛的基础上，上一层的工件在下一层工件的宽度方向上进行压缝码垛，上一层相比较下一层在宽度方向上少一个。在码垛设置时，与按行码垛和按列码垛一样，配置行数列数即可，但这里的行数和列数是按第一层的进行配置。

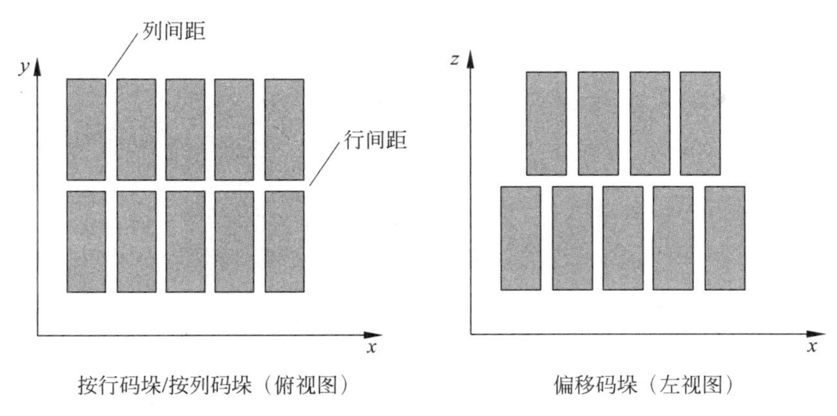

图 6-6　垛形图形

列异花码、回字形、行异花码、双层列异、双层行异码垛配置时，除需要配置行数和列数，还需要配置型 1 行数、型 1 列数、型 2 行数、型 2 列数。对于列异花码，型 1 行数指的是靠近坐标轴 y 轴第一种类型的码垛的行数，型 1 列数指的是靠近坐标轴 y 轴第一种类型的码垛的列数，型 2 行数指的是远离坐标轴 y 轴第二种类型的码垛的行数，型 2 列数为指的是远离坐标轴 y 轴第二种类型的码垛的列数。对于行异花码，型 1 类型则指的是靠近坐标轴 x 轴第一种类型的码垛的行数，型 1 列数指的是靠近坐标轴 x 轴第一种类型的码垛的列数，型 2 行数指的是远离坐标轴 x 轴第二种类型的码垛的行数，型 2 列数指的是远离坐标轴 x 轴第二种类型的码垛的列数，型 1 如图 6-7(a)所示，型 2 如图 6-7(b)所示。分别以列异码垛和行异码垛为例，列异花码 1 中配置为行数为 5，列数为 4，型 1 行数为 2，型 1 列数为 2，型 2 行数为 5，型 2 列数为 2。同样的列异花码垛型第二种如图 6-7(b)所示，其设置为行数为 5，列数为 3，型 1 行数为 5，型 1 列数为 1，型 2 行数为 2，型 2 列数为 2。双层列异和双层行异的码垛配置与列异花码和行异花码的码垛配置相同，不包括奇偶镜像的功能。

对于行异花码如图 6-8 所示，设置为行数 3，列数为 5，型 1 行数为 1，型 1 列数为 5，型 2 行数为 2，型 2 列数为 2。

回字形码垛设置与列异花码类似如图 6-9 所示，由于回字形的上方与下方是中心对称的，因此，按下方的图形进行设置即可，但要注意行数为型 1 行数和型 2 行数的总和，列数为型 1 列数和型 2 列数的总和。

计数器设置的文件都有 8 个，如图 6-10 所示，分别对应 8 个码垛设置(配置托盘属性)文件，也就是说，码垛设置和计数器文件一一对应。

码垛过程中计数器自动计数，当系统断电计数器清零后或某些特殊情况，可以设置计数器，让机器人从特定位置开始码垛。

进入计数器设置界面的操作如下：

① 行数计数器数值：将要执行码垛的行数。

② 列数计数器数值：将要执行码垛的列数。

③ 步数计数器数值：当前层将要码第一个工件。

④ 层数计数器数值：将要执行码垛的层数。

⑤ 个数计数器数值：将要执行码垛的个数。

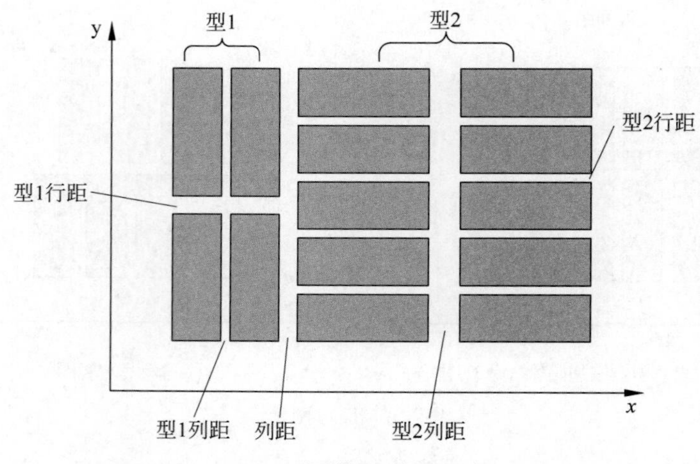

(a) 列异花码1（俯视图）

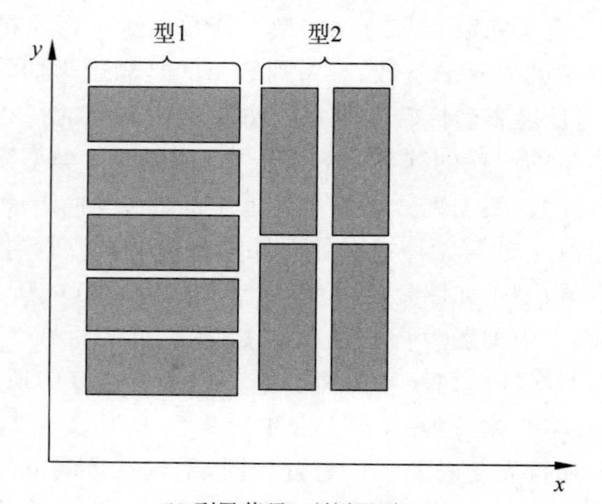

(b) 列异花码2（俯视图）

图 6-7　列异花码(俯视图)

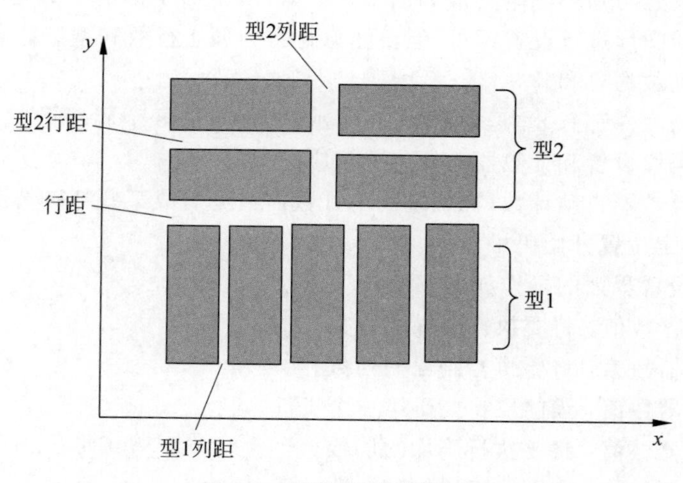

图 6-8　行异花码(俯视图)

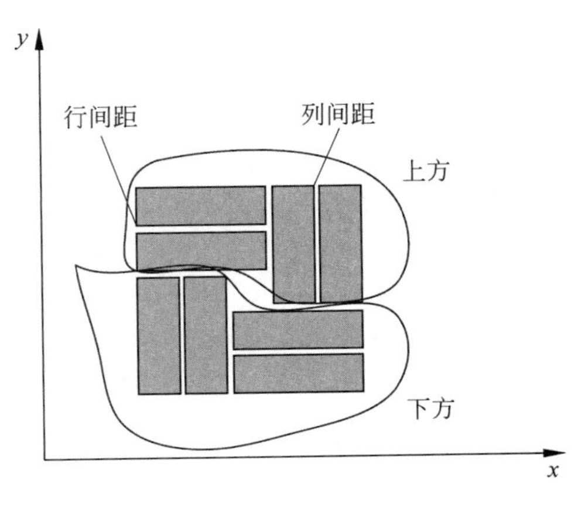

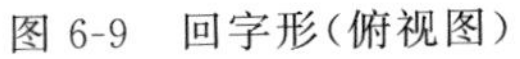
图 6-9　回字形(俯视图)

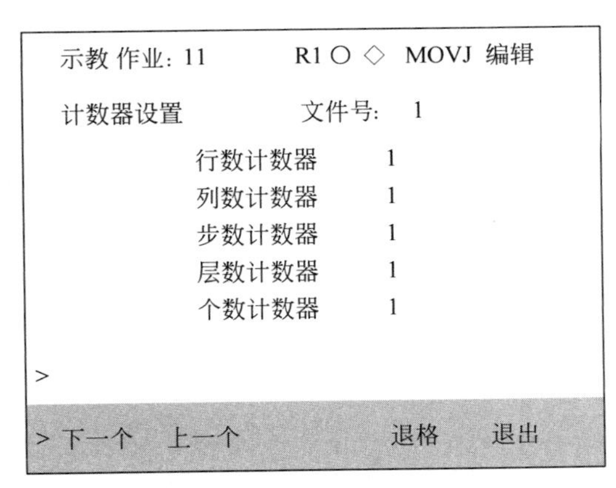

图 6-10　计数器设置

如果行数计数器、列计数器、步数计数器、层计数器、个数计数器都被置成 1,则码垛从头开始进行。如果行计数器、列计数器、步数计数器、层计数器、个数计数器被设置为某个数值,例如设置成 2,2,2,3,14,则下一次码垛根据垛型将从 2,2,2,3,14 进行码垛。这里注意：个数计数器是为了表示码垛了多少个工件(实际为个数计数器中的数－1),可以设置成用户想标示的数值,但是不要超过要码垛的总的个数。

不同文件号的计数器数值可以一起修改然后退出保存。默认值从上至下是 1、1、1、1、1,因为最初码垛时肯定是从第一行、第一列、第一层开始码垛的,默认设置 1、1、1、1、1 即可。如果输入小于默认数值,系统会自动修改为默认值。

2. 码垛指令

复杂码垛指令如表 6-1 所示。

表 6-1　复杂码垛指令汇总

指令	项目	内容	
PAL M	功能	码垛宏指令	
	格式	PAL M＜参数项＞	
	说明	参数项	码垛文件号：目前支持 8 种码垛文件
	举例	PAL M 01	
PAL C	功能	码垛计数复位指令	
	格式	PAL C＜参数项 1＞	
	说明	参数项 1	码垛文件号：目前支持 8 种码垛文件
	举例	PAL C 01	
PAL GP	功能	获取码垛位置点信息,存入相应的 P 变量中	
	格式	PAL GP ＜参数项 1＞＜参数项 2＞＜参数项 3＞	
	说明	参数项 1	含义：码垛文件号
		参数项 2	含义：位置变量号,码垛点
		参数项 3	含义：位置变量号,码垛上方最低高度点
		参数项 4	含义：位置变量号,码垛上方最高高度点
	举例	PAL GP 01 P1 P2 P3	

续表

指令	项目		内容
PAL CNT	功能	码垛计数指令	
	格式	PAL CNT＜参数项 1＞＜参数项 2＞＜参数项 3＞	
	说明	参数项 1	码垛文件号：目前支持 8 种码垛文件
		参数项 2	单层码垛结束输出 I/O 信号
		参数项 3	全部码垛完成输出 I/O 信号
	举例	PAL CNT 01 OT＃30 OT＃31	
PAL GF	功能	当前码垛形式获取到 I 变量中	
	格式	PAL GF ＜参数项 1＞＜参数项 2＞	
	说明	参数项 1	码垛文件号：目前支持 8 种码垛文件
		参数项 2	整型变量号(1 代表当前码垛为竖,2 代表当前码垛为横)
	举例	PAL GF 1 I1	
PACNTMP	功能	将码垛计数以及码垛完成标志映射于整型变量中	
	格式	PACNTMP＜参数项 1＞＜参数项 2＞＜参数项 3＞	
	说明	参数项 1	码垛文件号：目前支持 8 种码垛文件
		参数项 2	整型变量号,当前已经码垛的层数
		参数项 3	整型变量号,当前已经码垛的个数
	举例	PALCNTMP 1 I1 I2	
PAPROMP	功能	将产品示教长度以及实际产品长宽映射于实型变量中	
	格式	PAL CNT＜参数项 1＞＜参数项 2＞＜参数项 3＞＜参数项 4＞	
	说明	参数项 1	码垛文件号：目前支持 8 种码垛文件。
		参数项 2	实型变量号,示教产品长
		参数项 3	实型变量号,实际码垛产品长
		参数项 4	实型变量号,实际码垛产品宽
	举例	PALPROMP 1 R1 R2 R3	
PALETMP	功能	将托盘的长宽高映射于实型变量里	
	格式	PAL CNT＜参数项 1＞＜参数项 2＞＜参数项 3＞＜参数项 4＞	
	说明	参数项 1	码垛文件号：目前支持 8 种码垛文件。
		参数项 2	实型变量号,托盘长
		参数项 3	实型变量号,托盘宽
		参数项 4	实型变量号,托盘高
	举例	PALETMP 1 R1 R2 R3	

① PAL M 指令：执行 PAL M 指令时,若相应的内存数据中有数据变化则重新计算码垛点,并存入内存中；若没有变化,则不计算。PAL M 指令格式为 PAL M 01,参数项为文件号,计算时使用界面配置中相应的文件号下的数据。

② PAL C 指令：PAL C 为码垛计数复位指令,执行该指令时如为 PAL C 01,则将文件号 1 下的计数器全部复位。

③ PAL GP 指令：PAL GP 位置点获取指令,主要将存储在内存中的码垛点位读取出来,存入 P 变量中,实现码垛点的运动。PAL GP 指令格式为 PAL GP 01 P1 P2 P3,第一个参数为码垛文件号,与 PAL M 文件号相对应,即要取的数据的文件号对应下的数据存储区存储的数据,第二个参数指的是码垛点数据将要存入的位置变量号,第三个参数为码垛点上方的位置点数据将要存入的位置变量号,第四个参数为码垛点上方的最高高度位置点数据

将要存入的位置变量号，在需要运动时，直接使用这两个位置变量号即可。

④ PAL CNT 指令：PAL CNT 指令为计数指令，其后跟的参数为码垛文件号，从而指定了使用哪个文件号下的计数器，执行该指令时，计数加 1。执行码垛程序时，应检测相应码垛文件号下的计数器的设置是否为自己想要的位置，确保码垛的正确性。第二个参数为层完成信号的输出信号，第三个参数为个数完成的输出信号。

⑤ PAL GF 指令：PAL GF 指令是获取当前文件号下的码垛位置是竖还是横，并将形式号赋值到整型变量中。其中，1 代表当前码垛为竖，2 代表当前码垛为横。

⑥ PACNTMP 指令：将码垛计数映射到整型变量中，即参数 2 为当前完成的层数，参数 3 为当前完成的码垛个数。

⑦ PAPROMP 指令：将参数 1 代表的文件号中对应的示教产品长和实际码垛产品的长宽映射于实型变量中，参数 2～4 分别映射于示教产品的长，实际码垛产品的长以及实际码垛产品的宽。

⑧ PALETMP 指令：将托盘的长宽高映射于实型变量中，参数 2～4 分别对应于托盘的长宽高。

使用复杂码垛，必须用的几条指令分别为 PALC，PAL M，PAL GF，PAL GP，PAL CNT。最初码垛时想要在初始位置开始码垛，要先清一下计数器，避免计数器中有数值而影响码垛。执行 PAL M 指令后，才会有码垛数据，否则没有码垛数据，会导致执行运动后走的路径不对。接下来由 PAL GF 指令获取当前的码垛形式。然后由 PAL GP 指令将码垛点放置于 P 变量中，执行 MOVL P 即可实现码垛运动。最后由码垛计数指令 PAL CNT 在每次码垛完成后进行计数。其余的码垛指令根据需要可选择使用。

6.1.2　电气设计与安装

常用的电气元器件包括断路器、马达保护器、接触器、继电器、稳压电源。断路器又名空气开关，是一种只要电路中电流超过额定电流就会自动断开的开关。马达保护器的作用是给电机全面的保护控制，在电机出现过流、欠流、断相、堵转、短路、过压、欠压、漏电、三相不平衡、过热、接地、轴承磨损、定转子偏心、绕组老化时予以报警或保护控制。接触器广义上是指工业电中利用线圈流过电流产生磁场，使触头闭合，以达到控制负载的电器，通过低压的线圈控制高压的电机，从而控制外围设备运转。继电器是当输入量（激励量）的变化达到规定要求时，在电气输出电路中使被控量发生预定的阶跃变化的一种电器。稳压电源将输入的高压交流电源转变成低压的直流电源。

1. 线体 1 低压元器件选型示例

（1）线体 1 电机的供电电压：额定电压为交流 380V，额定功率为 370W。

选择断路器要考虑以下几点：①断路器额定电压≥线路额定电压；②断路器额定电流≥线路计算负荷电流；③断路器脱扣器额定电流≥线路计算负荷电流；④断路器极限通断能力≥线路中最大短路电流；⑤线路末端单相对地短路电流不小于 1.25 倍的自动开关瞬时（或短延时）脱扣整定电流；⑥断路器欠电压脱扣器额定电压等于线路额定电压。

根据电机实际工作电流选择变频器。电机实际工作电流是变频器选型最关键的因素，变频器在长时间工作必须满足变频器输出电流大于电机实际工作电流，通常先选择电机，再根据电机选择变频器。变频器选型时首先要熟悉工况，比如温度、湿度、海拔、粉尘等对变频器的影响，码垛工作站的工况良好，这些参数对变频器工作无明显影响，这里不做过多考虑。所以，根据电机电压以及电流参数选择三菱 380V、400W 变频器应用于码垛工作站，如图 6-11 所示。

●3相400V电源

E700变频器技术规格

型号 FR-E740-□K-CHT		0.4	0.75	1.5	2.2	3.7	5.5	7.5	11	15
适用电机容量(KW)*1		0.4	0.75	1.5	2.2	3.7	5.5	7.5	11	15
输出	额定容量(KVA)*2	1.2	2.0	3.0	4.6	7.2	9.1	13.0	17.5	23.0
	额定电流(A)*6	1.6 (1.4)	2.6 (2.2)	4.0 (3.8)	6.0 (5.4)	9.5 (8.7)	12	17	23	30
	过载能力*3	150% 60s、200% 3s（反时限特性）								
	电压*4	3相 380－480V								
电源	额定输入交流电压及频率	3相 380～480V 50Hz/60Hz								
	交流电压允许波动范围	325－528V 50Hz/60Hz								
	允许频率波动范围	±5%								
	电源容量(KVA)*5	1.5	2.5	4.5	5.5	9.5	12	17	20	28
防护等级(JEM1030)		IP20								
冷却方式		自冷		强制风冷						
大约重量(kg)		1.4	1.4	1.9	1.9	1.9	3.2	3.2	5.9	5.9

图 6-11 变频器技术规格图

（2）传感器选型。

检测元件选型规则要求：①按照 PLC 控制器类型选择 PNP、NPN 型，或常开常闭干接点型；②接线方式(二线制、三线制)；③供电类型及功率；④出线方式(直接出线或预制插头型)。

NPN 型与 PNP 型的区别：NPN 型输入(输出)是指负电压输出的是低电平 0，有信号触发时，信号输出线 out 和 0V 线连接，相当于输出低电平；PNP 型输入(输出)是指正电压，输出是高电平 1，有信号触发时，信号输出线 out 和电源线 V_{CC} 连接，相当于输出高电平的电源线，如图 6-12 所示。

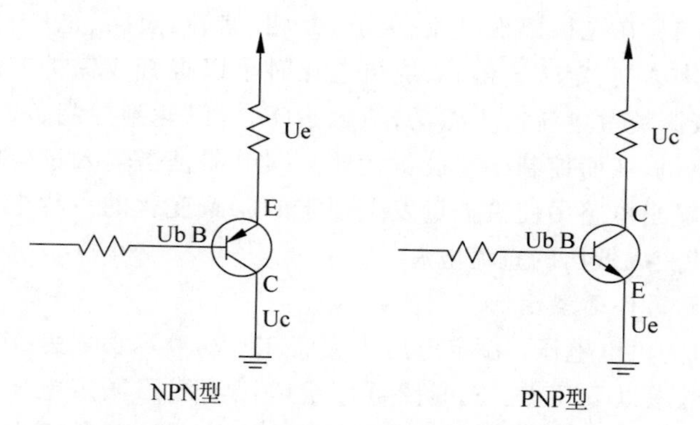

图 6-12 NPN 型与 PNP 型的原理图

码垛工作站采用 CODESYS 软 PLC，需采用 PNP 型传感器接至 PLC 输入模块，传感器采用三线制直出线式接线方式，如图 6-13 所示。

（3）磁性开关选型。

SMC 磁性开关又叫磁控管，它同霍尔元件差不多，但原理性质不同，是利用磁场信号进

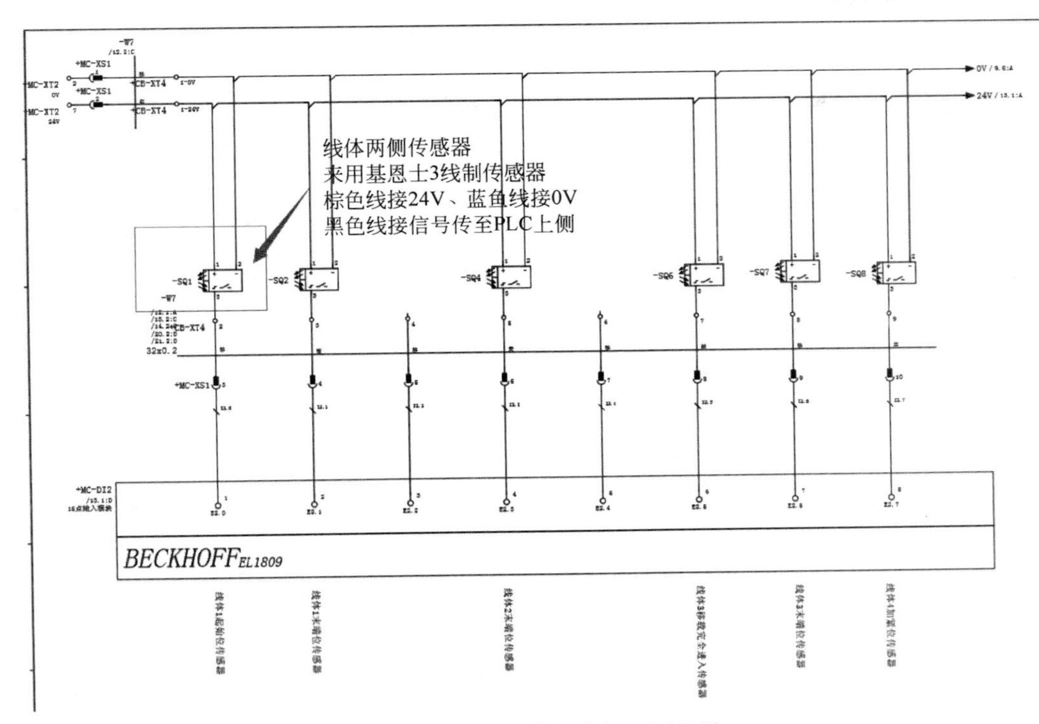

图 6-13 基恩士传感器接线原理图

行控制的一种开关元件，无磁断开，可以用来检测电路或机械运动的状态，在项目中通常用于检测气缸执行机构运动状态。

码垛工作站项目应用 CODESYS 软 PLC 属于德系产品，应选用 PNP 型检测元件，磁性开关安装于气缸执行机构侧面用于检测执行机构运动状态，应选取纵方向安装，三线制分别为棕色接 24V、蓝色接 0V、黑色信号线接至 PLC 输入点用于监控气缸位置状态，所以选择 D-M9PV 磁性开关应用于码垛工作站。

2. 电气图纸设计

电气图纸设计按照如表 6-2 所示图纸结构进行设计，设计顺序依次是 D 动力及控制回路图→E 输入模块原理图→F 输出模块原理图→B 网络及系统互联图→C 箱柜布局图→H 外设原理图→J 安全元件接线图→K 元器件及电缆接线图→A 报表。

表 6-2 图纸结构表

图纸结构			
A	报表	A1	封面
		A2	目录 1
		A3	目录 2
		A4	目录 3
		A5	元器件明细表 1
B	网络及系统互联图	B1	系统互联图
		B2	网络互联图

续表

C	箱柜布局图	C1	电控柜外形图
		C2	电控柜柜内布局图
		C3	电控柜柜内元件明细表
		C4	电控柜柜内端子明细表
		C11	按钮盒 1 布局图
		C12	按钮盒 1 元件明细表
			按钮盒 1 端子明细表
		C21	按钮盒 1 布局图
		C22	按钮盒 1 元件明细表
			按钮盒 1 端子明细表
D	动力及控制回路图	D1～D9	交流主配电回路原理图
		D11～D19	伺服控制系统接线原理图
		D21～D29	变频控制系统接线原理图
		D31～D39	工频电机回路接线原理图
		D40	直流控制电源回路接线原理图
		D41	直流控制电源分配原理图
		D50	PLC、触摸屏接线原理图
		D51	交换机模块供电配置原理图
		D52	远程站模块供电配置原理图
		D53～D59	其他控制模块供电配置原理图
		D61～69	安全回路原理图
E	输入模块原理图	E1	PLC 输入信号 I0.0～I0.7
		E2	PLC 输入信号 I1.0～I1.7
F	输出模块原理图	F1	PLC 输出信号 Q0.0～Q0.7
		F2	PLC 输出信号 Q1.0～Q1.7
H	外设原理图	H1	外部设备原理图 1
		H2	外部设备原理图 2
J	安全元件接线图	J1	安全门锁接线图
		J2	光栅接线图
K	元器件及电缆接线图	K1	电缆图表 1
		K2	电缆图表 2

3. 动力及控制回路设计

动力回路设计规则要求：①供电类型及功率；②按功率或电流选择断路器(C 型、D 型)、接触器、马达保护器等；③总功率估算(按照同时运行的最多设备计算)；④结合控制回路供电计算总功率或电流。D2 交流配电回路 1 如图 6-14 所示，D2 交流配电回路 1 如图 6-15 所示。

4. 倍福 I/O 模块组态及各模块接线图

如图 6-16 所示，EK11OO 模块为通信接口，上下共计两个通信口，在码垛工作站中分别连接 EL1809 输入模块以及新松机器人实现 Ethercat 通信；倍福 EL1809 输入模块共计 16 点输入，码垛工作站输入 I/O 点均接至 EL1809；倍福 EL2809 输出模块共计 16 点输出，码垛工作站输出 I/O 点均接至 EL2809。图 6-17～图 6-23 分别为倍福 EL1809 及 EL2809

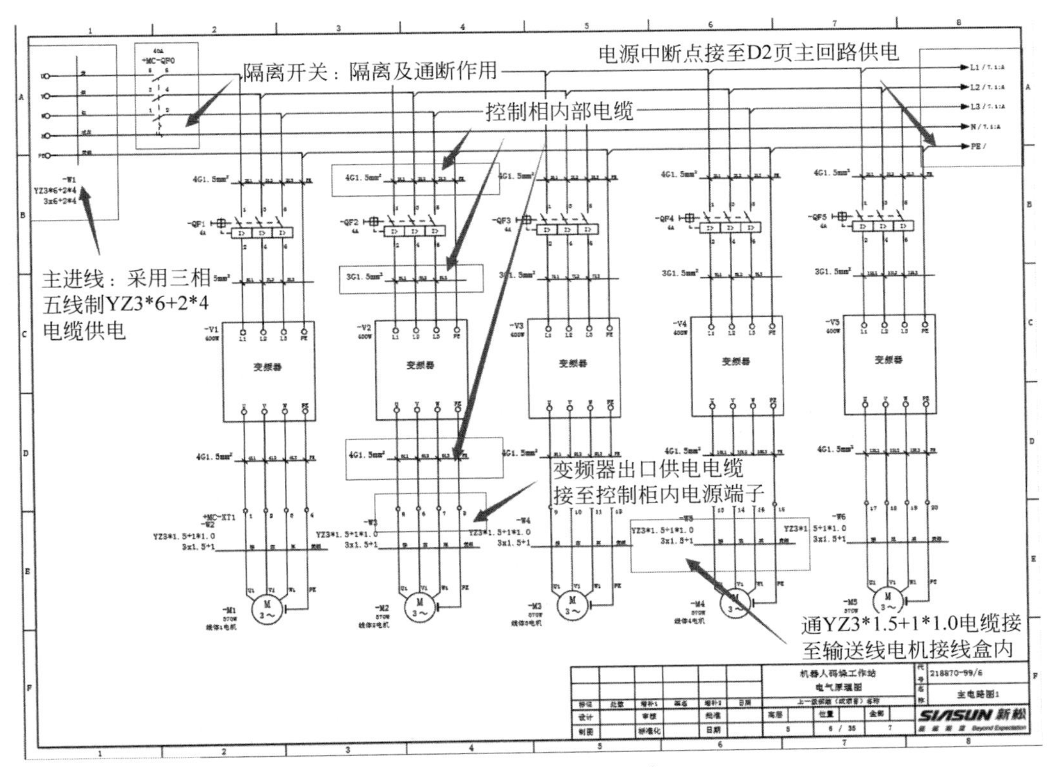

图 6-14　D2 交流配电回路 1

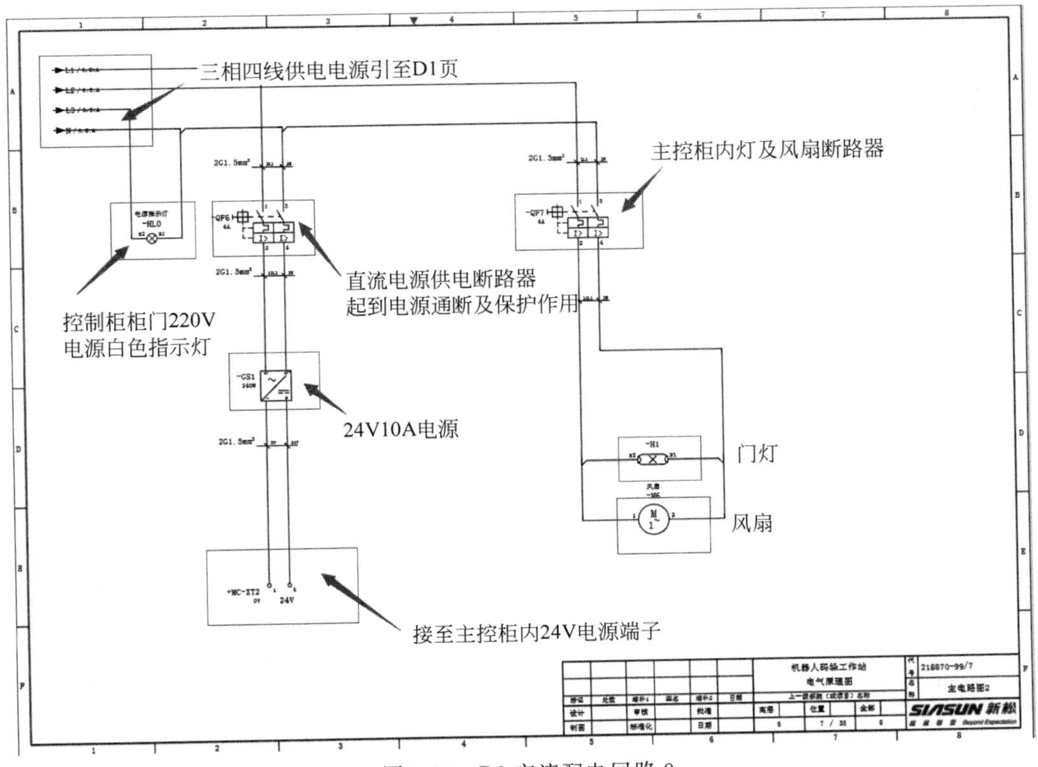

图 6-15　D2 交流配电回路 2

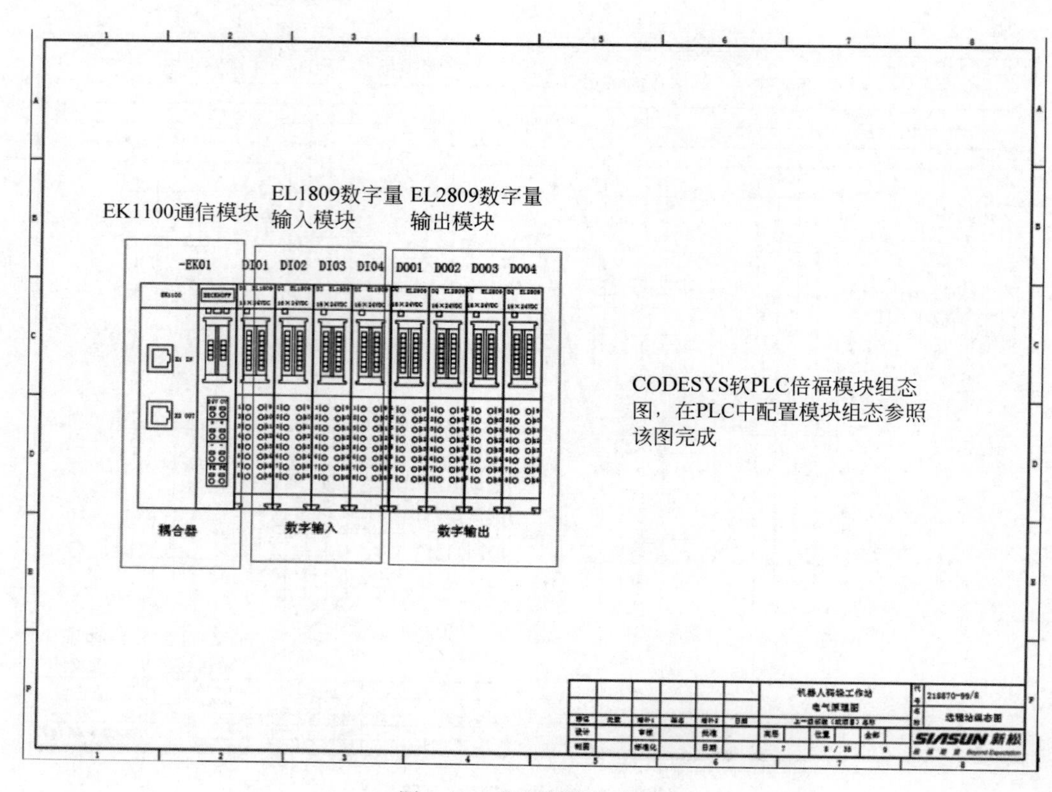

图 6-16　倍福模块组态图

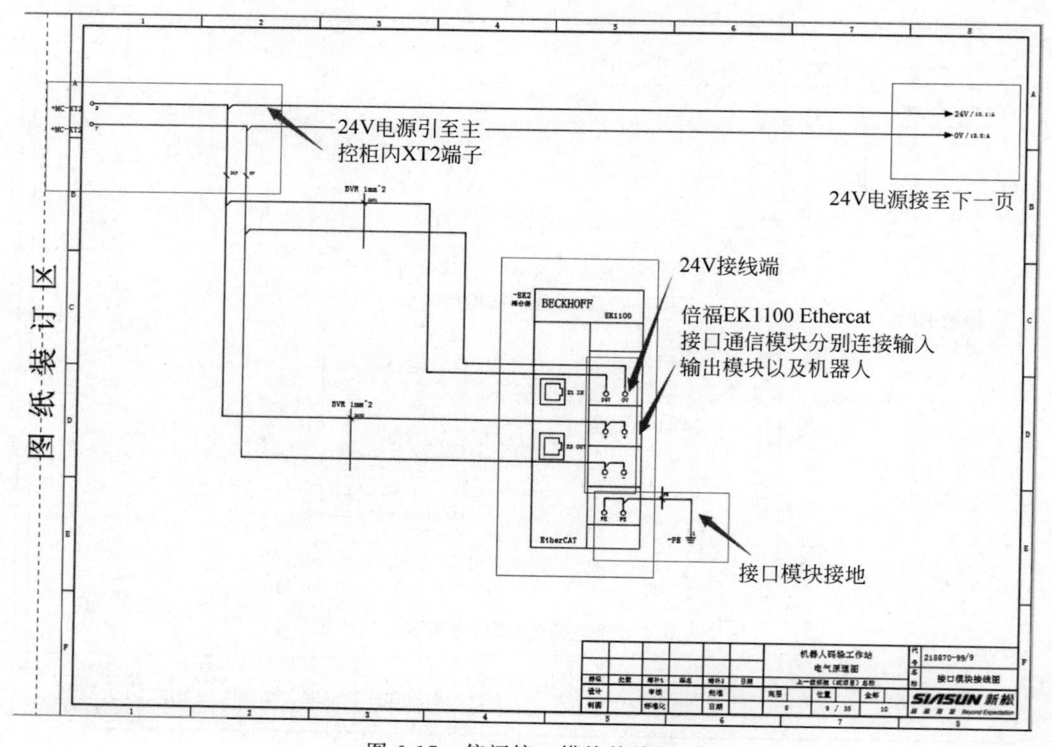

图 6-17　倍福接口模块接线图

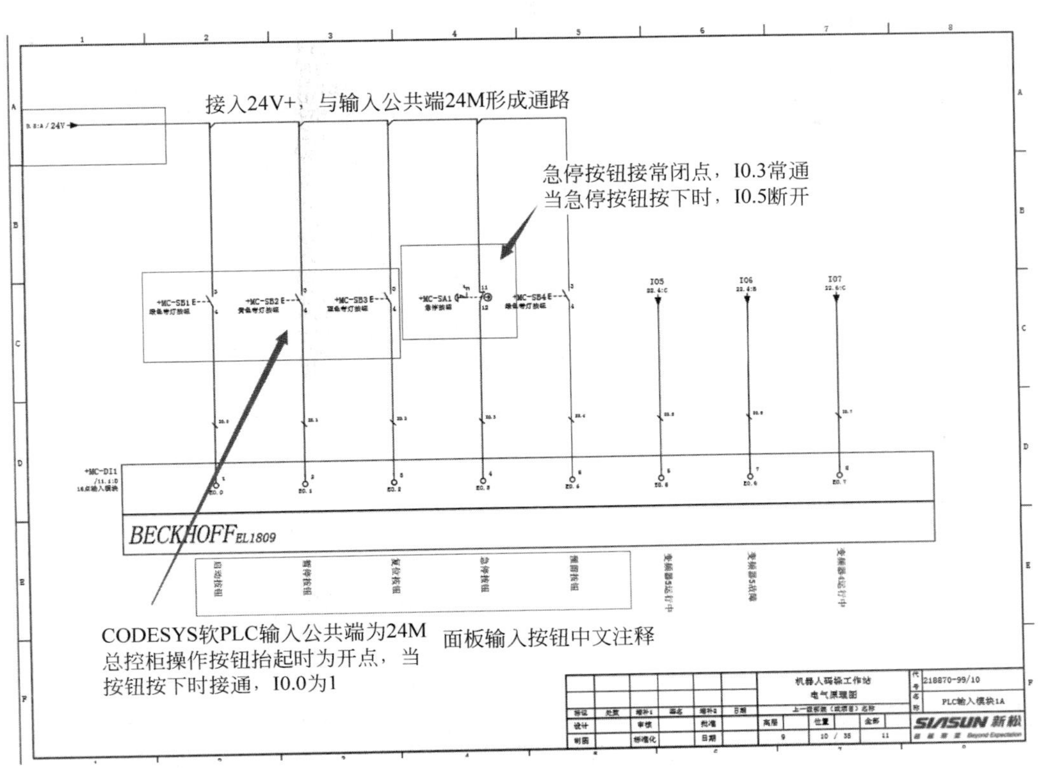

图 6-18　PLC 输入/模块接线图 1A

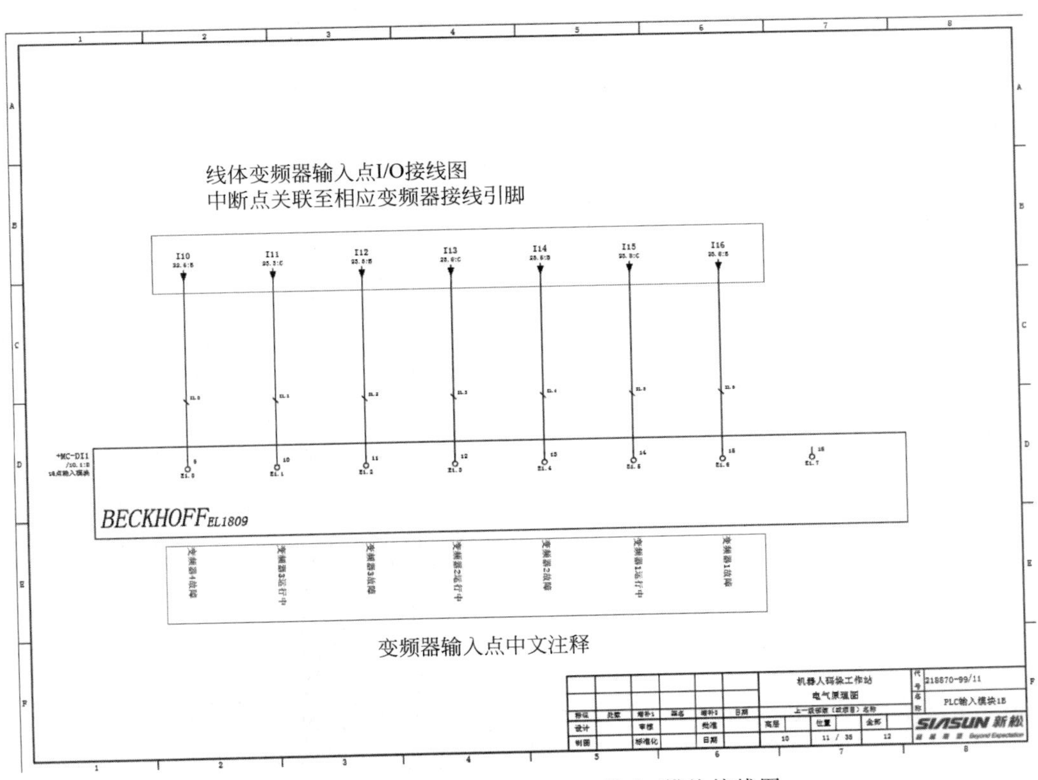

图 6-19　线体变频器接入 PLC 输入/模块接线图

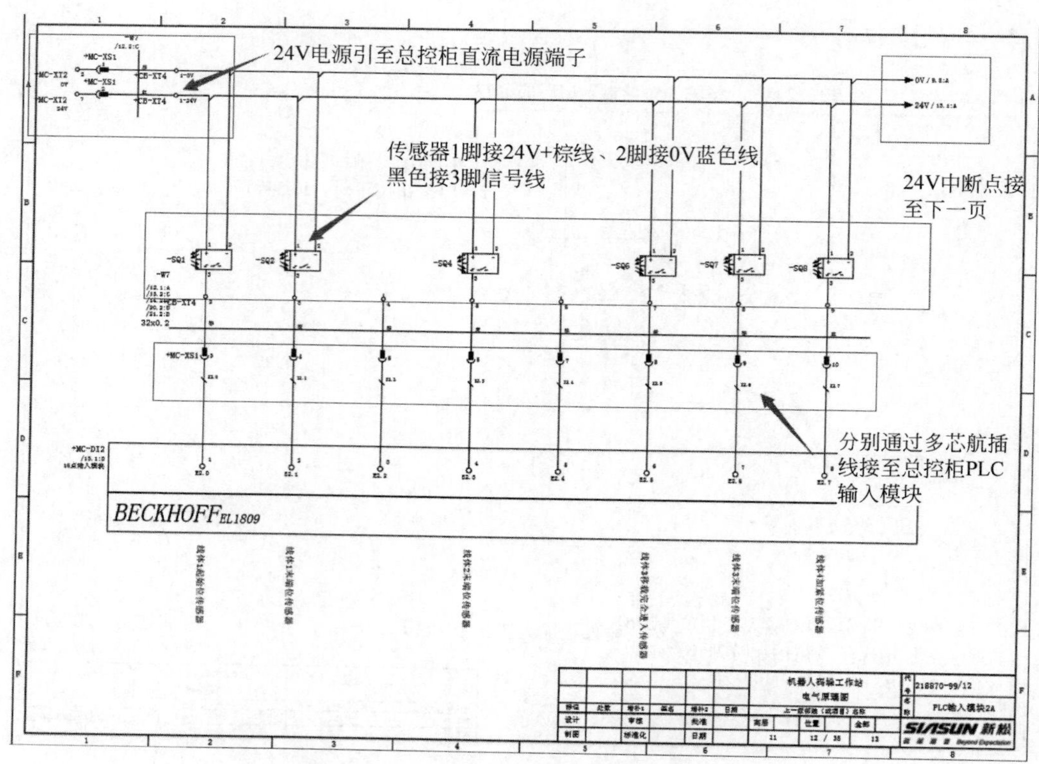

图 6-20 传感器接入 PLC 输入模块接线图

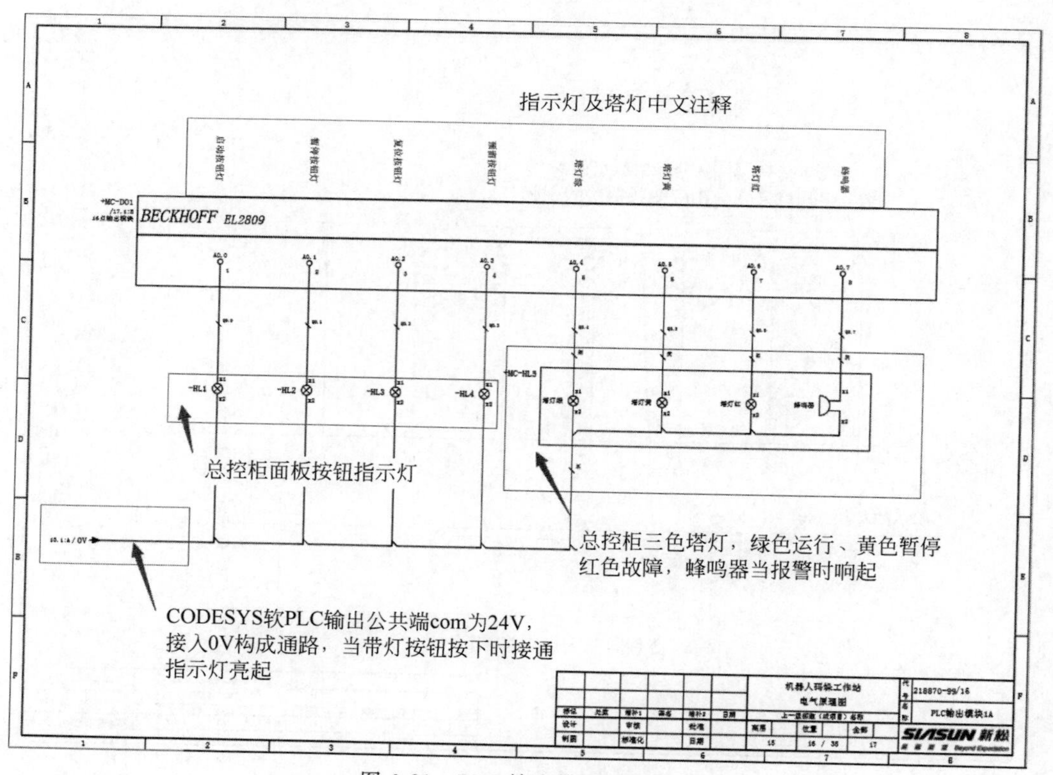

图 6-21 PLC 输出模块接线图

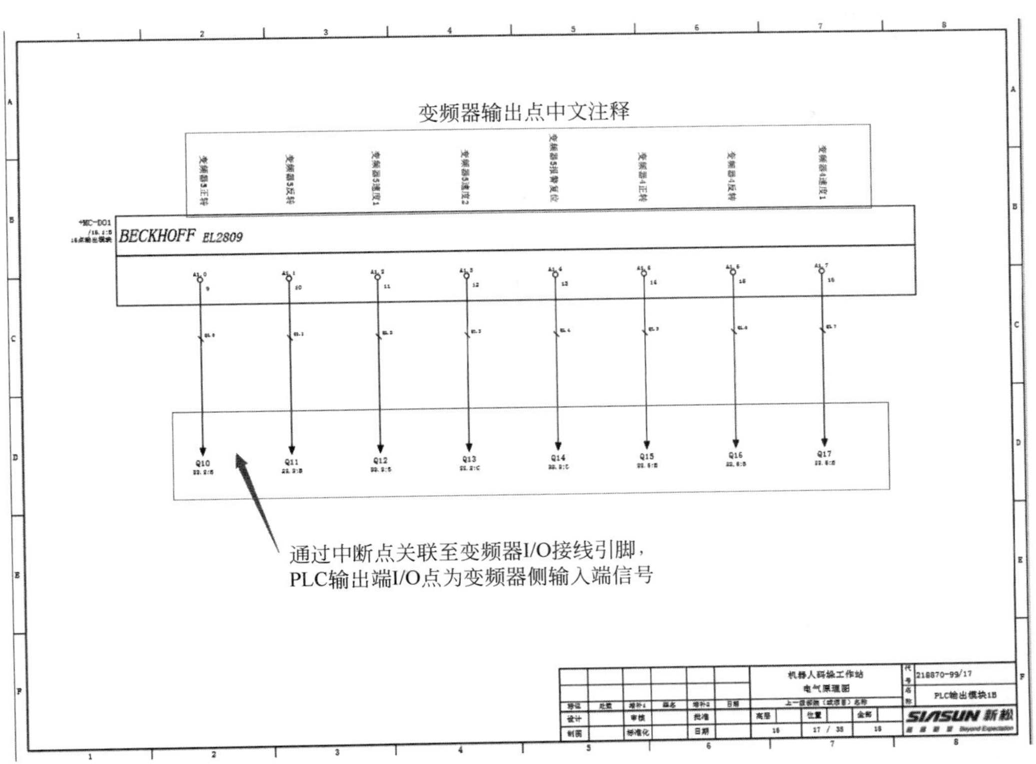

图 6-22　PLC 输出模块输入变频器端接线图

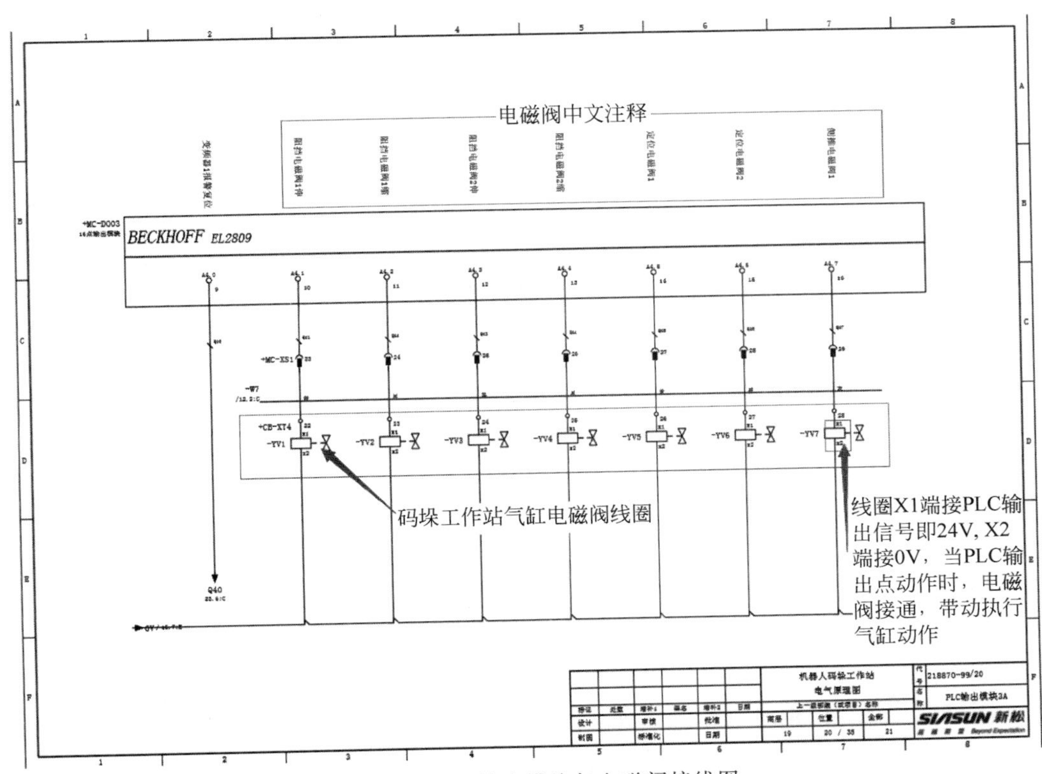

图 6-23　PLC 输出模块与电磁阀接线图

输入/输出模块接线图，码垛工作站典型电气输入元件有传感器、磁性开关，典型输出元件电磁阀；传感器、磁性开关以及变频器反馈点接至 EL1809 输入模块，电磁阀和变频器正转、反转等控制点接至 EL2809 输出模块。输入/输出模块接线图及具体电气设计注意事项参照输入/输出模块 I/O 接线图。

5. 码垛工作站系统互联图及控制柜布局

如图 6-24 所示，码垛工作站系统现场设备电源均引至总控柜，输送线电机电源线线径、电压等级、电机功率、电流等相关信息通过电源互联线电缆在图中呈现；码垛工作站控制柜及机器人控制柜总进线电源引至校方配电箱。

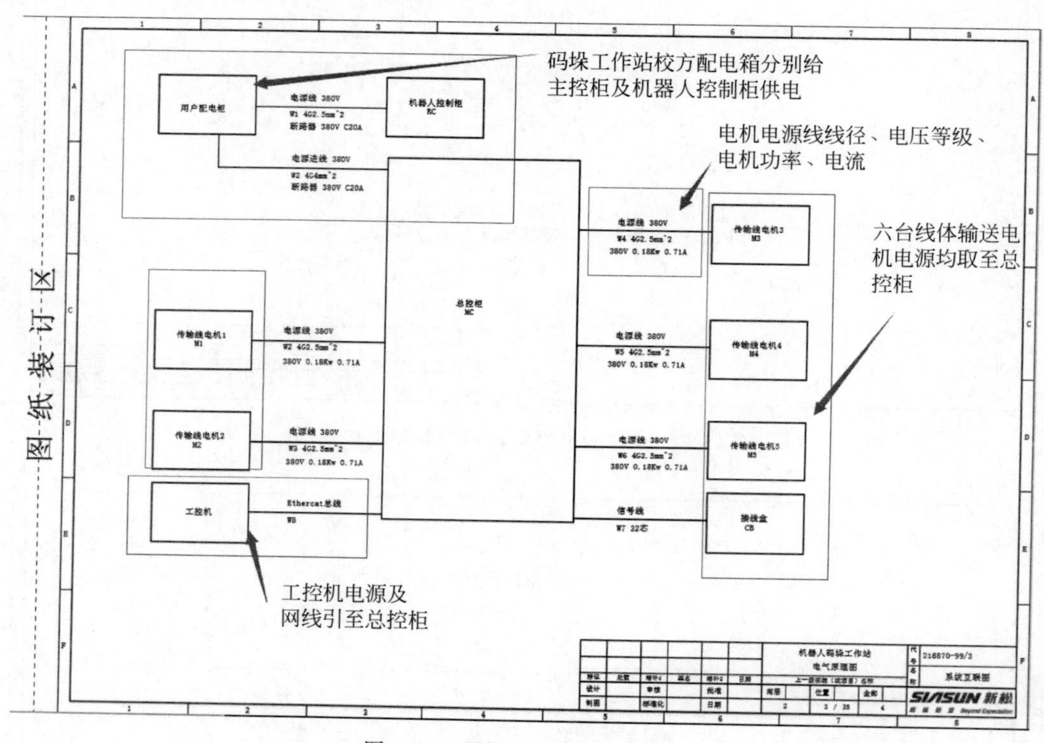

图 6-24　码垛工作站系统互联

如图 6-25 所示，塔灯安装至控制柜顶部，当码垛工作站系统运行时绿灯常亮，当系统暂停时黄灯常亮，当系统故障时红灯常亮；控制柜面板分别安装有启动、停止、暂停及手自动转换开关等按钮，具体布局、作用及按钮厂家型号信息见图 6-26。变频器接线图如图 6-27 所示，电缆接线图如图 6-28 所示。

电气安装接线要求如下。

(1) 接线前准备：在电气正式接线之前，应该熟悉电气图纸，熟悉整个工作单元。整个工作单元包括机器人、机器人的工作区域、所有外部设备以及需要与机器人产生关系的其他工作单元。了解可控制机器人运动的开关、传感器以及控制信号的位置。保证切断压缩空气源，解除空气压力。保证电气控制柜电源处于切断状态。

(2) 接线说明：根据电气原理图明细表领取电气装配的所有组件（包括电控柜），电工按照布局图纸，进行电气组件的固定安装，在固定电气组件前，经设计者确定组件安装位置

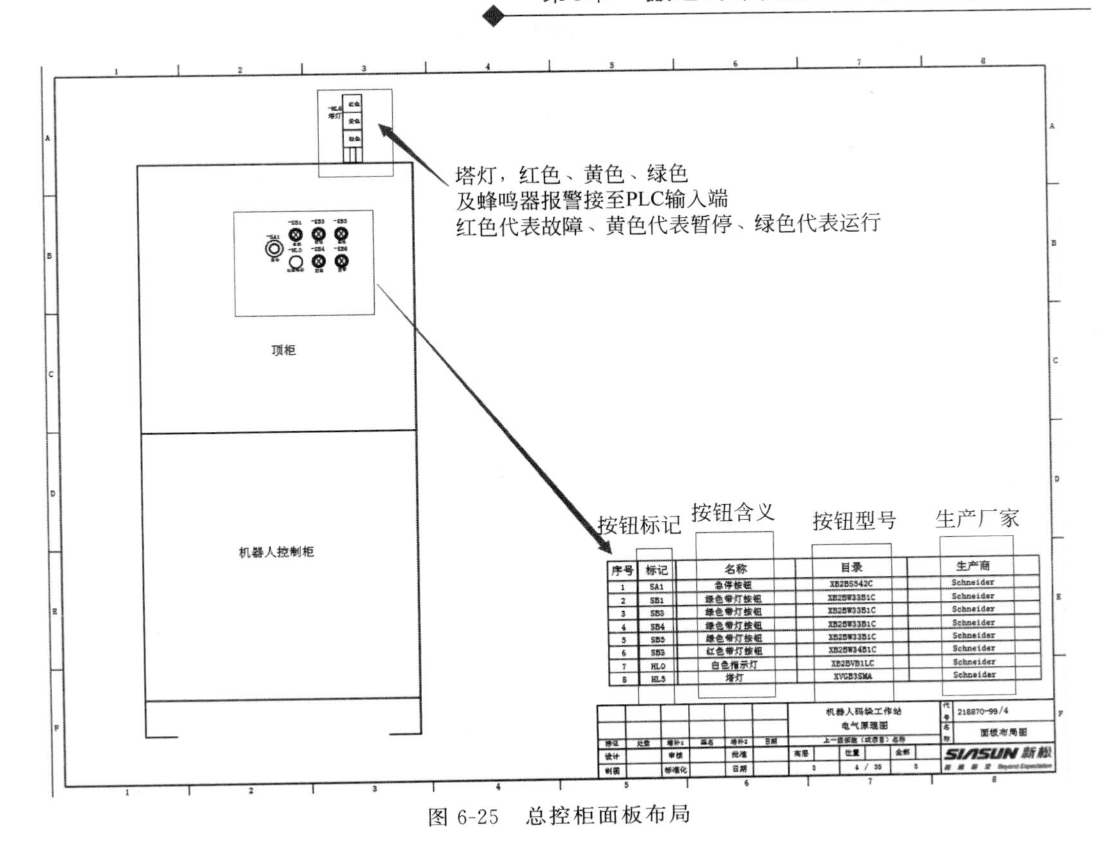

序号	标记	名称	目录	生产商
1	SA1	急停按钮	XB2BS542C	Schneider
2	SB1	绿色带灯按钮	XB2BW33B1C	Schneider
3	SB3	绿色带灯按钮	XB2BW33B1C	Schneider
4	SB4	绿色带灯按钮	XB2BW33B1C	Schneider
5	SB5	绿色带灯按钮	XB2BW33B1C	Schneider
6	SB3	红色带灯按钮	XB2BW34B1C	Schneider
7	HL0	白色指示灯	XB2BVB1LC	Schneider
8	HL5	塔灯	XVGB3SMA	Schneider

图 6-25　总控柜面板布局

变频器
断路器
直流电源
接线端子
倍福模块
电源进线端子
背面
正面

柜内元器件清单

序号	标记	名称	目录	生产商
1	V1	变频器	E740-0.4	MITSUBISHI
2	V2	变频器	E740-0.4	MITSUBISHI
3	V3	变频器	E740-0.4	MITSUBISHI
4	V4	变频器	E740-0.4	MITSUBISHI
5	V5	变频器	E740-0.4	MITSUBISHI
6	XT1	端子	ZDU2.5	Weidmüller
7	XT2	端子	ZDU2.5	Weidmüller
8	QF1	断路器	OSMC65H3D4	Schneider
9	QF2	断路器	OSMC65H3D4	Schneider
10	QF3	断路器	OSMC65H3D4	Schneider
11	QF4	断路器	OSMC65H3D4	Schneider
12	QF5	断路器	OSMC65H3D4	Schneider
13	QF6	断路器	OSMC65H2D6	Schneider
14	QF7	断路器	OSMC65H2D6	Schneider
15	GS1	直流电源	PRO ECO 240W 24V	Weidmüller
16	EK01	COUPLER	BECK.EK1100	BECKHOFF
17	DI01	EL1809	BECK.EL1809	BECKHOFF
18	DI02	EL1809	BECK.EL1809	BECKHOFF
19	DI03	EL1809	BECK.EL1809	BECKHOFF
20	DI04	EL1809	BECK.EL1809	BECKHOFF
21	DO01	EL2809	BECK.EL2809	BECKHOFF
22	DO02	EL2809	BECK.EL2809	BECKHOFF
23	DO03	EL2809	BECK.EL2809	BECKHOFF
24	DO04	EL2809	BECK.EL2809	BECKHOFF
25	XT3	传感器端子	ZIA1.5/3L-1S	Weidmüller

机器人码垛工作站
电气原理图
218870-99/5
安装板布局图
SIASUN 新松

图 6-26　总控柜安装板布局

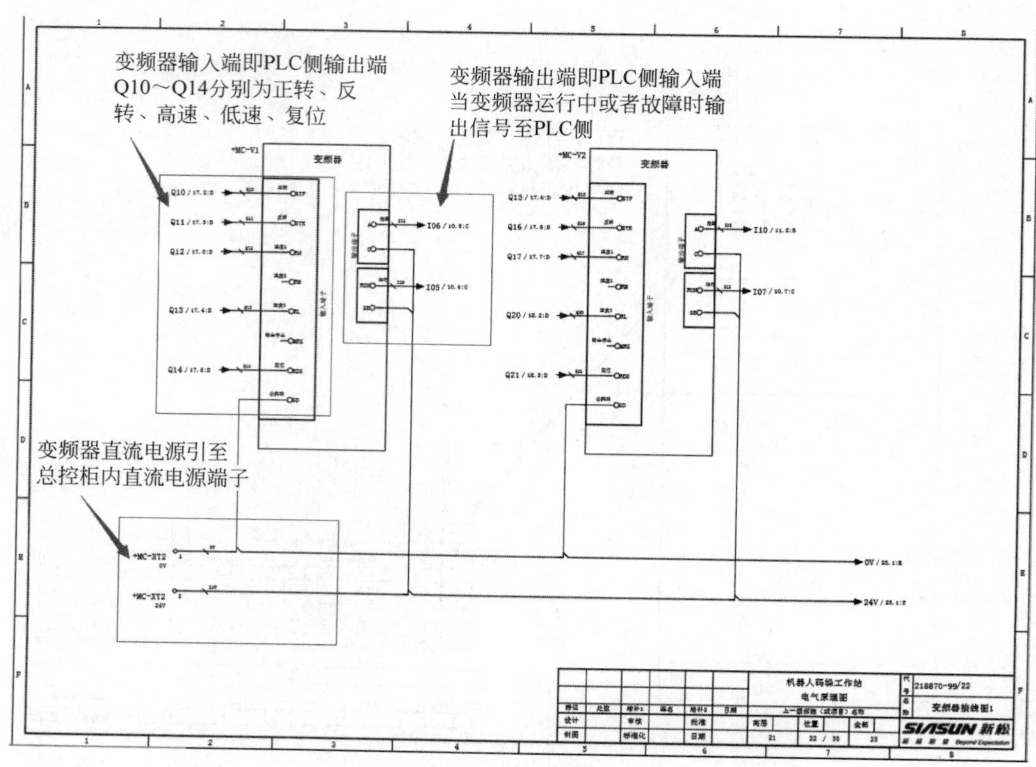

图 6-27　变频器接线

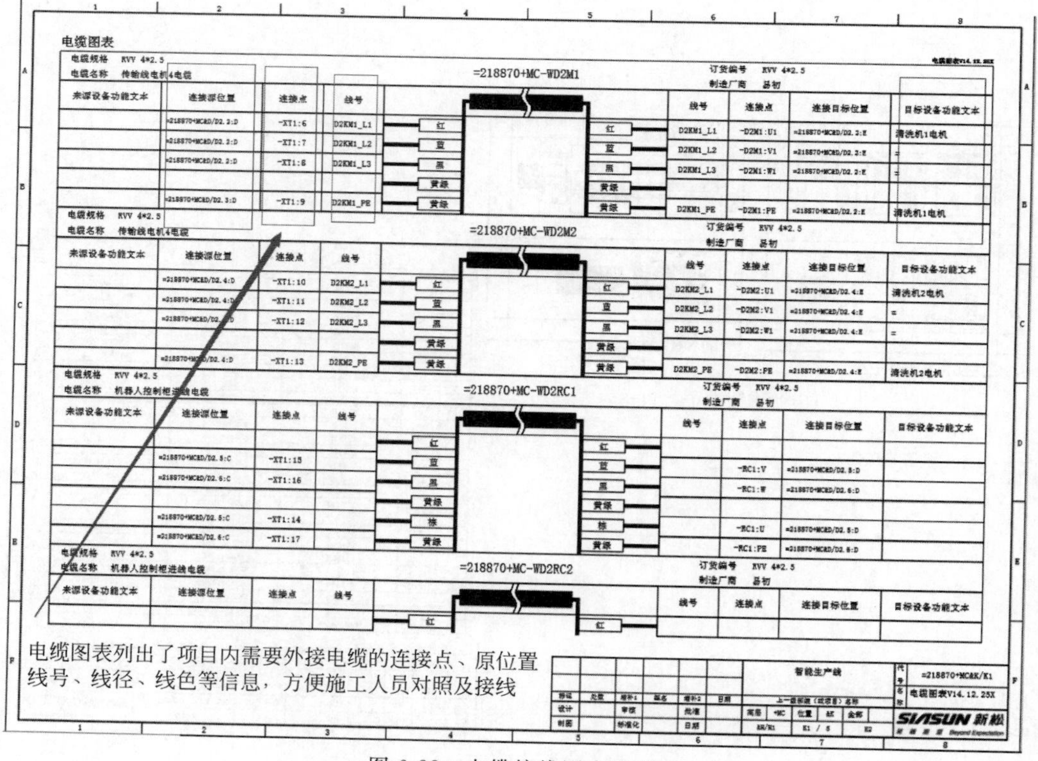

图 6-28　电缆接线图表示例

无误后方可允许继续安装。配线工按照工艺接线表和电气图纸进行配线，工艺上有特殊要求的产品，设计者需在图纸中注明或附图纸后面，以保证产品的一致性。电装检验员检验后，设计者也必须严格按照电气图纸查线，确保配线与电气图纸一致，发现有不一致处，立即通知配线人员整改，并告知相关负责人。上电过程，将电气控制柜内所有断路器开关断开，接通外部电源，用电压表测量空气开关进线端电压，检查电压是否缺相及电压幅值。确认电源进线无误后，合上电控柜总的空气开关，然后依次逐个接通断路器，每接通一路断路器，经核实无误后，再接通下一路断路器。所有断路器接通完毕，确认动力回路无误后，逐项测试控制电路。

6.1.3　机械安装

工业机器人系统集成首先要有机械安装设计，具体内容详见3.2.2节。

6.2　搬运码垛机器人工作站的作业

6.2.1　搬运码垛机器人工作站的作业操作流程

1. 开机流程

开机流程如表6-3所示。

表6-3　开机流程

序号	操作步骤	功能说明
1	配电柜上电	将配电柜内PLC控制柜、机器人电气控制柜断路器抬起，电气控制柜负荷开关打开
2	主控柜工控机开机	等待工控机开机完成后操作界面会自动跳出，在此期间不要对工控机进行任何操作
3	报警信息处理	若主控柜红色塔灯亮起说明有报警信息需要处理，在报警界面单击“复位”按钮，若报警信息依然存在则根据具体报警信息做具体处理
4	设备启动	在工控机输送线界面中按下“自动”按钮，PLC控制柜面板上按下“启动”按钮，输送线上设备按照相应条件依次启动

2. 关机流程

关机流程说明如表6-4所示。

表6-4　关机流程表

序号	步骤	说明
1	停止设备	在工控机输送线界面中抬起“自动”按钮，PLC控制柜面板上按下“暂停”按钮，输送线上设备按照相应条件依次停止
2	主控柜工控机关机	因工控机显示器此时显示设备操作界面，可以直接按下工控机开关机按钮将其关机。也可按下Alt+F4组合键退出控制界面，然后用鼠标进行关机
3	等待工控机关机完毕	
4	配电柜下电	分别将PLC控制柜、机器人电气控制柜负荷开关关闭，配电柜内断路器关闭

3. 机器人人机交互系统界面介绍

机器人人机交互系统如图 6-29 所示。

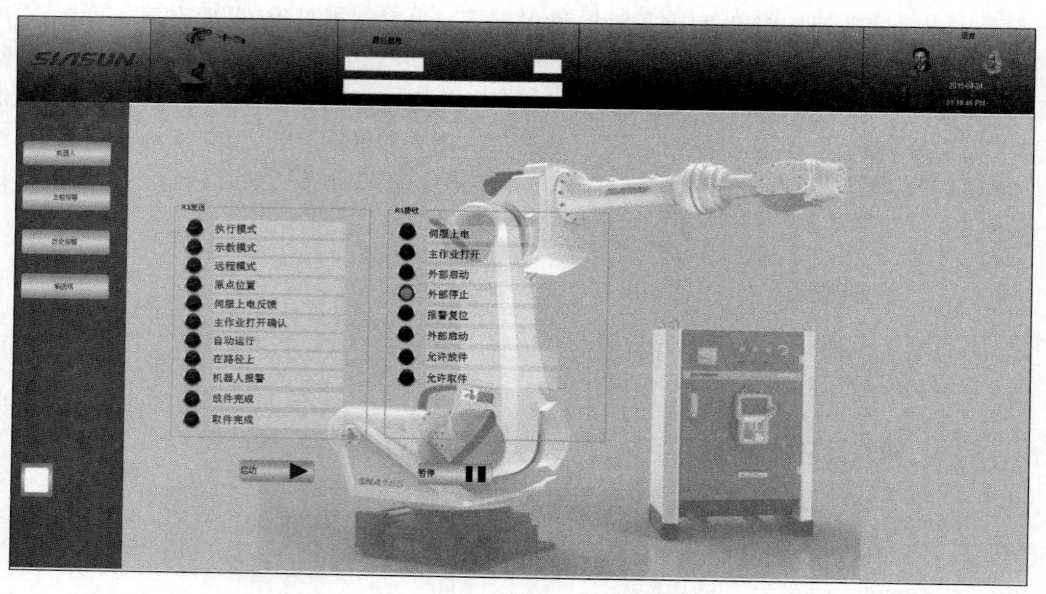

图 6-29　机器人人机交互系统界面

功能介绍：机器人人机交互界面包括机器人系统的输入/输出信号监视、机器人与上位机交互的输入/输出信号监视、机器人启停控制等功能。

机器人系统输入/输出信号窗口：机器人系统输出信号包括执行模式、示教模式、原点位置等显示机器人系统当前状态的信号；机器人系统输入信号包括伺服上电、外部启动、外部暂停等上位机对机器人系统的控制信号。

机器人的启停控制：复位机器人相关报警(包括机器人系统报警，以及急停按钮等与机器人相关的报警)，将机器人在示教模式下开回原点，将示教盒上的模式选择钥匙开关切换到远程模式，机器人在自动打开主作业后进行伺服上电，随后进入自动运行状态(机器人界面的"自动运行"指示灯亮起，示教盒上的启动按钮指示灯亮起)。

当前报警功能：用来显示系统当前正在发生的报警的信息以及编号。

历史报警功能：用来显示系统历史发生的报警的信息以及编号。

输送线界面功能：输送线界面包括五条输送线的变频器正转、反转的手动控制，变频器故障复位、变频器的高速、低速、运行、报警等状态信息的信号监控，输送线所有传感器状态的监控，输送线上所有气缸的手动控制、气缸状态磁性开关信号监控等功能。

气缸伸缩按钮：系统在手动状态下，当气缸状态为缩回到位状态时(指示灯亮起)，按下气缸"伸出"按钮，气缸动作至伸出状态，同时伸出到位，指示灯亮起。相反，当气缸状态为伸出到位状态时(指示灯亮起)，按下气缸"缩回"按钮，气缸动作至缩回状态，同时缩回到位指示灯亮起。

变频器正反转按钮：系统在手动状态下，按下变频器正转按钮，对应输送线按照生产工件运行；按下变频器反转按钮，对应输送线按照生产工件反方向运行。

变频器复位按钮：当变频器报警时，记录下变频器上故障代码，按下"复位"按钮，变频器故障消除。

自动按钮：搬运码垛生产线自动运行前按下“自动”按钮，停止前再次按下“自动”按钮，系统停止。

6.2.2 机器人示教作业基础

在2.2.3节介绍了机器人示教编程器的基本说明，下面详细阐述其示教作业。

1. 机器人示教前准备

出于安全考虑，在示教前，先执行以下操作：

(1) 钥匙开关选择本地。将控制柜上的钥匙开关选择到本地，防止操作过程中外围信号的输入，引起机器人在操作者不知道的情况下进行误动作。按示教盒“模式”键，选择示教模式，示教盒上状态行显示示教。

(2) 确认急停键是否可以正常工作。急停是操作机器人时的重要安全保证。当伺服驱动单元上动力电后，按下急停(控制柜或示教盒)后，伺服驱动单元应该立刻下动力电，并且接触器动作断开，再次上电均正常。操作说明如表6-5所示。

表6-5 急停操作说明

序号	操作步骤	说明
1	按示教盒上的“上电”按钮	给伺服驱动器上电，上电状态图标变为●
2	按控制柜急停或示教盒急停	伺服驱动器下电，图标变为○
3	再按控制柜上的“上电”按钮	伺服驱动器能再次上电

(3) 设立示教锁。在示教锁状态，工作模式只能是示教，不能尝试切换到执行模式。在示教前，用户应该设立示教锁。示教完成后，切换到执行模式前，需要解除示教锁，否则不能切换模式。

设置示教锁步骤：路径为主菜单至功能至设置至(翻页)示教锁。显示界面的左上角提示进入示教锁定状态，此时不能切换到执行模式，如图6-30所示。

解除示教锁步骤：路径为主菜单至功能至设置至(翻页)示教锁。显示界面的左上角提示示教锁定解除，此时可以切换到执行模式，如图6-30所示。

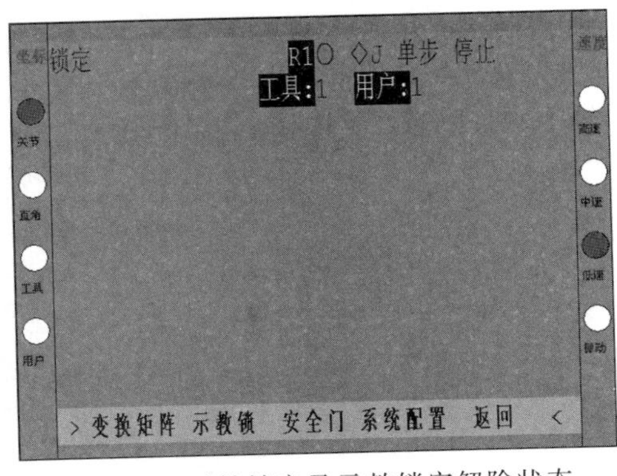

图6-30 示教锁定及示教锁定解除状态

(4) 手动速度选择。机器人默认的运动速度为低速。按下示教盒上的“速度＋”键，每按一次该键，机器人运动的速度按如图6-31所示进行顺序切换。

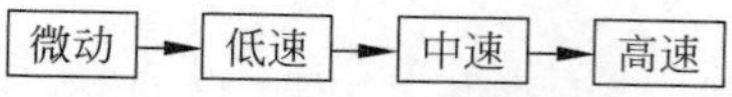

微动 → 低速 → 中速 → 高速

图 6-31　速度切换

按下示教盒上的“速度－”键，每按一次该键，机器人运动的速度按面图 6-31 的顺序反向切换。注意：切换至高速后再按“速度＋”键速度不再更改，切换至微动后再按“速度－”键速度也不再更改。当示教中的手动速度选项为 off 时，所设定的手动速度，除了示教时按轴操作键有效以外，正向运动/反向运动操作时也有效。

2. 运动指令

通常运动指令记录了位置数据、运动类型和运动速度。如果在示教期间，不设定运动类型和运动速度，则默认使用上一次的设定值。

位置数据记录的是机器人当前的位置信息，记录运动指令的同时，记录位置信息。

运动类型指定了在执行时示教点之间的运动轨迹。机器人一般支持 3 种运动类型：关节运动(MOVJ)、直线运动(MOVL)、圆弧运动(MOVC)。

运动速度指机器人以何种速度执行在示教点之间的运动。

(1) 关节运动类型：当机器人不需要以指定路径运动到当前示教点时，采用关节运动类型。关节运动类型对应的运动指令为 MOVJ。一般来说，为安全起见，程序起始点使用关节运动类型。

关节运动类型的特点是速度最快、路径不可知，因此，一般此运动类型运用在空间点上，并且在自动运行程序之前，必须低速检查一遍，观察机器人实际运动轨迹是否与周围设备有干涉。

(2) 直线运动类型：当机器人需要通过直线路径运动到当前示教点时，采用直线运动类型。直线运动类型对应的运动指令为 MOVL。直线运动的起始点是前一运动指令的示教点，结束点是当前指令的示教点。对于直线运动，在运动过程中，机器人运动控制点走直线，夹具姿态自动改变如图 6-32 所示。

(3) 圆弧运动类型：当机器人需要以圆弧路径运动到当前示教点时，采用圆弧运动类型。圆弧运动类型对应的运动指令为 MOVC。

单个圆弧：三点确定唯一圆弧，因此，圆弧运动时，需要示教三个圆弧运动点，即 P1～P3，如图 6-33 所示。无论示教点 P0 为关节或直线运动，在开始圆弧运动前，机器人都以直线运动从 P0 点运动到 P1 点，P1 点为圆弧起始点，如图 6-33 所示。点、运动类型与指令关系如表 6-6 所示。

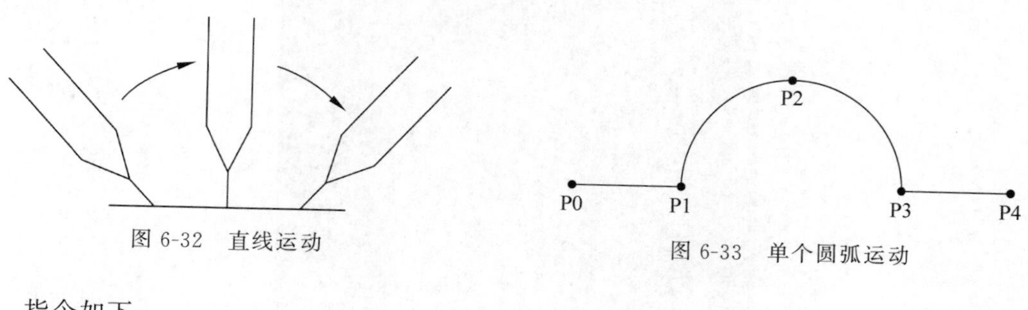

图 6-32　直线运动

图 6-33　单个圆弧运动

指令如下：

NOP

MOVJ　VJ＝10　———— P0

MOVJ　VJ＝10　———— P1(与圆弧运动起始点相同位置的示教点)

```
MOVC  VC=100        ———————— P1
MOVC  VC=100        ———————— P2
MOVC  VC=100        ———————— P3
MOVJ  VJ=10         ———————— P3
MOVJ  VJ=10         ———————— P4
END
```

表 6-6 单个圆弧的点、运动类型与指令关系

点	运动类型	指令
P0	关节或直线	MOVJ 或 MOVL
P1～P3	圆弧	MOVC
P4	关节或直线	MOVJ 或 MOVL

注：为了有利于圆弧运动的规划，通常在圆弧运动前后添加相同的示教点。如不添加相同示教点 P1，则 P0 以直线运动形式运动到 P1。

连续多个圆弧的运动：连续多个圆弧运动时，两段圆弧运动必须由一个关节或直线运动点隔开，且第一段圆弧的终点和第二段圆弧的起点重合。当有连续多条 MOVC 指令时，机器人运行轨迹由三个连续的示教位置点进行规划获得，如图 6-34 所示。点、运动类型与指令关系如表 6-7 所示。

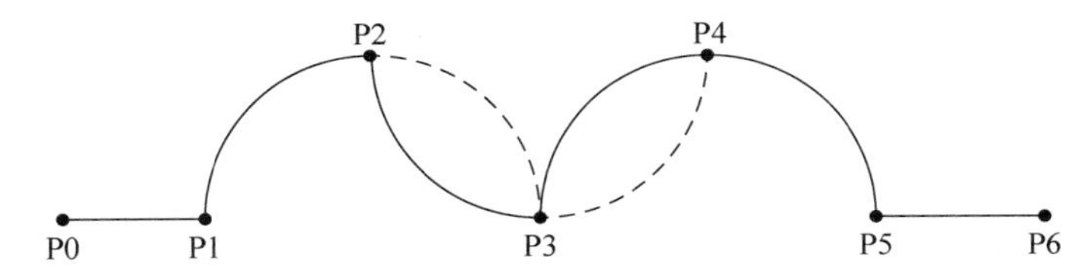

图 6-34 连续多个圆弧运动

指令如下：

```
NOP
MOVJ  VJ=10         ———————— P0
MOVC  VC=100        ———————— P1
MOVC  VC=100        ———————— P2
MOVC  VC=100        ———————— P3
MOVC  VC=100        ———————— P4
MOVC  VC=100        ———————— P5
MOVL  VL=100        ———————— P6
END
```

表 6-7 连续多个圆弧的点、运动类型与指令关系

点	运动类型	指令
P0	关节或直线	MOVJ 或 MOVL
P1～P3	圆弧	MOVC
P4	关节或直线	MOVJ 或 MOVL

起始点 P0，因未添加相同示教点 P1，故机器人从 P0 以直线运动形式运动到 P1。机器人从 P1 点运动走到 P2 点的轨迹由 P1、P2、P3 三点共同规划获得。由于有连续多条 MOVC 轨迹，机器人从 P2 点运动走到 P3 点的轨迹重新规划，由 P2、P3、P4 三点共同规划获得。机器人最终的运行轨迹如图 6-35 所示。

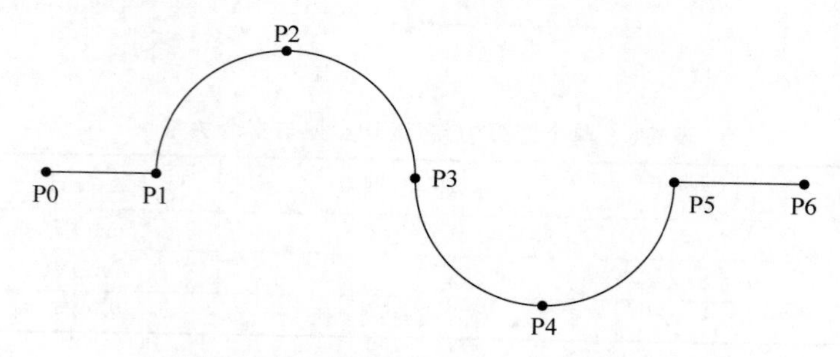

图 6-35 有间隔点的连续多个圆弧运动

指令如下：

```
NOP
MOVJ   VJ=10         ———————— P0
MOVL   VL=100        ———————— P1
MOVC   VC=100        ———————— P1
MOVC   VC=100        ———————— P2
MOVC   VC=100        ———————— P3
MOVJ   VJ=10         ———————— P3(由于示教点相同,该命令机器人不运动)
MOVC   VC=100        ———————— P3
MOVC   VC=100        ———————— P4
MOVC   VC=100        ———————— P5
MOVL   VL=100        ———————— P6
END
```

圆弧运动速度：P2 点运行速度用于 P1 到 P2 的圆弧。P3 点运行速度用于 P2 到 P3 的圆弧。

3. *记录运动点*

记录运动点作业内容显示区域如图 6-36 所示，包含如下信息。

行号：程序的指令行自动记数，如果指令行被插入或删除，则行号重新排列。

步号：程序的操作步自动记数，记录一个程序中运动点的个数，步号自动显示在运动指令前。如果运动指令被插入或删除，则步号重新排列。

指令：MOVL(指令)　　VL(标记) = 110.00(参数项)

指令：指示当前行机器人实现的功能。如果指令为 MOVL，在此行机器人实现直线运动功能。如果指令为 OUT，在此行机器人实现向外输出一个信号的功能。

标记：用于提示输入的参数项。记录指令时，在指令输入行有标记显示，操作者可以根据标记提示，知道该输入的参数是什么含义，从而能够正确输入。

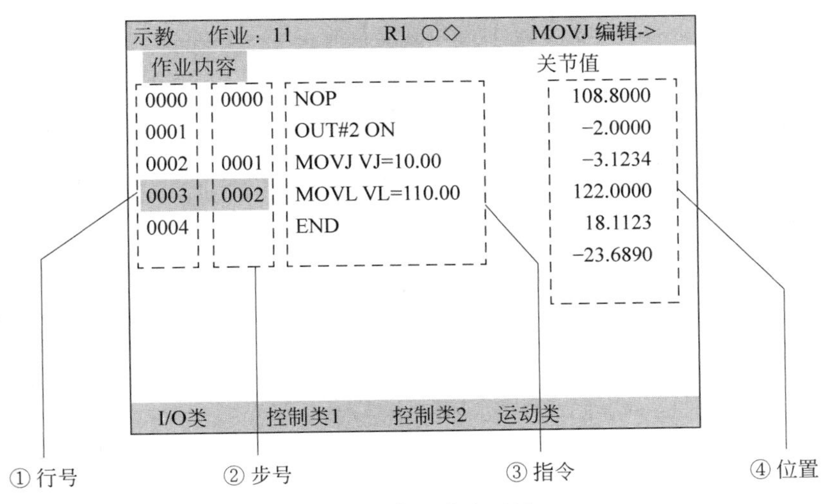

图 6-36 作业内容显示

参数项：操作者可以根据需要改变数值。一般为速度和时间，依赖于指令的类型。根据标记的含义，输入与所需相适应的数字数据或文字数据。

4. 记录运动指令

每当示教一个位置点，就要记录一条运动指令。有两种示教方法，即记录位置点和插入位置点。

记录位置点就是一步一步按顺序示教位置点，如图 6-37 所示。插入位置点就是新的位置点在已有的位置点之间，如图 6-38 所示。

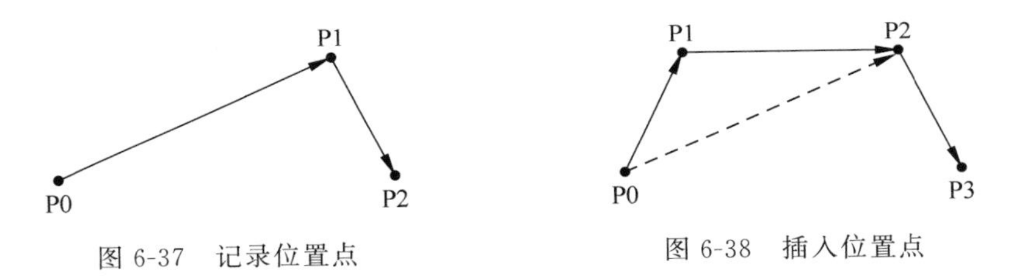

图 6-37 记录位置点　　图 6-38 插入位置点

两种示教方法区别在于光标所在的位置，如果光标在最后一行，则直接记录位置点；如果光标在程序的中间行，则需要插入位置点。记录位置点和插入位置点的基本操作相同，只是在记录指令时，插入位置点需要按“插入”键。

通过修改运动类型记录位置点操作步骤如表 6-8 所示。

表 6-8 修改运动类型记录位置点

序号	演　　示	显　　示	操 作 步 骤
1	主菜单 ⇨ F5	示教 作业：11 R1 ○ ◇ MOVJ 编辑->	打开或新建一个作业，然后进入编辑模式

续表

序号	演　示	显　示	操作步骤
2		0000 NOP 0001 0001 MOVJ VJ=50 0002 0002 MOVL VL=700 0003 END	将光标移到程序最后一行
3	 运动类型	示教 作业：11 R1 ○ ◇ MOVL 编辑->	按运动类型，状态行显示的运动类型在 MOVJ、MOVL、MOVC 之间循环显示
4	 确认	0000 NOP 0001 0001 MOVJ VJ=50 0002 0002 MOVL VL=700 0003 0003 MOVL VL=200	如果记录的运动指令不在最后一行，按"插入"键，再按"确认"键，即可在光标所在行的下一行插入一条运动指令

通过编辑指令记录位置点操作步骤如表 6-9 所示。

表 6-9 编辑指令记录位置点

序号	演　示	显　示	操作步骤
1	 主菜单⇒F5	示教 作业：11 R1 ○ ◇ MOVJ 编辑->	打开或新建一个作业，然后进入编辑模式
2	 F4	I/O类 控制类1 控制类2 运动类	
3	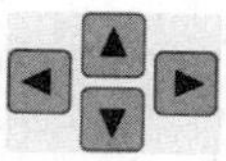	0000 NOP 0001 0001 MOVJ VJ=50 0002 0002 MOVL VL=700 0003 END	将光标移到程序最后一行
4	 F4	MOVL SMOVL SMOVC MOVC MOVJ	

续表

序号	演　示	显　示	操作步骤
5	F3	=>MOVC VC=30.0 >VC=30.0 输入圆弧速度（mm/s） 条件切换　←　退 格　→	按 F3 键删除默认速度参数，再用数字键输入新速度
6	确认	=>MOVC VC=200 输入圆弧速度（mm/s） I/O类　控制类1　控制类2　运动类	
7	确认	0000　NOP 0001 0001　MOVJ VJ=50 0002 0002　MOVL VL=700 0003 0003　MOVC VC=200	如果记录的运动指令不在最后一行，按“插入”键，再按“确认”键，即可在光标所在行的下一行插入一条运动指令

5. 指令编辑

指令的删除操作步骤如下：

（1）选择一个作业，把光标移到要删除的指令上，如图 6-39 所示。

（2）按“删除”键，再按“确认”键，指令被删除，如图 6-40 所示。

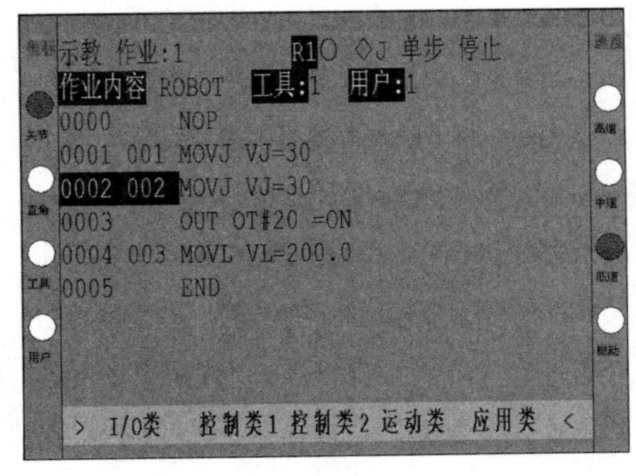

图 6-39　光标移到待删除指令

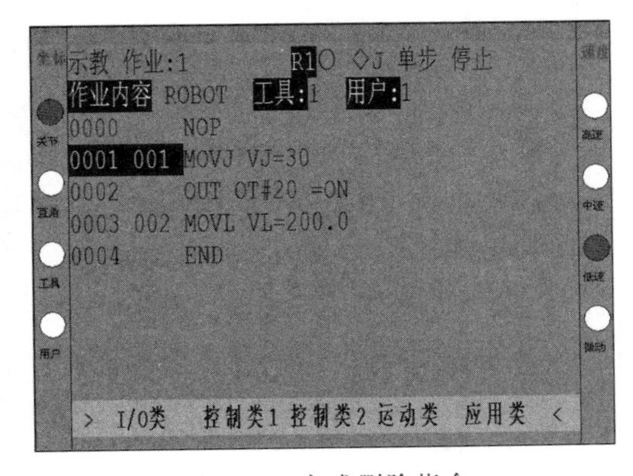

图 6-40　完成删除指令

指令的修改包括修改运动速度、修改运动类型和修改计算类指令的常数项。

修改运动速度操作步骤如下：

（1）选择一个作业，进入示教编辑模式，把光标移到要修改速度的运动点，并按光标键将光标移动到指令一列，如图 6-41 所示。

（2）按“运动速度”键，并选择所需的运动类型，如图 6-42 所示。

（3）输入所需的新的速度参数，按“确认”键完成参数的修改，如图 6-43 所示。

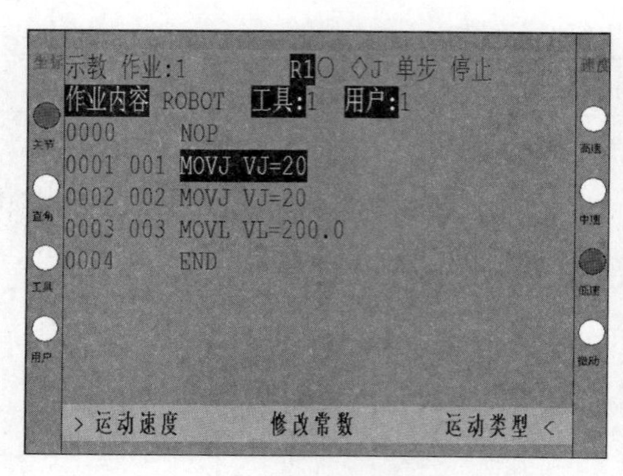

图 6-41 移动光标到修改速度的运动点

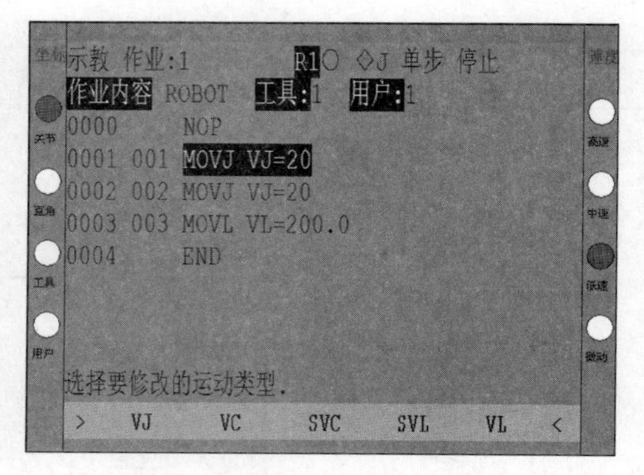

图 6-42 选择所需的运动类型

(4) 根据需要进行相应操作，按“全部”键则修改光标所在行及以下所有行的相同运动类型的运动速度。按“退出”键只更改改行的速度，并退出运动速度的修改，如图 6-44 所示。

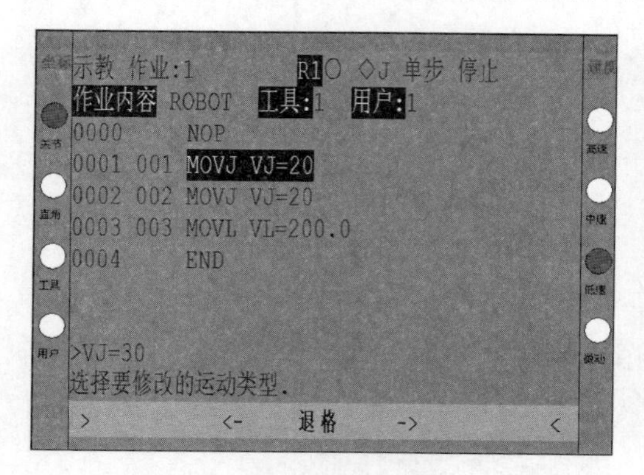

图 6-43 完成参数的修改

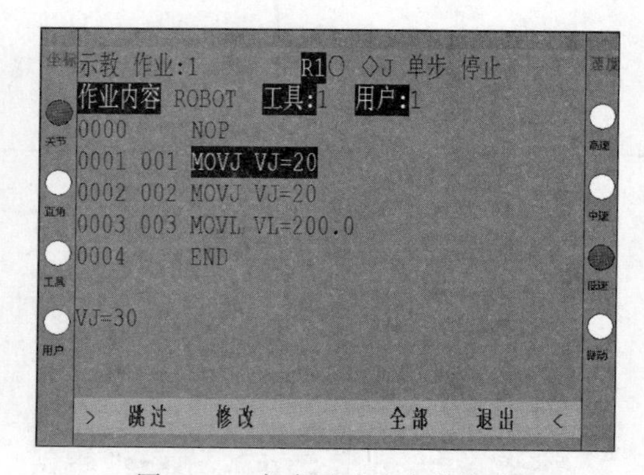

图 6-44 完成运动速度的修改

需要注意的是，修改运动速度只能修改已存在的运动指令的速度。

修改运动类型的操作步骤如下：

(1) 将光标移到需要更改运动类型的运动指令上。

(2) 按“运动类型”键，并选择所需的运动类型，输入所需的新的速度参数，按“确认”键完成参数的输入。

(3) 按“确认”键完成运动类型的修改。

修改计算类指令的常数项的操作步骤如下：

(1) 将光标移到需要更改常数的计算类指令上，如图 6-45 所示。

(2) 选择相应的指令类型，并输入新的常数，按“确认”键完成参数的输入，如图 6-46 所示。

(3) 按“确认”键完成常数的修改，如图 6-47 所示。

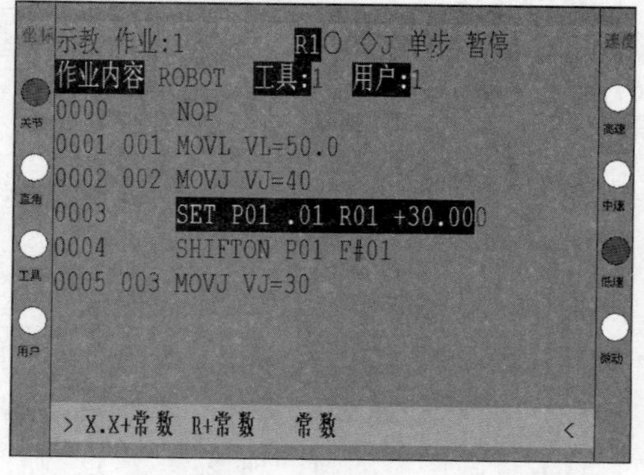

图 6-45 移动光标到待更改常数的计算类指令

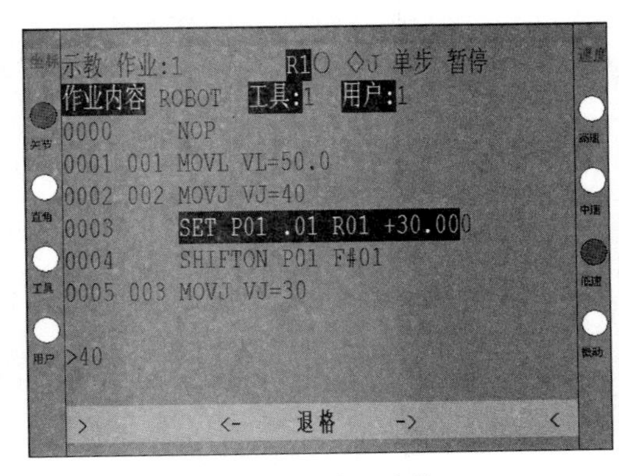

图 6-46　输入常数

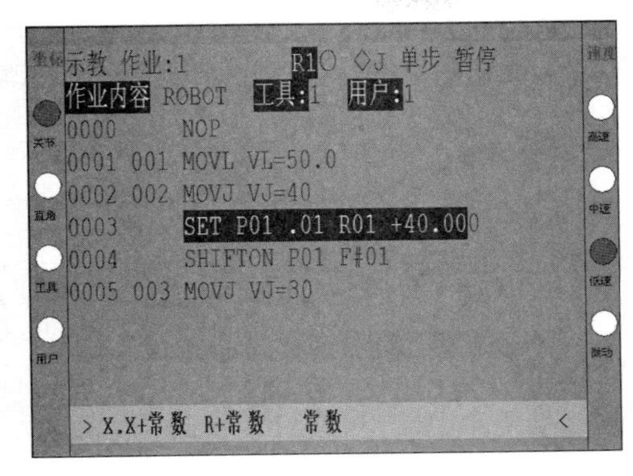

图 6-47　完成常数的修改

6. 机器人作业编辑

机器人作业编辑主要包括：①新建作业；②选择作业；③作业保存；④作业管理；⑤重命名；⑥复制粘贴；⑦删除作业；⑧搜索查找。

1）新建作业

前台作业（示教作业）和后台作业（程序）的新建方法相同，但在菜单的不同位置。作业名支持大写字母和数字，名字长度不能超过 8 个字符。新建前台作业的菜单位置及操作步骤如下：

（1）在主菜单下查找作业→示教程序→新作业。

（2）进入文件列表界面，按翻页键并按“字母”键，在字母输入界面输入新的作业的文件名。需要注意：子作业、后台作业、作业、作业名首位不能是小数点。

（3）输入完成后，按“确认”键，返回到上一界面。再按“确认”键，创建新的作业，并且进入该作业的编辑界面。

2）选择作业

前台作业的选择作业的菜单位置及操作步骤如下：

（1）在主菜单下查找作业→示教程序→选作业。

（2）进入文件列表界面，移动光标到所要选择的作业。

（3）按“确认”键进入作业编辑界面。

3）作业保存

为了方便使用，系统设定为在示教的过程中作业被实时保存。

4）作业管理

在调试过程中不可避免地会建立很多测试程序，但是，机器人控制器中的存储容量有限，操作者需要经常对已有作业进行管理，作业管理包括复制程序、删除程序、重命名程序。前台程序和后台程序的作业管理方式是一样的，都是在作业名菜单下。

5）作业重命名

（1）在主菜单下查找作业→作业名。

（2）进入文件列表界面。

（3）将光标移动到需要重命名的作业，同时按“Shift＋主菜单”，弹出作业管理菜单。

(4) 按“重命名”键,进入作业名输入界面,翻页并按“字母”键,输入新的作业名。

(5) 按“退出”键,返回上一界面,再按“确认”键,保存新的作业名。

6) 复制粘贴作业

(1) 在主菜单下查找作业→作业名。

(2) 进入文件列表界面。

(3) 将光标移动到需要复制粘贴的作业,同时按“Shift+主菜单”,弹出作业管理菜单。

(4) 按“复制”键,进入作业名输入界面,翻页并按“字母”键,输入新的作业名。

(5) 按“退出”键,返回上一界面,再按“确认”键,作业被以新的作业名复制。被复制的作业与源作业中的内容是相同的。

7) 删除作业

(1) 在主菜单下查找作业→作业名。

(2) 进入文件列表界面。

(3) 将光标移动到将要删除的作业,同时按“Shift+主菜单”,弹出作业管理菜单。

(4) 按“删除”键,连续按两次“确认”键,将作业删除。

8) 搜索查找

在比较复杂的程序中,如果想将光标快速移动到需要修改的地方,可以通过搜索查找功能实现。示教模式下,在作业中可以进行的查找途径有步号查找、行号查找、标号查找。

步号查找:步号指的是该程序中运动点的个数。运动点的个数在主作业和子作业中都单独计算,不进行累加。

操作步骤如下:

(1) 在主菜单下查找功能→查找→步号。

(2) 信息提示行出现“输入步号”字样。

(3) 在参数输入行输入想要查找的步号。

(4) 按“确认”键,光标跳转至目标步号。

行号查找:行号指的是当前作业中指令所在的行数。如果想要光标移动到指定行号上,可以通过行号查找实现。

操作步骤如下:

(1) 在主菜单下查找功能→查找→行号。

(2) 信息提示行出现“输入行号”字样。

(3) 在参数输入行输入想要查找的行号。

(4) 按“确认”键,光标跳转至目标行号。

标号查找:标号指的是标签号。标号查找搜索的是标签指令,光标会跳转到指定的标签指令的行号上。

操作步骤如下:

(1) 在主菜单下查找功能→查找→标号。

(2) 信息提示行出现“输入标号”字样。

(3) 在参数输入行输入想要查找的标号。

(4) 按“确认”键,光标跳转至目标标签指令的行号。

6.3 搬运码垛机器人工作站的 PLC 程序设计

6.3.1 CODESYS 软件程序

CODESYS 编程软件是标准的 Windows 界面，支持编程、调试及配置，可与 PLC 控制器进行多种方式的通信，如串口、USB 及以太网、EtherCAT 通信等。

1. 设备编辑器

设备编辑器是用于配置设备的对话框。通过选中设备 Device，单击鼠标右键"编辑对象"命令，或者通过在设备窗口中双击设备对象条目打开。主对话框是根据设备类型，以设备名称来命名，它提供了包含以下子对话框的选项卡，如表 6-10 所示。

表 6-10 配置设备的对话框

名　称	说　明
通信设置	目标设备和其他可编程设备(PLC)之间连接的网关配置
配置	分别显示设备参数的配置
应用	显示目前正在 PLC 上运行的应用，并且允许从 PLC 中删除应用
文件	主机和 PLC 之间文件传输的配置
日志	显示 PLC 的日志文件
PLC 设置	与 I/O 操作相关的应用、停止状态下的 I/O 状态、总线周期选项的配置
I/O 映射	I/O 设备输入和输出通道的映射
用户和组	运行中设备访问相关的用户管理(不要与工程用户管理混同)
访问权限	特殊用户组对运行中的对象和文件访问权限的配置
状态	设备的详细状态和诊断信息
信息	设备的基本信息(名称、供应商、版本、序列号等)

2. 可视化界面

1）界面介绍

可视化对象可以在对象管理器中的"可视化界面"中进行管理，它包含可视化元件的管理并且对不同的对象可以根据个人需要进行管理。一个 CODESYS 工程文件中可以包含一个或多个可视化对象，并且相互之间可以通信连接。

在 VISU 文件夹内是主要的操作界面，如图 6-48 所示。

HostoryGroup 为历史报警界面，存储所有历史报警信息。

InfoAlarm 为当前报警信息，显示当前的实时报警，当报警消失后，人员复位报警并确认后报警消失。

Robot 界面为机器人控制界面，对机器人进行远程操作。

Service 为系统服务界面，可以增加修改登录用户以及更改用户密码。

Transfer 为控制传输线界面，可以手动旋转线体以及线体上气缸动作。

Menu 菜单为主菜单，对各个界面进行切换。

Toprpw 文件夹下为一下图片 logo 等附属操作。

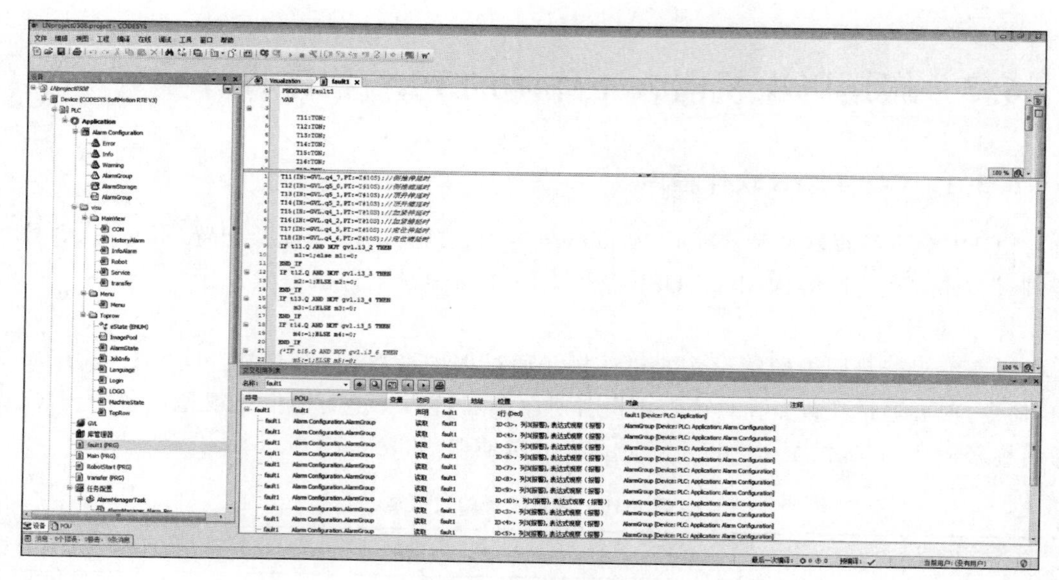

图 6-48 主要的操作界面

2）报警管理

用户可以自定义可视化报警，但必须在 CODESYS 报警配置中预先进行定义，如图 6-49 所示。所有的报警内容及触发机制均在该报警配置中进行设置，在 Alarm Configuration 中，右键选择“添加对象”，选择“报警类别”及“报警组”等信息。鼠标选中 Alarm Configuration，右键选择添加“报警组”，可以对报警信息进行设置，可以在“观测类型”中可以选择报警触发的类型。在“详细说明”中添加报警触发变量，在“类”中添加报警类别，在“消息”中添加报警的说明信息。

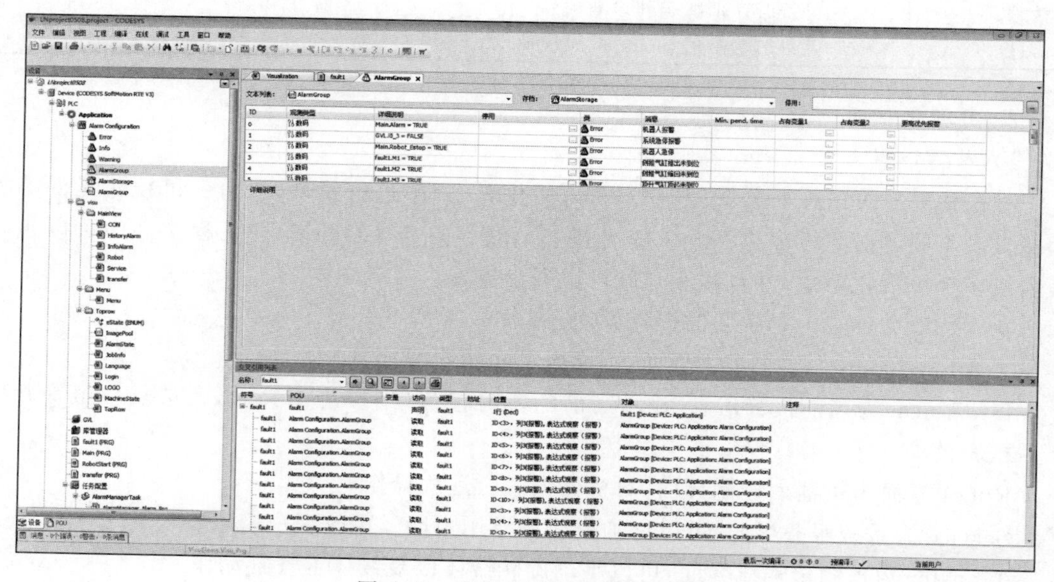

图 6-49 自定义可视化报警界面

3）用户管理

在视图管理器中，可以设置管理员权限和密码，如图 6-50 所示。

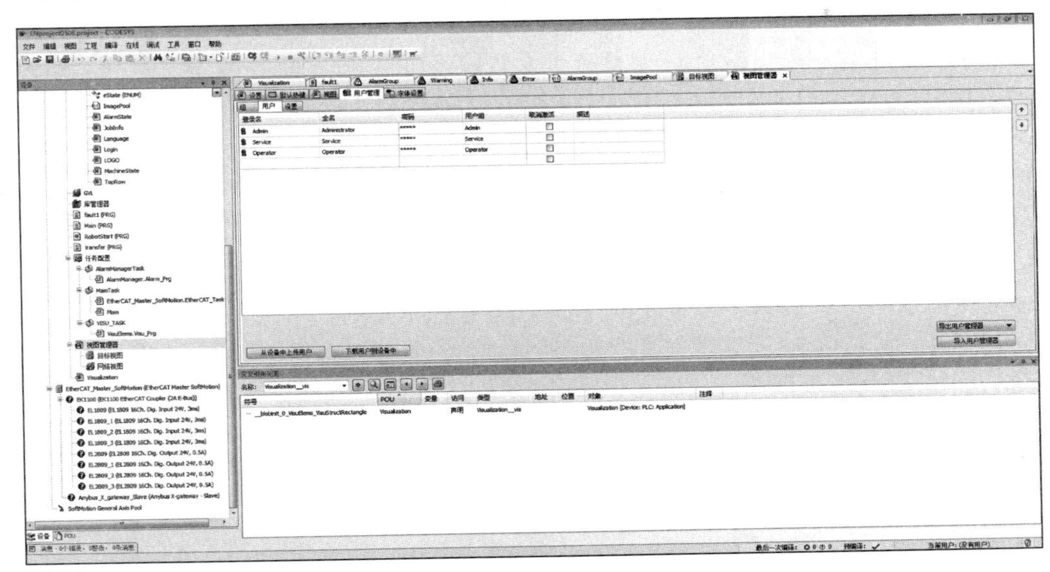

图 6-50　设置管理员权限和密码

3. 任务配置

一个程序可以用不同的编程语言来编写。典型的程序由许多互连的功能块组成，各功能块之间可互相交换数据。在一个程序中不同部分的执行通过“任务”来控制。“任务”被配置以后，可以使一系列程序或功能块周期性地执行或由一个特定的事件触发开始执行程序，如图 6-51 所示。

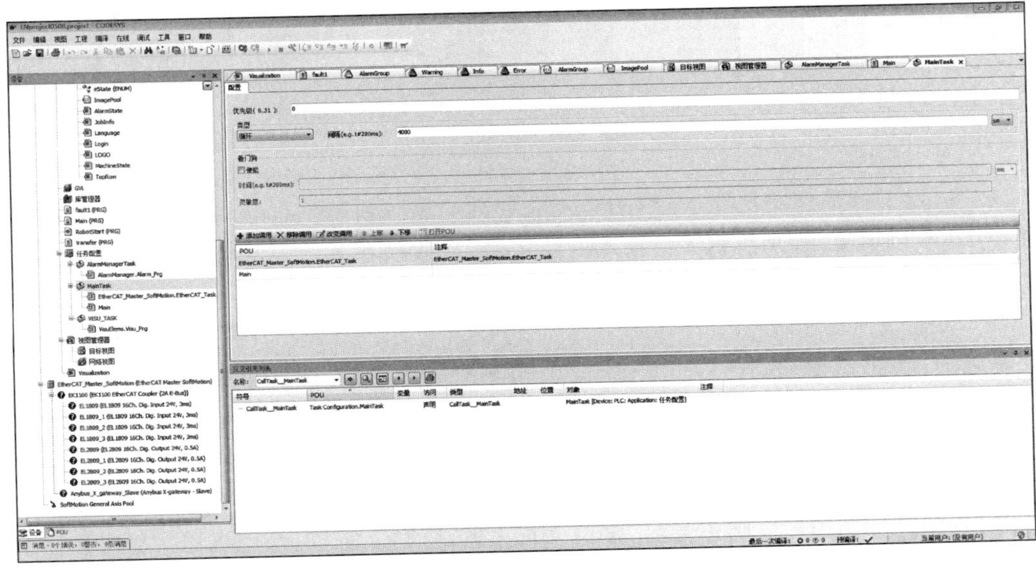

图 6-51　设置任务配置

在设备树中有“任务管理器”选项卡，使用它除了声明特定的 PLC_PRG 程序外，还可以控制工程内其他子程序的执行处理。任务是用于规定程序组织单元在运行时的属性，它是一个执行控制元素，具有调用的能力。在一个任务配置中可以建立多个任务，而一个任务中，可以调用多个程序组织单元，一旦任务被设置，它就可以控制程序周期执行或者通过特定的事件触发开始执行。在任务配置中，用名称、优先级和任务的启动类型来定义它。启动类型可以通过时间（周期的、随机的）或通过内部或外部的触发任务时间来定义，例如使用一个布尔型全局变量的上升沿或系统中的某一特定事件。对每个任务，可以设定一串由任务启动的程序。如果在当前周期内执行此任务，那么这些程序会在一个周期的长度内被处理。优先权和条件的结合将决定任务执行的时序。

4. 程序设计

（1）主程序（Main）：在任务配置中调用的作业，系统实时扫描。在 Main 中编辑一些启动逻辑、按钮逻辑等，并且调用其他子程序，如图 6-52 所示。

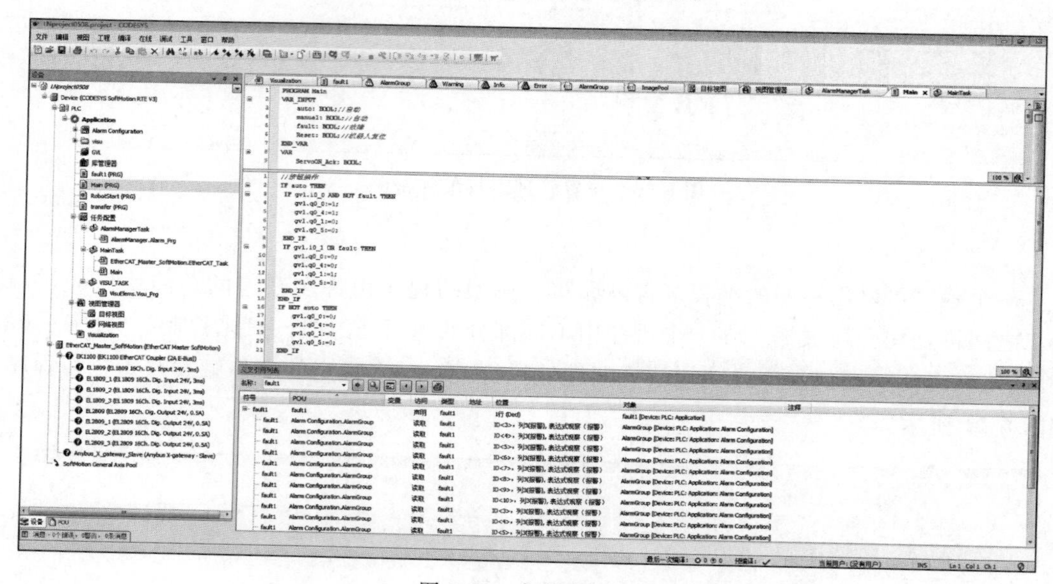

图 6-52　主程序调用

（2）机器人外部启动程序（RobotStart）：处理与新松机器人的信号交互、外部启动、暂停机器人、复位报警、处理机器人的启动时序逻辑，接收从机器人反馈回来的系统状态并进行处理，如图 6-53 所示。

（3）传输线体控制程序（Transfer）：控制传输线的逻辑处理，当机器人将物体放到线体起始端之后，传感器检测到物体，第一段皮带线开始运行，将物件传送到第二段线体上。第二段线体随之开始运动，当物体运动到第二段线体末端，传感器检测到位后，侧推气缸将物体推到第三段线体上，第三段线体随之运动。当物体运动到第三段线体末端时，传感器检测到物体后，移栽机气缸顶起，移栽机开始旋转，将物体传送到第四段线体上。第四段线体开始运动，物体到达第四段线体末端后，定位气缸夹紧，将物体定位，等待机器人抓取物体。在第四段中间处有一个夹紧气缸，阻挡后面物体继续前进，防止连箱，如图 6-54 所示。

（4）警处理程序（fault）：对系统报警与故障进行处理的程序段，如图 6-55 所示。

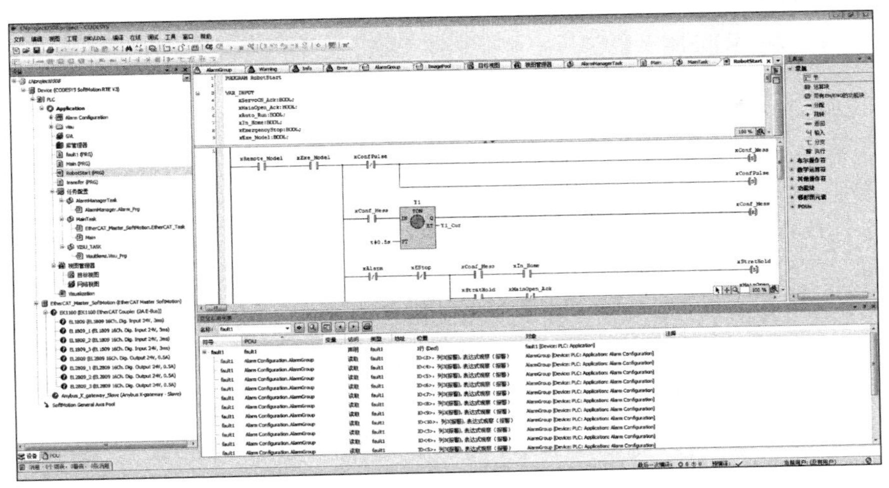

图 6-53　外部启动程序

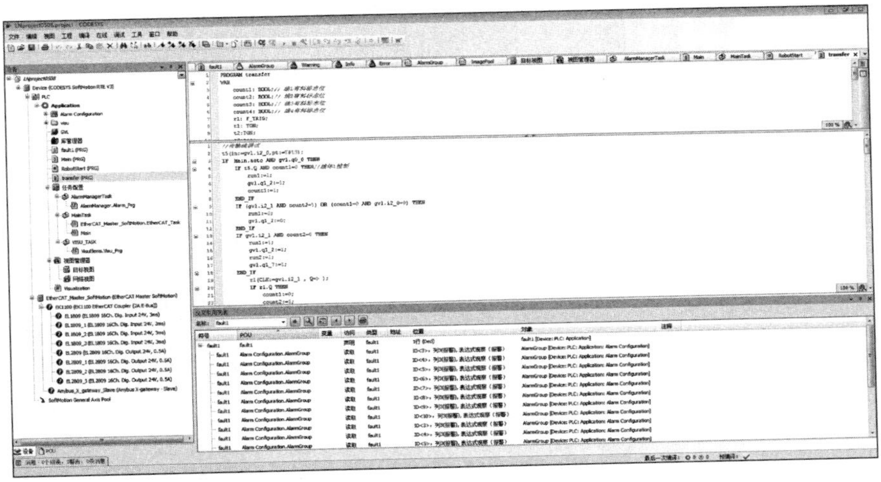

图 6-54　传输线体控制程序

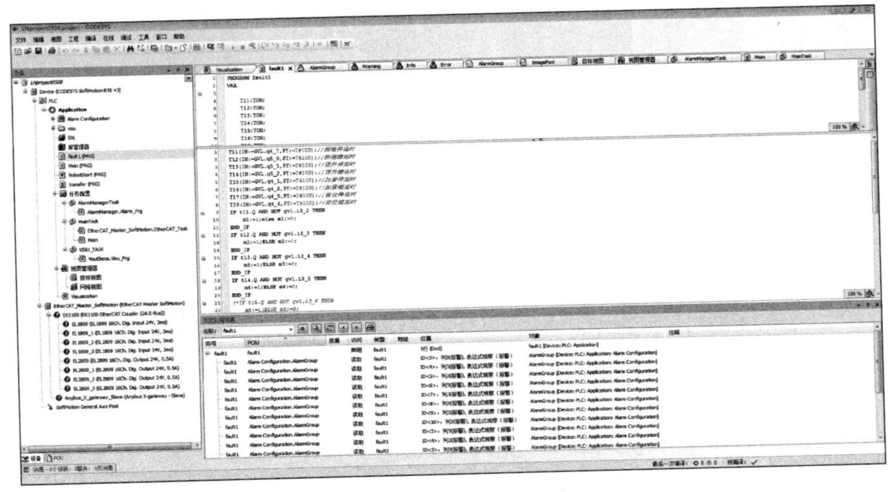

图 6-55　报警处理程序

6.3.2 人机界面操作

(1) 系统上电操作：首次上电前，检查供电电压是否为380V(5%范围允许)，相序是否正确。如果供电正常，可接通控制柜侧面红色负荷开关，然后开启机器人电源。在启动PLC前先检查系统内部各处线体与机器人线路连接是否正常。

(2) 主控按钮功能：系统分为自动模式与手动模式。在自动模式下，操作台启动按钮和停止按钮才起作用，用来启动和停止打磨抛光单元的自动抓料、打磨、抛光等自动流程。当按钮被按下时，系统执行该动作，则相应按钮指示灯亮起。黄色指示灯为完成指示灯，当料盘里面物料打磨完成时，指示灯提示工人更换料盘。急停按钮按下时，砂带机和抛光机立即停止，报警界面报警，向右旋转急停按钮解除急停。

(3) 主控塔灯指示：系统处于自动运行状态下，且无报警，绿色塔灯亮起。系统处于手动模式下，且无报警，黄色塔灯亮起。系统处于故障或者报警状态下，红色塔灯亮起。

(4) 触摸屏操作：管理员登录界面，单击Login，输入用户名和密码登录。在管理员权限下，才能对线体手动操作，如图6-56所示。

语言、时间界面，单击人物头像对人机交互界面进行语言切换。下面为系统日期与时间，如图6-57所示。

界面菜单栏，切换各个操作界面。从上到下依次为机器人界面，报警界面，历史报警界面，传输线界面，服务界面以及手自动切换，如图6-58所示。

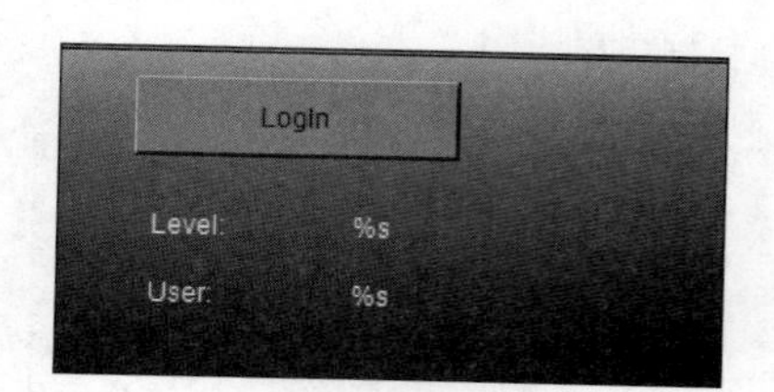

图6-56 登录界面

图6-57 语言、时间界面

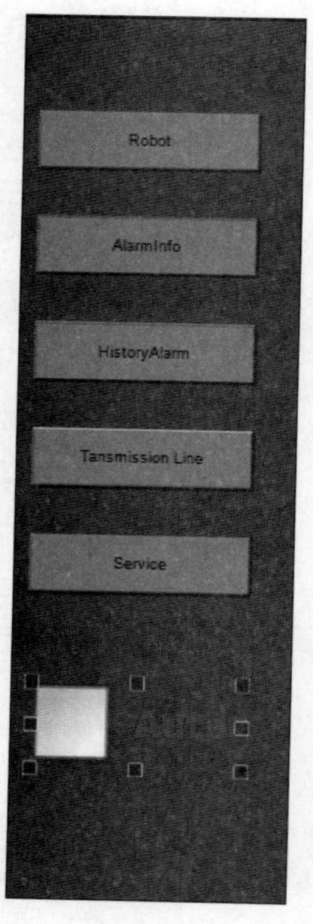

图6-58 菜单栏界面

机器人界面，远程控制机器人，可以对机器人进行远程启动、暂停、再启动、报警复位等操作，并且可以实时监控机器人的系统 I/O 状态，如图 6-59 所示。

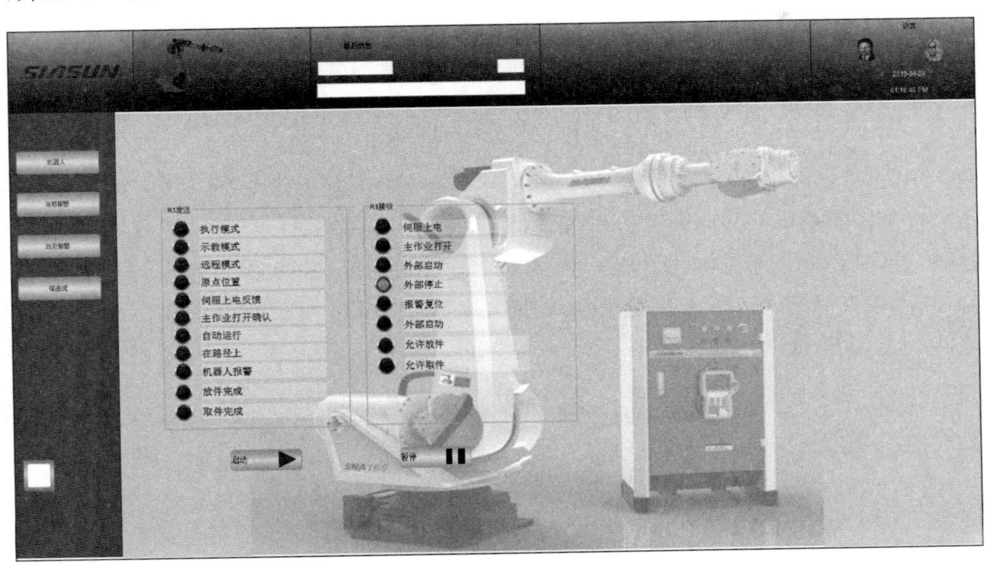

图 6-59　机器人界面

报警界面，实时显示当前报警，报警消除后，需要对报警进行确认。

历史报警界面，显示所有历史报警信息。

传输线界面，该界面手动对传输线体进行操作。操作权限为管理员。V1～V5 分别对应传送线上 5 个电机，可以手动选择电机低速或高速旋转，并且可以对线体进行正转/反转。还可监视电机是否报警以及运行状态。可以手动伸缩线体各处的气缸，用于故障处理，并且检测气缸是否到位。各处传感器的状态也可通过界面读取，如图 6-60 所示。

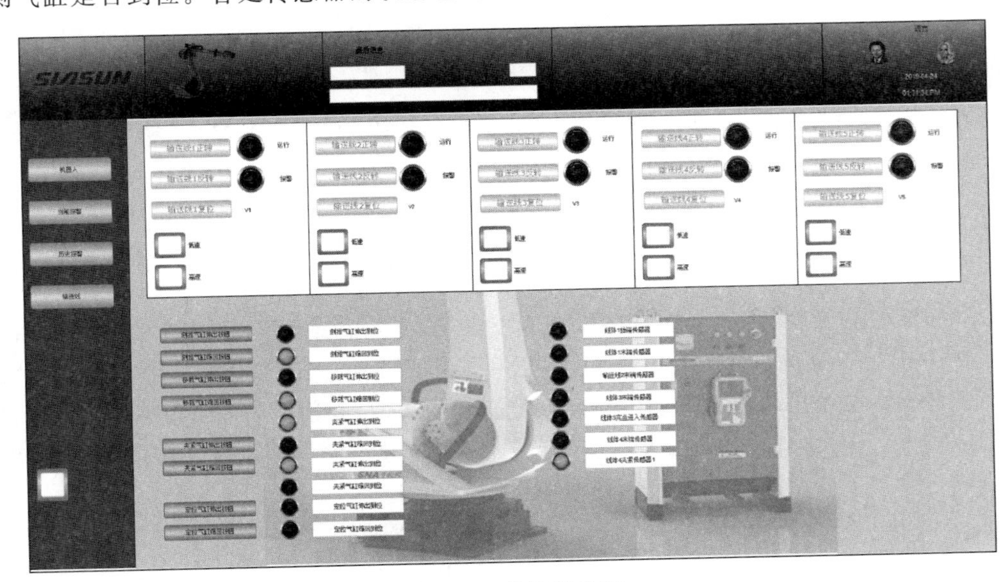

图 6-60　传输线界面

6.3.3 PLC 与机器人接口设计

(1) 通信协议：采用 DeviceNet 总线通信方式，协议总长度为 32 字节。I/O 占 10 字节，用户自己定义使用。补偿数据总长度 16 字节，数据内容为当前半径数值，占用 2 字节，抛光补偿参数。配置支持 8 个文件号，总共长度为 16 字节。注：半径数据包含 1 位小数位。

例：DIN8 为文件号 1 的半径数据，数值为 1144，二进制表示为 0000 0100 0111 1000。

(2) 通信配置：DeviceNet 总线配置。主要配置 DeviceNet 机器人主站与外部从站的通信参数，如波特率、通信数据长度等，如图 6-61 所示。注：UCMM、Group2 为国际标准连接。Group3 为非标连接，通信数据头额外多出 1 字节数据，用于验证连接。对连接方式的选择具体参考模块说明而定。

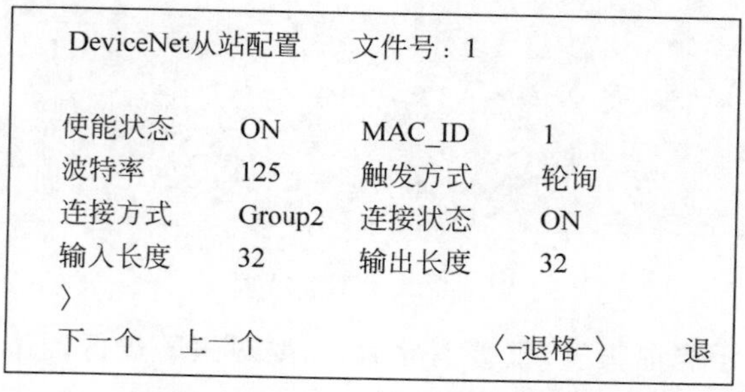

DeviceNet从站配置　　文件号：1

使能状态	ON	MAC_ID	1
波特率	125	触发方式	轮询
连接方式	Group2	连接状态	ON
输入长度	32	输出长度	32

〉

下一个　上一个　　　　〈-退格-〉　　退

图 6-61　DeviceNet 总线配置界面

(3) 总线 I/O 配置：主要将 DeviceNet 通信数据映射到机器人本地用户 I/O，如图 6-62 所示。

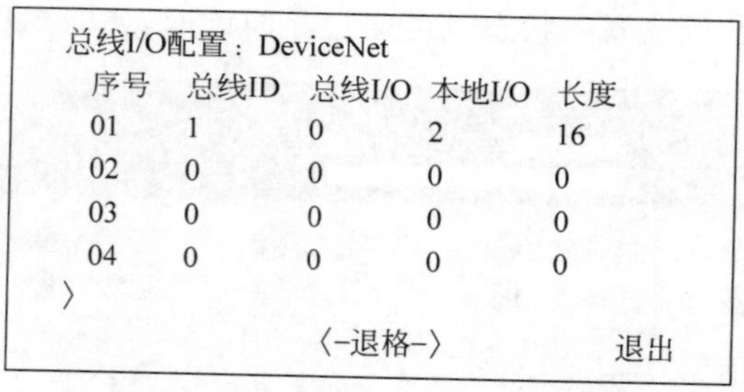

总线I/O配置：DeviceNet

序号	总线ID	总线I/O	本地I/O	长度
01	1	0	2	16
02	0	0	0	0
03	0	0	0	0
04	0	0	0	0

〉

〈-退格-〉　　退出

图 6-62　总线 I/O 配置界面

(4) CODESYS 软件 PLC 系统与机器人 EtherCAT 总线通信：CODESYS 软 PLC 系统作为 EtherCAT 通信的主站与新松机器人(只能作为 EtherCAT 总线·地主站)通信，需要采用 EL6692 网桥模块作为两边的从站，对通信数据进行映射。将 EL6692 模块正确供电后，使用 RJ-45 网线将 El6692 上 X1 口与机器人通信板卡连接，如图 6-63 所示，绿色线缆代表通信线缆。

配置 CODESYS 系统 El6692 模块的参数如图 6-64 所示。

在 PDO 窗口选择 16＃1600 IO Outputs，在 PDO 内容窗口选择“插入”按钮，索引：6000 子索引：16＃从 1 开始排序，选择数据类型形式：BYTE 按下“确认”按钮添加。

图 6-63　CODESYS 软 PLC 系统与机器人 EtherCAT 总线通信配置实物

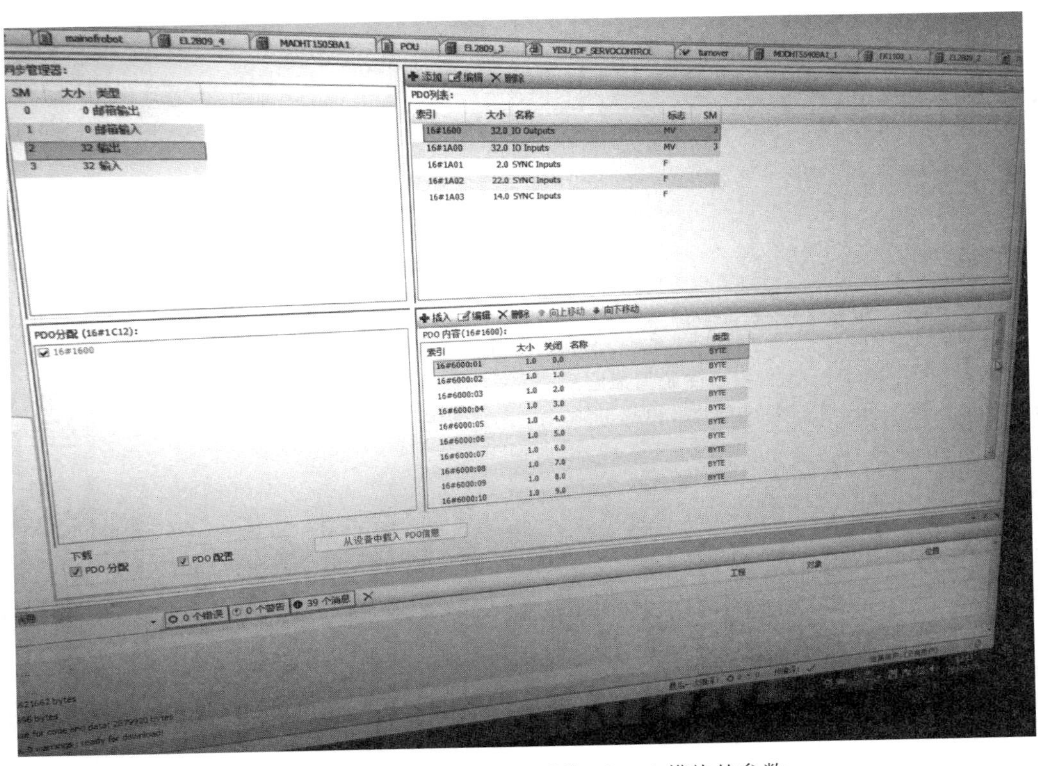

图 6-64　配置 CODESYS 系统 El6692 模块的参数

在 PDO 窗口选择 16＃1A00 IO Inputs，在 PDO 内容窗口选择“插入”按钮，索引：7000 子索引：16＃从 1 开始排序，选择数据类型形式：BYTE 按下“确认”按钮添加。

按照需求添加完成通信所需的输入/输出变量类型和长度后。对程序进行保存，下载。

机器人登录超级用户，其中驱动器厂商：按下标提示填写 6 代表倍福。I/O 设备标志：

1 代表 I/O 形式，0 代表非 I/O 形式。

进入[功能]→[外设]→EtherCAT 进行 I/O 通信配置，使能开关“1”；通信长度与在 EL6692 中配置的通信长度相同单位 BYTE；连接状态显示当前 EtherCAT 通信的状态，ON 为连接建立，OFF 为连接断开。

进入[用户]→[I/O 映射]进行总线 I/O 映射的设置，总线 ID：0，总线 I/O：0，本地 I/O：2，长度：8 BYTE 这样配置通信的输入/输出数据就从机器人用户 I/O 中第 33 位开始映射。

6.4 搬运码垛机器人工作站系统维护与故障排除

6.4.1 搬运码垛机器人工作站系统维护

1. 机械维护

皮带机：链板机须防备电源被无意接通。在手动操作运行时，必须确保没有人处于皮带机的危险区域。表 6-11 列出了机械维护注意事项。间隔适用于二班制运行，对于三班制运行或灰尘较多的环境时必须修改时间。

表 6-11 机械维护注意事项表

部件	功能/维护工作/备注	每月	3 个月	6 个月	系统状态
皮带	皮带是否有磨损情况	×			断开电源
	检查皮带顺畅运行和一般状态			×	手动模式
	检查皮带是否涨紧，如需要再作涨紧			×	断开电源
驱动辊	检查驱动辊是否磨损，如需要就更换			×	断开电源
改向辊筒	检查改向辊是否顺畅运行和磨损			×	断开电源
	检查改向辊处是否有污垢堆积，如有则清洁	取决于污垢堆积程度			断开电源
连接螺栓	检查有无松动并紧固，更换有缺陷和缺少的螺栓		×		断开电源
光电开关	检查镜头和反射板灰尘堆积并用软布擦干净	取决于灰尘堆积程度			断开电源

皮带的更换过程如表 6-12 所示。

表 6-12 皮带更换顺序

步骤	作　业
1	断开连接输送线和皮带机电源并防备无意和未经许可接通电源
2	松开张紧辊筒
3	取下皮带机机架
4	将皮带机皮带取出
5	更换新的皮带
6	将机架等部件安装完成
7	对皮带张紧
8	重新装上皮带护罩
9	做功能测试
10	运行准备

辊道机：输送机在维修时应防备电源被无意接通。在手动操作运行时，必须确保没有人员处于输送机的工作的危险区域。辊道机维护方式如表 6-13 所示。

表 6-13　辊道机维护注意事项

工作项	内容	处理方案	周期	系统状态
整机	检查动力源是否有异响	须确定部位并停机排除	每天	运行状况
	是否有异物夹在输送面和其他部位	必须停机清除	每天	运行状况
辊筒	检查辊筒径向跳动是否正常，如有检查辊筒轴壳轴承是否正常	更换辊筒	每天	运行状态
	辊筒表面是否有异常磨损，如有检查是否有异物卡住	清除异物	每天	运行状态
连接螺栓	检查所有螺栓无松动并紧固，检查螺栓是否磨损或缺失	更换有缺陷和缺少的螺栓	半年	停机状况

倍速链条机：链条机须防备电源被无意接通。在手动操作运行时，必须确保无人处于链条机的危险区域。倍速链条机维护方式如表 6-14 所示。

表 6-14　倍速链条机维护注意事项

部件	功能/维护工作/备注	每月	3 个月	6 个月	系统状态
倍速链条	检查倍速链条是否磨损或异响	×			断开电源
	检查链条顺畅运行和一般状态			×	手动模式
	检查链条是否涨紧，如需要再作涨紧			×	断开电源
链轮	检查链轮是否磨损，如需要就更换			×	断开电源
改向轮	检查改向轮是否顺畅运行和磨损			×	断开电源
	检查改向轮处是否有污垢堆积，如有则清洁	取决于污垢堆积程度			断开电源
连接螺栓	检查有无松动并紧固，更换有缺陷和缺少的螺栓		×		断开电源
光电开关	检查镜头和反射板灰尘堆积并用软布擦干净	取决于灰尘堆积程度			断开电源

倍速链条的更换过程如表 6-15 所示。

表 6-15　倍速链条更换顺序

步骤	作　业
1	断开连接输送线和链条机电源并防备无意和未经许可接通电源
2	拆下链条护罩，先卸下护罩螺丝
3	在手动模式下启动链条直到链条连接锁片移动到合适可拆卸的地方
4	松开链条机头部的链条张紧板
5	打开链条连接锁片，将链条取下
6	穿入新的链条，确认链条正好啮合改向轮槽
7	对链条涨紧，张紧量为链条有 2～3mm 弹压量
8	重新装上链条护罩
9	做功能测试
10	运行准备

2. 电气维护

维护过程中,操作人员的安全始终是最重要的。在保证现场人员安全的基础上,也要尽量保证设备的安全运行。机器人工作过程中安全优先级别依次为:人员→外部设备→机器人→工具→加工件。

为了保证使用与维护机器人过程中人员与设备的安全,需要采取以下安全措施,提高安全性。

生产前安全培训:所有操作、编程、维护以及其他方式操作机器人系统的人员均应经过新松公司组织的课程培训,学习机器人系统的正确使用方法。通过安全培训和采取安全保护措施保证工作场所内人员的安全。未受过培训的人员不得操作机器人。

现场维护人员执行维护任务需遵守以下规定:不得戴手表、手镯、项链、领带等饰品与配件,也不得穿宽松的衣服,因为操作人员有被卷入运动的机器人之中的可能。长发人士请妥善处理头发后再进入工作区域。不要在机器人附近堆放杂物,保证机器人工作区域的整洁,使机器人处于安全的工作环境。

检查维护之前确认以下注意事项:①明确机器人的工作区域,工作区域是由机器人的最大移动范围决定的区域,包括安装在手腕上的外部工具以及工件所需的延伸区域。将所有的控制器放在机器人工作区域之外。②使用联动装置,使机器人与其他工作单元(如砂带机、抛光机等)联动,保证相关工作单元协同工作。③确保所有的外部装置均已得到了合格的过滤、接地、屏蔽和抑制处理,防止因电磁干扰(EMI)、射频干扰(RFI),以及静电释放(ESD)等原因导致的机器人的危险运动。④在工作单元内提供足够的空间,允许人员对机器人进行示教,并安全地执行维护任务。⑤在安全方面,不要视软件为可完全依赖的安全零部件。⑥不要进入正在运行的机器人的工作区域,对机器人示教操作例外。

操作及维护遵守以下注意事项:控制柜门应锁闭,只有具备资格的人才能有钥匙打开柜门进行操作。打开控制柜门操作时需要佩戴防静电腕带。安装机器人时,为方便操作,控制柜建议安装在围栏外。当进入围栏进行维护时,控制柜上应有维修警示标示,防止误操作发生人身伤害及设备损坏。有关电气的维护应该在控制柜电源关闭的情况下进行,特殊情况需要在上电时进行一定要按照手册操作,带电作业有可能造成人身伤害、设备损坏。控制柜上的按钮及开关操作必须具有操作资质(急停按钮除外),不清楚按钮含义而去操作可能造成人身伤害及设备损坏。操作示教盒必须具有操作资质,对机器人不熟悉的人操作机器人可能造成人身伤害、设备损坏。

3. 机器人安全操作原则

示教过程中应采取的操作步骤:①采用较低的运动速度,每次执行一步操作,使程序至少运行一个完整的循环;②采用较低的运动速度,连续测试,每次至少运行一个完整的工作循环;③以合适的增幅不断提高机器人运动速度直至实际应用的速度,连续测试,至少运行一个完整的工作循环。

执行模式下安全操作原则:①熟悉整个工作单元。机器人运动类型可以连续设定,因而其可能在不同运动类型间转换,机器人运动区域包括其所有运动类型所涉及的运动空间。②在进入执行模式之前,了解机器人程序所要执行的全部任务。③操作机器人之前,确保所有人员(除示教人员)位于机器人工作区域之外。④机器人在执行模式下运动时,不允许任何人员进入工作区域。⑤了解可控制机器人运动的开关、传感器以及控制信号的位置和状态。⑥熟知紧急停止按钮在机器人控制设备和外部控制设备上的位置。以应对紧急状态。⑦机器人未运动时，可能是在等待输入信号，在未确定机器人是否完成程序所规定任务之前，不得进入机器人工作区域。⑧不要用身体制止机器人的运动。要想立刻停止机器人的运动，唯一的方法是拍下控制面板、示教器或工作区外围紧急停止站上的紧急停止按钮。

在机器人系统上执行维护操作时遵守下述规则：①当机器人或程序处于运行状态时，不要进入工作区域。进入工作区域之前，仔细观察工作单元，确保安全。进入工作区域之前，请测试示教器的工作是否正常。如果需要在接通电源的情况下进入机器人工作区域，必须确保能完全控制机器人。②绝大多数情况下，在执行维护操作时应切断电源。打开控制器前面板或进入工作区域之前，应切断控制器的三相电源。移动伺服电机或制动装置时请注意，如果机器人臂未支撑好或因硬停机而中止，相关的机器人臂可能会落下。③更换和安装零部件时，请不要让灰尘或碎片进入系统。更换零部件时应使用指定的品牌与型号。为了防止对控制器中零部件的损害和火灾，不要使用未指定的保险丝。④重新启动机器人之前，请确保在工作区域内没有人员，确保机器人和所有的外部设备均工作正常。为维护任务提供恰当的照明。注意，所提供的照明不应产生新的危险因素。如果需要在检查期间操作机器人，应留意机器人的运动情况，并在必要时按下紧急停止按钮。⑤电机、减速器、制动电阻等零部件在机器正常运行过程中会产生大量的热，存在烫伤风险。在这些零部件上工作时应穿戴防护装备。更换零部件后，务必使用螺纹紧固胶固定好螺丝。更换零部件或进行调整后，应按照下述步骤，测试机器人的运行情况：采用较低的速度，单步运行程序，至少运行一个完整的循环。采用较低的速度，连续运行程序，至少运行一个完整的循环。增加速度，路径有所变化。以5%～10%的速度间隔，最大99%速度运行程序。使用设定好的速度，连续运行程序，至少运行一个完整的循环。执行测试前，确保所有人员均位于工作区域外。⑥维护完成后，清理机器人附近区域的杂物，清理油、水和碎片。

4. 系统维护

搬运码垛机器人工作站系统采用380V交流供电，对设备进行例行保养、维护、维修、改造等操作前请确保设备主电源关闭，重新上电后确保设备线路正确无异常。

本系统气动设备采用高压气源，对气动设备以及气路进行检修时请确认气源已经关闭。

设备运行期间需按照操作规程使用，人员不能擅自进入安全围栏内，如有紧急情况，需先停止所有设备后进入。

请勿在设备本体上存放物品，维修设备后需将所有工具带出，不得遗留任何工具在安全围栏内。

请勿在设备自动模式下用身体部位触碰物料检测传感器，导致传感器检测失误会使机器人误抓料而造成重大人身伤亡事故。

请勿在工业机器人上料位的料盘内人工添加料块，以免机器人夹手发生碰撞，造成机器人的损坏。

设备需要维修时需要开启相应的设备维修屏蔽功能。例如，对机器人进行操作时，设备需打到手动，机器人打到本地模式。

生产完毕后人员离开之前请关闭设备电源。

维修设备过程中，严禁踩踏工业机器人和其他相关设备。

主控柜触摸屏在使用过程中请使用手指触摸，切勿使用硬物撞击触摸屏。

避免使用硬物敲击电控柜，电控柜内有大量航插元件，容易因敲击造成线路故障。

切换机器人控制柜上钥匙开关时用力不要过大，速度不要过快，以免损坏钥匙开关。

设备下电之后不要立即上电，下电与上电间隔不应小于 3s。

防护网安全门要轻开、轻关，关闭安全门后要确保安全门关闭成功。

设备结束当日工作后，需要用软抹布轻轻擦拭线体上各个工位的到位检测传感器。

定期用干燥的软材料（纸张或布料）擦拭夹手上的传感器，擦拭时不能改变传感器的位置、方向、角度，建议擦拭频率为每一到两周一次。

定期清理主控柜侧面通风口的灰尘，以免影响电气元件散热。

6.4.2 搬运码垛机器人工作站系统故障排除

1. 机械常见故障及排除

工业搬运码垛机器人是非常复杂并且精密的设备，故障涉及众多相互关联的因素，很难确定。如果未能及时采取相应的解决措施，故障可能会加重甚至损坏机器人。因此，需要及时发现故障，并采取正确的解决办法才能保证机器人安全、稳定地工作。关于设备整体的一般性故障如表 6-16 所示。

表 6-16 设备整体的一般性故障

序号	故障现象	现象说明	解决方法
1	螺钉等标准件连接松动	长期动作的连接件，由于交变运动，造成螺钉等标准件松动	标准件是常用的防松措施，特别是用在机构反复运动的情况，必要时采用螺纹紧固胶。如有拆卸要求，要定期检查螺钉的松紧情况
2	机械定位不完全	电机减速机安装位置窜动，减速机损坏。 轴类结构，轴上零件轴承、齿轮、同步带轮等轴向窜动	电机减速机装配时要设计止口。 轴类机构要保证轴向定位完全
3	零部件长时间不润滑	零件磨损严重，有异响	长时间处于磨损的零件要定期加润滑油，如零件磨损较大时，应及时更换新零件
4	零部件之间干涉情况	零件磨损严重，有异响	在设计和装配时，应注意避免存在干涉情况，特别是传动机构
5	工件磨损	在特殊的使用环境中工件易损坏	在特殊的使用环境中应采用特殊的材质，降低使用过程中工件损坏频率
6	转动或运动机构应尽量设计防护罩	运动机构卡滞，异响	防护罩既能保障人身安全，又能防止外界的灰尘或者渣滓掉入运动机构中，造成设备故障

2. 电气常见故障及排除

设备电气常见故障如表 6-17 所示。

表 6-17　设备整体的一般性故障

序号	报警信息	备　注
001	侧推气缸伸出不到位报警	阻挡气缸行程发生变化,对阻挡气缸进行检查,维修。 气缸下降到位磁性开关位置发生窜动,重新调节磁性开关的位置并将其固定
002	侧推气缸缩回不到位报警	参考 001 号报警的处理方法
003	移栽气缸伸出不到位报警	参考 001 号报警的处理方法
004	移栽气缸缩回不到位报警	参考 001 号报警的处理方法
005	夹紧气缸 1 伸出不到位报警	参考 001 号报警的处理方法
006	夹紧气缸 1 缩回不到位报警	参考 001 号报警的处理方法
007	夹紧气缸 2 伸出不到位报警	参考 001 号报警的处理方法
008	夹紧气缸 2 缩回不到位报警	参考 001 号报警的处理方法
009	定位气缸缩回不到位报警	参考 001 号报警的处理方法
010	定位气缸伸出不到位报警	参考 001 号报警的处理方法
011	1#输送线变频器故障报警	进行报警复位(按下工控机报警界面或对应工位按钮盒上的报警复位按钮),报警复位后尝试再次启动或在手动模式下进行试运转,如果再次发生报警,请根据变频器说明书判断变频器发生的是何种报警,并联系相关技术人员。联系相关人员时请将发生报警的变频器显示面板的内容拍成照片或者视频,以便于技术人员进行分析
012	2#输送线变频器故障报警	参考 011 号报警的处理方法
013	3#输送线变频器故障报警	参考 011 号报警的处理方法
014	4#输送线变频器故障报警	参考 011 号报警的处理方法
015	5#输送线变频器故障报警	参考 011 号报警的处理方法

第7章

搬运码垛机器人编程应用及典型案例

7.1 搬运码垛机器人码垛编程应用

机器人示教程序是机器人运动点的精准控制，所以示教程序必须准确无误。一般情况下机器人加工作业分为主作业和子作业，主作业用于整体逻辑的搭建并决定调用哪个子作业；子作业用于具体执行某一个动作。这里以机器人码垛和拆垛为例，做出以下程序示例。主作业：MAIN，码垛示教界面如图 7-1(a)、(b)所示。拆垛示教界面如图 7-1(c)、(d)所示。点位说明如表 7-1 所示。

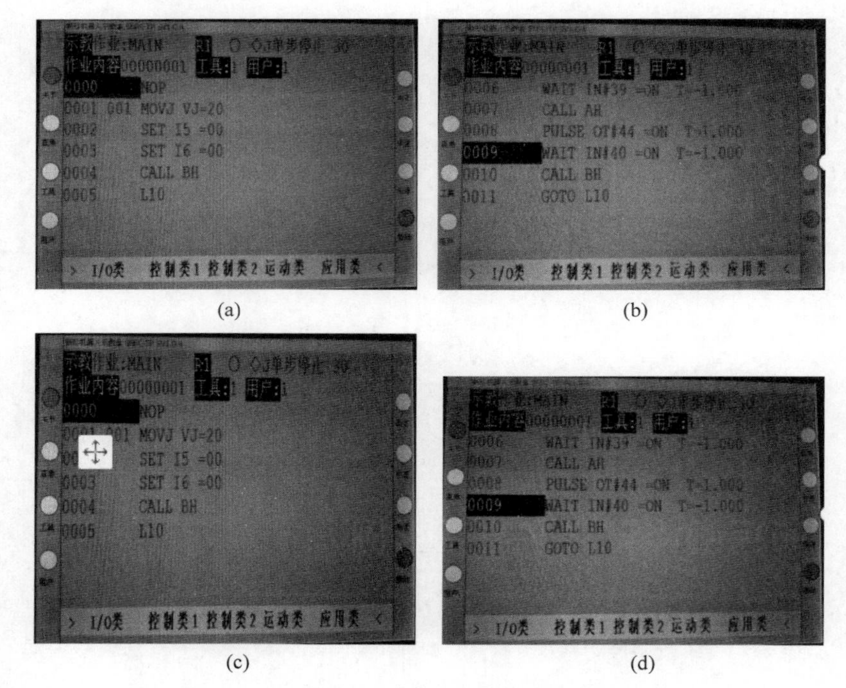

图 7-1 主作业示教界面

表 7-1　主作业点位说明

码垛点位	码垛说明	拆垛点位	拆垛说明
0001	初始点	0001	初始点
0002	复位计数变量	0002	复位计数变量
0003	复位计数变量	0003	复位计数变量
0004	调用码垛作业	0004	调用码垛作业
0005	标签 10	0005	标签 10
0006	等待允许抓取	0006	等待允许抓取
0007	调用拆垛子作业	0007	调用拆垛子作业
0008	输出抓取完成	0008	输出抓取完成
0009	等待码垛允许	0009	等待码垛允许
0010	过渡点	0010	过渡点

子作业：BH（码垛作业），AH 搬运码垛机器人拆垛作业。点位说明如表 7-2 所示。

表 7-2　码垛子作业点位说明

BH 码垛子作业点位	BH 码垛子作业说明	AH 拆垛子作业点位	AH 拆垛子作业说明
0001	程序开始标签	0001	起始标签
0002	等待工件到位信号	0002	等待允许拆垛
0003	机器人原点位置	0003	当前箱数判断
0004	吸取点	0004	当前箱数判断
0005	延时 0.2S	0005	当前箱数判断
0006	…	0006	当前箱数判断
0007	吸真空	0007	当前箱数判断
0008	等待真空建立	0008	当前箱数判断
0009	延时 0.5s	0009	当前箱数判断
0010	吸取完成抬起点	0010	当前箱数判断
0011	过渡点	0011	当前箱数判断
0012	输出抓取完成	0012	当前箱数判断
0013	标签 20	0013	延时 0.2s
0014	判断抓取个数	0014	跳转到 L20
0015	判断抓取个数	0015	01 箱拆垛标签
0016	判断抓取个数	0016	过渡点
0017	判断抓取个数	0017	抓取点
0018	判断抓取个数	0018	延时 0.1s
0019	判断抓取个数	0019	…
0020	判断抓取个数	0020	吸真空
0021	判断抓取个数	0021	等待真空建立
0022	判断抓取个数	0022	吸取完成抬起
0023	判断抓取个数	0023	箱子个数变量自加
0024	延时 0.2s	0024	跳转至结束标签
0025	跳转标签 20	0025	02 箱标签
0026	01 箱标签	0026	过渡点
0027	过渡点	0027	吸取点位

续表

BH 码垛子作业点位	BH 码垛子作业说明	AH 拆垛子作业点位	AH 拆垛子作业说明
0028	放料点位	0028	延时 0.2s
0029	延时 0.2s	0029	…
0030	…	0030	吸真空
0031	破真空	0031	等待真空建立
0032	延时 0.5s	0032	吸取完成抬起点
0033	等待真空压力消失	0033	箱个数变量自加
0034	放完成抬起点位	0034	跳转结束标签
0035	计数变量自加 1	0035	03 箱标签
0036	跳转标签 50	0036	过渡点
0037	02 箱标签	0037	吸取点
0038	过渡点	0038	延时 0.2s
0039	过渡点	0039	…
0040	放料点位	0040	吸真空
0041	延时 0.2s	0041	等待真空建立
0042	…	0042	吸取完成抬起点
0043	破真空	0043	计数变量自加 1
0044	延时 0.5s	0044	跳转结束标签
0045	等待真空压力消失	0045	04 箱标签
0046	放料完成抬起点	0046	过渡点
0047	计数变量自加 1	0047	吸取点位
0048	跳转标签 50	0048	延时 0.2s
0049	03 箱标签	0049	…
0050	过渡点	0050	吸真空
0051	过渡点	0051	等待真空建立
0052	放料点位	0052	吸取完成抬起点
0053	延时 0.2s	0053	计数变量自加 1
0054	…	0054	跳转结束标签
0055	破真空	0055	05 箱标签
0056	延时 0.5s	0056	过渡点
0057	等待真空压力消失	0057	吸取点位
0058	放料完成抬起点	0058	延时 0.2s
0059	计数变量自加 1	0059	…
0060	跳转标签 50	0060	吸真空
0061	04 箱标签	0061	等待真空建立
0062	过渡点	0062	吸取完成抬起点
0063	放料点	0063	计数变量自加 1
0064	延时 0.2s	0064	跳转结束标签
0065	…	0065	06 箱标签
0066	破真空	0066	过渡点
0067	延时 0.5s	0067	抓取点位
0068	等待真空压力消失	0068	延时 0.2s
0069	放料完成抬起点	0069	…

续表

BH 码垛子作业点位	BH 码垛子作业说明	AH 拆垛子作业点位	AH 拆垛子作业说明
0070	计数变量自加 1	0070	吸真空
0071	跳转标签 50	0071	等待真空建立
0072	05 箱标签	0072	吸取完成抬起点位
0073	过渡点	0073	计数变量自加 1
0074	放料点位	0074	跳转至结束
0075	延时 0.2s	0075	07 箱标签
0076	…	0076	过渡点
0077	破真空	0077	抓取点
0078	延时 0.5s	0078	延时 0.2s
0079	等待真空压力消失	00079	…
0080	放料完成抬起点	0080	吸真空
0081	计数变量自加 1	0081	等待真空建立
0082	跳转标签 50	0082	吸取完成抬起点
0083	06 箱标签	0083	计数变量自加 1
0084	过渡点	0084	跳转至结束
0085	放料点	0085	08 箱标签
0086	延时 0.2s	0086	过渡点位
0087	…	0087	吸取点
0088	破真空	0088	延时 0.2s
0089	延时 0.5s	0089	破真空
0090	等待真空压力消失	0090	吸真空
0091	放料完成抬起点	0091	等待真空建立
0092	计数变量自加 1	0092	吸取完成抬起点
0093	跳转标签 50	0093	计数变量自加 1
0094	07 箱标签	0094	跳转至结束
0095	过渡点	0095	09 箱标签
0096	放料完成抬起点	0096	过渡点
0097	延时 0.2s	0097	吸取点
0098	…	0098	延时 0.2s
0099	破真空	0099	…
0100	延时 0.5s	0100	吸真空
0101	等待真空压力消失	0101	等待真空建立
0102	放料完成抬起点	0102	抓去完成抬起点
0103	计数变量自加 1	0103	计数变量自加 1
0104	跳转标签 50	0104	跳转至结束
0105	08 箱标签	0105	10 箱标签
0106	过渡点	0106	过渡点
0107	放料点	0107	吸取点
0108	延时 0.2s	0108	延时 0.2s
0109	…	0109	…

续表

BH 码垛子作业点位	BH 码垛子作业说明	AH 拆垛子作业点位	AH 拆垛子作业说明
0110	破真空	0110	吸真空
0111	延时 0.5s	0111	等待真空建立
0112	等待真空压力消失	0112	吸取完成抬起点
0113	放料完成抬起点	0113	计数变量自加 1
0114	计数变量自加 1	0114	跳转至结束
0115	跳转标签 50	0115	结束标签
0116	09 箱标签	0116	过渡点
0117	过渡点	0117	过渡点
0118	过渡点	0118	放料点
0119	放料点	0119	延时 0.2s
0120	延时 0.2s	0120	…
0121	…	0121	破真空
0122	破真空	0122	延时 0.5s
0123	延时 0.5s	0123	等待真空压力消失
0124	等待真空压力消失	0124	过渡点
0125	放料完成抬起点	0125	过渡点
0126	计数变量自加 1	0126	机器人原点
0127	跳转标签 50	0127	判断抓取工件个数
0128	10 箱标签	0128	延时 0.2S
0129	过渡点	0129	跳转标签 20
0130	过渡点	0130	标签 51
0131	放料点	0131	计数变量清零
0132	延时 0.2s	0132	回主作业命令
0133	…	0133	程序结束标志
0134	破真空		
0135	延时 0.5s		
0136	等待真空压力消失		
0137	放料完成抬起点		
0138	计数变量自加 1		
0139	标签 50		
0140	过渡点		
0141	判断摆放个数		
0142	延时 0.2s		
0143	跳转标签 90		
0144	标签 51		
0145	计数变量清零		
0146	回主作业命令		
0147	程序结束命令		

7.2　搬运码垛机器人系统案例

7.2.1　机器人用户使用

新松机器人用户等级分三级：普通用户、高级用户、超级用户。系统第一次启动时默认为普通用户。高级用户如图 7-2 所示。

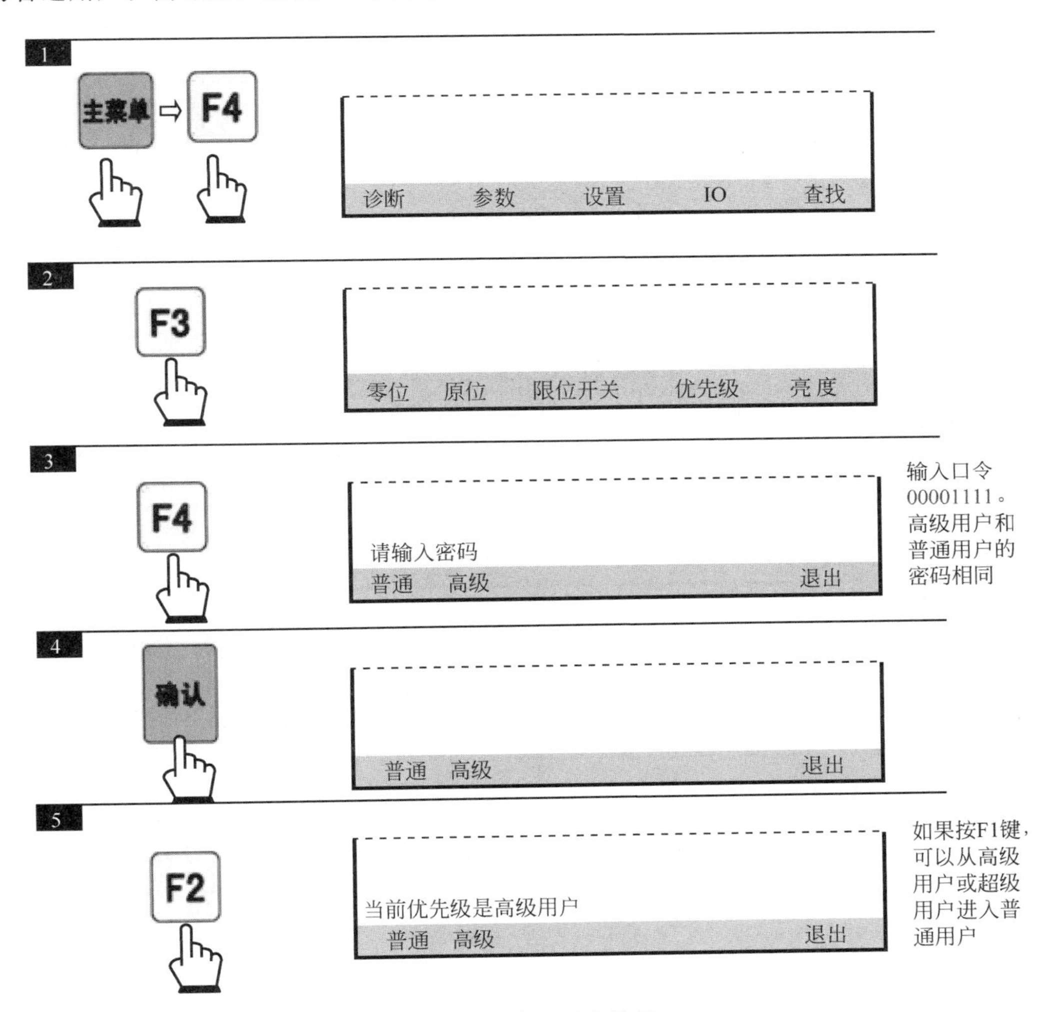

图 7-2　高级用户使用

超级用户：进入超级用户前用户级别必须为高级用户。假如当前为高级用户，进入超级用户也要重复进入高级用户的操作，如图 7-3 所示。

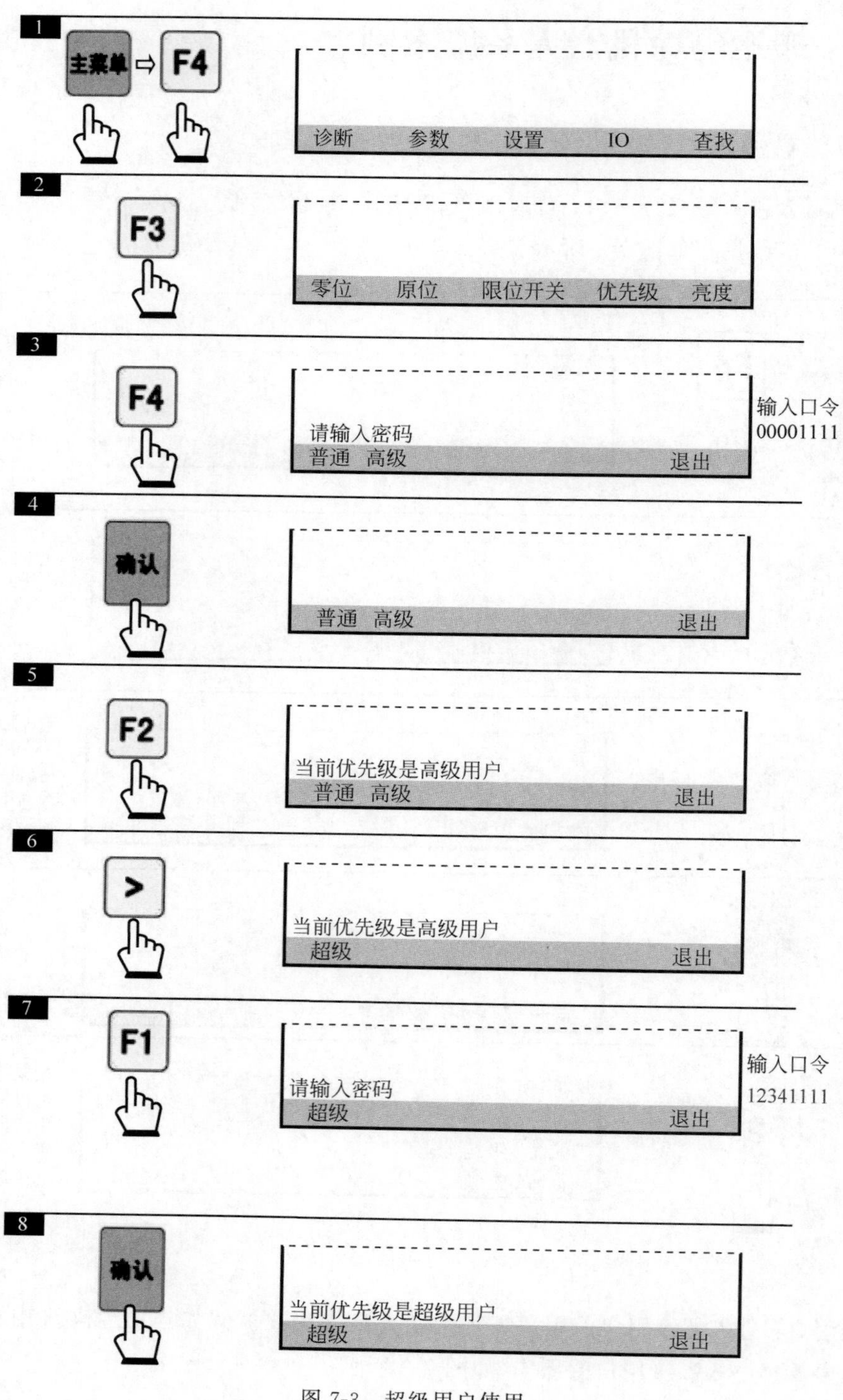
1
主菜单
F4
诊断 参数 设置 IO 查找
2
F3
零位 原位 限位开关 优先级 亮度
3
F4
请输入密码
普通 高级
退出
输入口令
00001111
4
确认
普通 高级
退出
5
F2
当前优先级是高级用户
普通 高级
退出
6
>
当前优先级是高级用户
超级
退出
7
F1
请输入密码
超级
退出
输入口令
12341111
8
确认
当前优先级是超级用户
超级
退出

图 7-3 超级用户使用

7.2.2　搬运码垛机器人实验操作

实验一：

在搬运码垛机器人生产线平台内，应该了解示教作业编写和CODESYS软PLC系统上下位组态方法。利用CODESYS软PLC搭载倍福硬件I/O模块，通过EtherCAT通信方式与机器人交互，实现CODESYS控制调取机器人子作业。

CODESYS软PLC系统作为控制整个搬运码垛生产线系统的CPU，首先要能实现通过CODESYS上位机对码垛机器人控制，CODESYS软PLC系统作为EtherCAT通信网络的主站与新松机器人(只能作为EtherCAT总线的主站)通信，其次采用倍福EL6692网桥模块作为两边的从站，对通信数据进行映射，最终实现在CODESYS上位机控制码垛机器人物料自动抓放。

通过该案例掌握I/O硬线与机器人交互的接线方式、CODESYS与机器人EtherCAT通信方式配置方法、创建按钮的方法以及执行调取机器人子作业的PLC程序，并掌握机器人创建作业以及编写子作业的操作步骤和方法。

1. I/O硬线与机器人交互的接线方式

压力开关的工作原理是如果压力开关系统的压力高于或者是比初始设定的安全压力低，压力开关中感应器里面的碟片可以及时地感应到，同时会发生移动，通过和导杆相互连接，使得压力开关的接头接通电源。当压力开关系统的压力恢复到初始设定的安全压力值的时候，碟片又可以及时地感应到，然后在一瞬间恢复到原位，开关也会自动恢复到原来的位置和状态。将EL6692模块正确供电后，使用RJ45网线将EL6692上X1口与机器人通信板卡连接。

2. 配置新松机器人端的参数

机器人登录超级用户，在配置界面进入系统属性画面，根据机器人实际连接的节点数，查看当前机器人驱动器属性配置，找出最后的节点增加倍福EL6692模块作为机器人从站的最后一个节点。

3. 通过CODESYS编程软件上位机控制机器人

(1) 创建Robot变量表，建立控制码垛机器人用取料、放料输出点，在程序的变量定义区做好变量的定义。

(2) 在EL6692模块中做好机器人系统输入点的映射关系。

(3) 在ROBOT界面添加按钮，分别在按钮的属性Properties中关联中间变量。

(4) 在Program文件夹下Main程序段中，添加程序段，实现在系统自动运行下，通过手动按钮触发控制搬运码垛机器人物料自动抓放。

虽然不同系统对码垛机器人的控制方式，逻辑不尽相同，但最基本的操作顺序和方法类似，首先实现码垛机器人搬运作业的单机控制，然后再通过CODESYS软PLC系统对搬运码垛机器人搬运作业进行远程控制，实现通过CODESYS软PLC系统对码垛机器人物料自动抓放。

实验二：

掌握搬运码垛机器人生产线变频电机电气硬件回路设计原理，掌握三菱变频器参数设置方法，变频电机控制方式方法，CODESYS软PLC系统上下位组态软件编写方法；还可以通过 CODESYS 人机界面进行手动控制并在 CODESYS 人机界面上显示运行状态。三菱变频器实现输送线的变频调速功能，变频器上端增加马达保护器起到通断及过载保护作用。变频器供电端 U、V、W、PE 端接至控制柜内电源端子，由控制柜内端子通过一根电缆接至电机接线盒内。

输送线采用 380V 三相四线制变频电机进行调速，工件通过输送线传送至码垛工位，机器人进行码垛作业。三菱 E700 系列变频器控制端采用 24V 供电，电源取自主控制柜内 24V 电源，变频器输出端运行和故障信号接至倍福 EL1809 输入模块输入 I/O 点，变频器输入信号正转、反转、高速、中速和低速引至倍福模块 EL2809 输出信号，通过输出信号的变化实现电机正反转以及调速功能。

1. 三菱变频器参数设置

根据电机铭牌上的参数以及变频器操作手册中变更参数设定值的步骤，分别将搬运码垛生产线中 5 台三菱变频器的参数设置完成。

按照变频器参数设置步骤，分别将主控制柜内五台变频器参数按照电机参数表设置完成。

2. CODESYS 软 PLC 输送线 FB 功能块形参变量的定义及程序的实现

因为整个码垛物料输送系统内 5 台变频器的程序及功能基本一致，为了方便控制起见，编写 FB 功能块可以应用在 5 台输送线的控制中。在 Devices 栏双击 Program 文件夹，选择 E_Roller_Line 程序功能块，在功能块上半部分空白区域按下图所示定义控制输送线所需要设置的输入/输出型参变量，创建线体 FB 功能块并新建输入/输出型参变量用于功能块内程序编写。

3. 通过 CODESYS 上位组态界面实现对输送线手动控制

在 Transfer 界面，在打开的空白界面中添加输送线变频器的各类按钮，运行以及报警指示灯。在所添加的按钮的属性 Properties 中关联相应的中间变量，关联变量实现上位操作界面与下位程序之间的桥梁作用。

码垛系统物料输送是整个系统最重要的组成部分，输送线是码垛系统物料输送部分的核心，通过 CODESYS 软 PLC 上位界面对输送线实现手动控制功能是码垛系统物流输送的前提条件，通过本实验需要掌握在操作界面添加按钮及指示灯，编写输送线 FB 功能块，从而实现对输送线及气缸的手动控制。

实验三：

掌握传感器 I/O 输入点接线图设计原理，掌握码垛系统物料连续搬运自动运行的启动条件、系统自动运行过程中触发气缸伸出、气缸缩回、输送线启动的触发条件，了解传感器原理并掌握系统中使用的传感器类型，完成码垛系统输送线连续输送 PLC 程序的编写。

1. CODESYS 软 PLC 系统

作为控制整个搬运码垛生产线系统的 CPU，在实现实验一、实验二物料输送系统内单体设备的单动以及码垛机器人点到点搬运作业的基础上，通过一系列逻辑关系相连接，从而实现码垛系统物料连续搬运，如图 7-4 所示。

起始位置检测传感器、线体 1 末端传感器、线体 2 末端传感器等 6 个传感器均采用基恩士三线制传感器，棕色接 24V、蓝色接 0V、黑色信号线接至主控制柜内 XT4 端子；图 7-4 为码垛系统生产线传感器布局图，图中传感器功能如下：

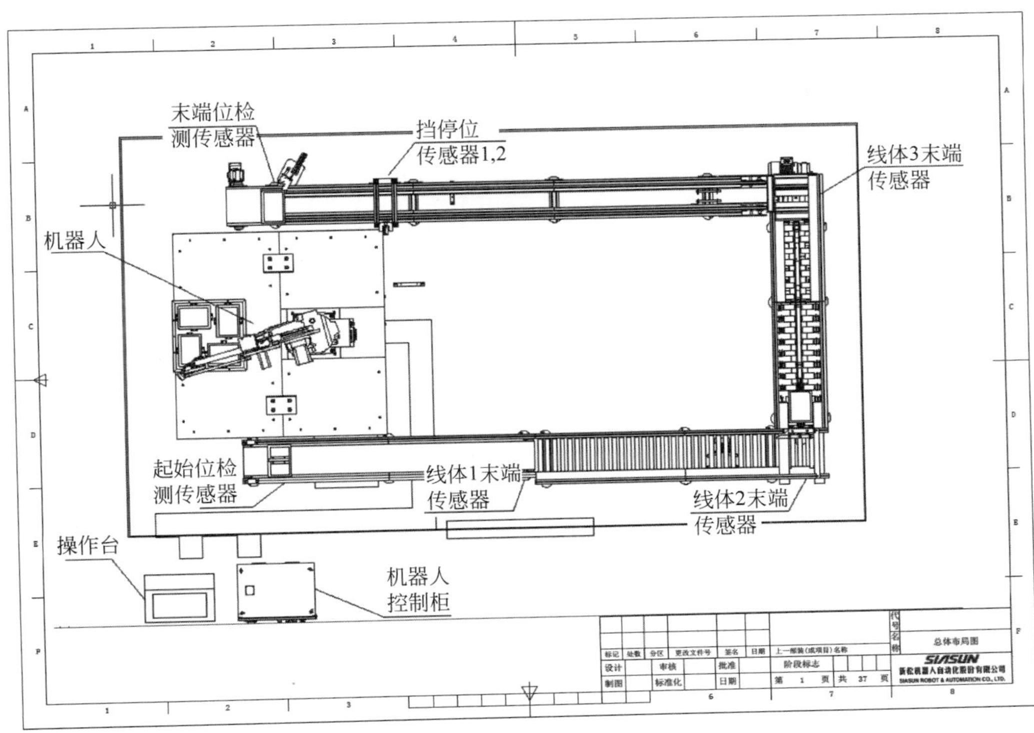

图 7-4　传感器布局

① 起始位置传感器用于检测起始位置来料并控制线体 1 启停；

② 线体 1 末端传感器用于检测工件到达线体之间交汇处，停止线体 1 启动线体 2；

③ 线体 2 末端传感器用于检测工件到达侧推机构，控制线体 2 停止及线体 3 启动；

④ 线体 3 末端传感器用于检测工件到达顶升移栽机，控制线体 3 停止及线体 4 启动；

⑤ 挡停工位传感器用于检测工件到达挡停工位，控制挡停气缸伸出；

⑥ 末端位检测传感器用于检测工件到达机器人抓取码垛工位，控制定位气缸动作。

2. HMI 人机界面添加传感器指示灯

双击打开 Transfer 变频器界面，按照实验二的方法步骤在 Transfer 界面分别添加传感器的指示灯，右键单击属性 Properties 中关联相应的中间变量，关联输送线 1 起始位置传感器变量实现通过 HMI 人机界面监控传感器状态的功能。

3. 输送线的自动控制

因为整个码垛物料输送系统内 5 台变频器的程序及功能基本一致，为了方便控制起见，编写 FB 功能块可以应用在 5 台输送线的控制中。在建立好的 FB 功能块 E_Roller_Line 中，将系统现有的 I/O 点的实参变量一一关联到 FB 功能块的形参变量上。

4. 气缸的自动控制

因为整个码垛物料输送系统内气缸的程序及功能基本一致，为了方便控制起见，编写 FB 功能块可以应用在若干个气缸的控制中。在建立好的 FB 功能块 Cylinder 中，将系统现有的 I/O 点的实参变量一一关联到 FB 功能块的形参变量上。

系统自动运行时，当移栽机完全进入传感器被触发，延时 2s 待工件完全进入移栽机时，满足移栽机气缸顶升条件,移栽机气缸动作顶升,当移栽机完全进入信号消失并且输送线4变频器停止,满足移栽机气缸落下条件,移栽机气缸动作落下,当下一个工件到达移栽机完全进入传感器被触发时,移栽机气缸再次顶升,由此往复。

系统自动运行时,当线体4末端传感器被触发,延时7s待工件完全到达定位位置,满足定位气缸伸出条件,定位气缸动作伸出,再延时0.5s将标志位M_mark6置位防止定位气缸误动作与机器人干涉。当定位气缸磁环伸出到位后延时1s,定位气缸动作缩回,机器人抓取完成信号catch_finish将M_mark6标志位复位,当下一个工件到达线体4末端传感器被触发时,定位气缸再次伸出,由此往复。

码垛系统物料连续搬运是整个系统最重要的组成部分,物料连续输送为物料连续搬运不断提供工件,掌握系统内各个设备自动运行的触发条件,并通过一系列逻辑关系将各个设备组合达到码垛系统物料连续搬运的功能。

实验四:

掌握搬运码垛机器人码垛和拆垛的编程方法,通过示教盒编程和示教机器人进行码垛和拆垛,实验二、实验三已完成了码垛系统物料连续搬运功能,通过传感器以及气缸动作磁性开关状态的变化锁定工件码垛及拆垛的位置,通过CODESYS软PLC系统控制机器人实现码垛机器人的自动物料搬运。

新松码垛机器人作为自动码垛和拆垛的核心设备,首先要通过示教盒编写程序、新建作业、示教机器人进行码垛和拆垛,在实验一中已经完成了机器人与PLC的数据交互I/O配置,通过传感器以及气缸动作磁性开关状态的变化,实现通过CODESYS软PLC系统与调取机器人的码垛及拆垛作业,从而实现码垛机器人自动物料搬运功能。

1. 码垛机器人自动物料搬运

为了今后方便添加多台机器人控制起见,建立B_SIASUN_Robot功能块,编写FB功能块可以应用在若干台新松机器人中。在Devices栏双击Program文件夹,选择B_SIASUN_Robot程序功能块,在功能块上半部分空白区域根据控制机器人所需要设置的输入/输出型参变量,用于功能块程序编写。

2. 通过CODESYS软PLC上位机实现码垛机器人自动物料搬运

在Devices栏双击Program文件夹,选择Main程序,创建一个机器人FB功能块,在建立好的FB功能块中,将系统现有的I/O点的实参变量一一关联到FB功能块的形参变量上。在空白区域按编写逻辑程序。

码垛机器人自动码垛和拆垛是搬运码垛系统的重要组成部分,通过示教盒编程和示教机器人动作,通过CODESYS软PLC上位界面调取子作业中拆垛作业和码垛作业,机器人码垛取料点以及拆垛放料点通过传感器、气缸等设备精确定位,确保机器人取料及放料精确无误,从而实现码垛机器人自动物料搬运。

7.3 轮胎码垛机器人工作站案例介绍

项目背景:某物流公司为国内比较大的汽车配件供应商,旗下产品种类繁多,市场潜力大,本项目是新松机器人首次进入汽车轮胎码垛行业。项目主要完成对轮胎的抓取和码垛功能，同时具备抓取托盘的能力。轮胎码垛一共分为三套，第一套为在广州风神花都，现场正式投入生产一段时间后，客户对使用效果较满意，而后相继在大连和郑州招标成功。

项目流程说明：

(1) 机器人由托盘工位取托盘放置到码垛工位(托盘为工人预先放置，由机器人进行码垛、拆垛抓取，工位处有检测层数的传感器，可以上料任意层数，最多8层，当托盘取完时有提示信息输出)，如图7-5所示。

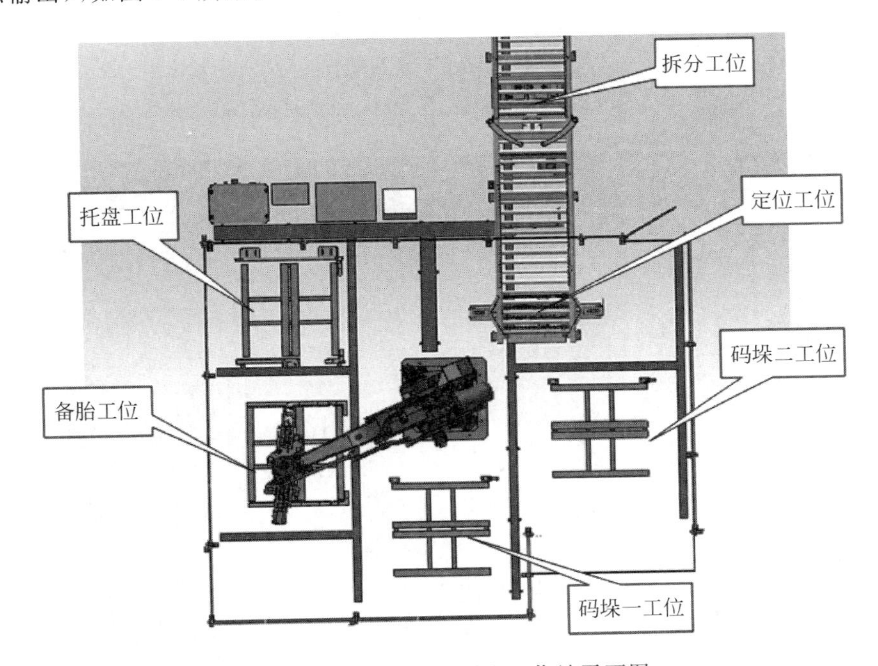

图7-5　轮胎码垛机器人工作站平面图

(2) 轮胎从生产线上流下，经过拆分工位拆成单个轮胎。

(3) 到达定位工位，对轮胎进行精定位(此处有距离传感器，可以区分不同大小的轮胎)。

(4) 由机器人携带夹具到定位处夹取轮胎，到工位进行码垛，每层4个，一共4层主胎，当主胎到达4层时，机器人到备胎工位夹取备胎，在4层主胎的基础上码垛一层备胎(由于备胎工位轮胎是由工人上料，没有定位，所以此处有视觉系统识别，进行备胎抓取)。

(5) 码完一层备胎，整跺、码垛完成，有提示信息输出，由工人进行转运。

(6) 当备胎工位备胎取完时，备胎托盘由机器人取走用于码垛主胎。

(7) 节拍：生产线每12s下一条主胎，综合视觉抓备胎的时间，一托盘≤192s。

项目现场如图7-6所示。

(a)

(b)

(c)

图 7-6　轮胎码垛机器人工作站项目现场

7.4　方便面箱码垛案例介绍

项目背景：机器人已经广泛使用在各种行业，食品的包装码垛对机器人需求量很大。杭州某品牌碗面码垛项目就是典型的对食品整型并码垛的应用。本项目主要完成纸箱整理和机器人自动码垛两个功能，节拍要求较高。方便面纸箱码垛项目整个合同工期 60 天，项目地点为浙江省杭州市。项目设备到达杭州现场，经过 35 天左右的安装调试正式投入生产。

项目流程说明：

（1）纸箱通过动力输送系统到达工位图 7-7 所示。

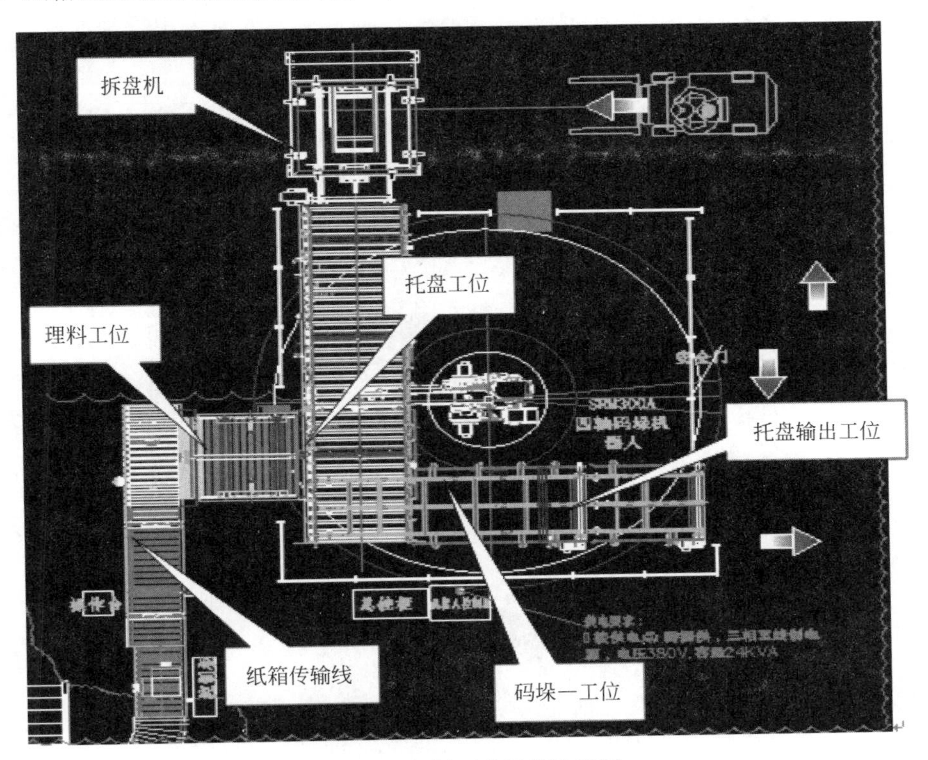

图 7-7　方便面箱码垛平面图

（2）纸箱逐个通过差速皮带机到达整理线侧推工位，多位置侧推机构分 2～3 次将物料推送到码垛前堆积位，等待抓取。

（3）托盘由托盘库供给，由托盘输送系统传输到机器人码垛工位。

（4）机器人在码垛工位进行码垛。

（5）码垛完成后整垛输出。

（6）节拍：生产线 1500 箱/小时。

项目现场如图 7-8 所示。

(a)

(b)

(c)

图 7-8 方便面箱码垛案例现场

附录A

机器人报警信息

1. 报警

下面列出的报警发生时，伺服驱动器会掉电，不允许直接启动，报警会列入到出错信息中，如表 A-1 所示。

表 A-1　机器人报警信息

报警号	报 警 信 息	报 警 原 因	处 理 措 施
10	关节＋N 自我校验错误(伺服系统)	GRCI 系统	
20	关节＋N 控制字错误(伺服系统)	GRCI 系统	
30	关节＋N 速度超界(伺服系统)	GRCI 系统	
40	关节＋N 位置超差(SERVO)	GRCI 系统	
50	关节＋N 轨迹 (伺服系统)	GRCI 系统	
60	关节＋N 指令超值(伺服系统)	GRCI 系统	
70	关节＋N 内部锁(伺服系统)	GRCI 系统	
80	伺服板复位错		
81	伺服板复位错		
90	伺服板初始化错		
91	伺服板标定错(圈数)		
99	伺服标定(尾数)		
101	24V 电源不正常		
102	12V 电源不正常		
103	抱闸电源不正常		
105	水压低报警		
106	气压低报警		
110	伺服自我校验错		
120	伺服控制字错		
130	脉冲板没准备好		
140	绝对码盘异常		
150	伺服包报警代码		
160	伺服包复位错		

续表

报警号	报 警 信 息	报 警 原 因	处 理 措 施
170	(伺服包)报警代码		
180	伺服电机抱闸没释放		
190	关节+N 绝对码盘异常		
192	关节+N 绝对码盘超界		
200	内存测试错		
210	内存数据缓冲区超界		
230	Hash 表错		
240	校验和错		
241	数据标志错		
250	示教盒错		
260	I/O 板内存错		
270	I/O 板双端口错		
280	I/O 板无时钟		
290	I/O 板测试错		
300	自我测试错	串口发送的字节数小于或等于 0	软件内部错误,联系设计人员
310	输入数据超界(串口)	输入数据超过 252 字节	
312	输入命令超界(串口)		
314	输出数据超界(串口)		
316	输出命令超界(串口)		
320	数据帧错(串口)		
321	接收缓冲区空(串口)		
322	接收缓冲区满(串口)		
323	协议头错(串口)		
324	协议尾错(串口)		
325	协议标志错(串口)		
326	数据校验和错(串口)		
327	数据长度错(串口)		
330	激光发生器报警		
331	上位计算机报警		
600	位控板 N 连接错误	(无错误入口)	
604	I/O 板错误字 101 或 102 或 104	1. 101 为 CAN 通信故障,原因为 CAN 总线电缆断开或接触不良,或 104 重启而 I/O 板没有重启,或者 CAN 板卡故障	1. 101 解决方法为更换 CAN 线,或者更换 I/O 板
		2. 102 为 I/O 板卡异常重启	2. 102 解决方法为更换 I/O 板
		3. 104 为 CAN 通信超时	3. 104 解决方法为更换 CAN 线,或者更换 I/O 板
607	硬限位	检测到硬限位信号	检测是否到达机械硬限

续表

报警号	报 警 信 息	报 警 原 因	处 理 措 施
608	安全门 1 打开	检测到安全门打开	在安全门打开状态进行合理操作
704	发送信息错误		
707	IO 板 1 错误：+错误字		
708	IO 板 2 错误：+错误字		
800	1、2 轴绝对码盘未返回	脉冲板未向主控板返回 1、2 轴的绝对码盘信息	查看脉冲板与主控板之间总线连接情况
801	3、4 轴绝对码盘未返回	脉冲板未向主控板返回 3、4 轴的绝对码盘信息	查看脉冲板与主控板之间总线连接情况
802	5、6 轴绝对码盘未返回	脉冲板未向主控板返回 5、6 轴的绝对码盘信息	查看脉冲板与主控板之间总线连接情况
803	脉冲板 I/O 及状态字未返回	脉冲板未向主控板返回 I/O 及状态字信息	查看脉冲板与主控板之间总线连接情况
804	1～3 轴接收相对位置点被覆盖	一个节拍内脉冲板接收到两次码盘数据	1. 确认 1～3 轴外的其他轴的连线 2.
805	4～6 轴接收相对位置点被覆盖	一个节拍内脉冲板接收到两次码盘数据	1. 确认 4～6 轴外的其他轴的连线 2. 确认主板驱动及 FPGA 程序
806	脉冲板接收到无定义的 RC 指令	脉冲板接收 CAN 数据时发生错误	1. 更换脉冲板 2. 致命错误，请联系设计人员
807	脉冲板等待 RC 指令超时		1. 确认操作是否正确 2. 致命错误，请联系设计人员
808	脉冲板发送给 RC 的 CAN 帧错		
809	读码盘失败		
810	1 号 I/O 板数据未返回	1 号 I/O 板数据未返回	检查 1 号 I/O 板总线连接情况
811	2 号 I/O 板数据未返回	2 号 I/O 板数据未返回	检查 2 号 I/O 板总线连接情况
812	码盘值无效	RC 没有读取到码盘值	1. 确认 RC 程序 2. 确认脉冲板 DSP 程序 3. 更换脉冲板
813	813 Alam：AXIS+报警驱动器的 ID	某 ID 的驱动器产生报警	检查伺服驱动器报警原因，予以排除
814	速度超界：AXIS+轴数	主控板检测出速度超过设定限制值	1. 检查主板参数中（RC 参数）速度限设定值 2. 检查减速比 3. 检查驱动器参数

续表

报警号	报 警 信 息	报 警 原 因	处 理 措 施
815	跟踪差超界：AXIS＋轴数	主控板检测出跟踪差超过设定限制值	1. 检查主板参数中(RC参数)速度限设定值 2. 检查减速比 3. 检查驱动器参数
816	看门狗报警	脉冲板内部的错误报警	联系脉冲板软件开发人员
817	硬件安全开关输入无效	脉冲板内部的错误报警	联系脉冲板软件开发人员
818	位置脉冲偏差过大：轴不动	机器人轴不动超过一定时间系统会检查该轴的静态差码，当差码超过设置的数值时，报警	尝试加大差码设定值，当超过最大设定值时仍然报警须联系新松人员。差码设定值在超级用户下进入功能→设置→下一屏→安全门中的"位置脉冲偏差"参数
820	第7、8轴绝对码盘未返回	脉冲板未向主控板返回第7、8轴的绝对码盘信息	查看脉冲板与主控板之间的总线连接情况
821	第9轴绝对码盘未返回		
823	2号脉冲板I/O状态字未返回	2号脉冲板未向主控板返回I/O及状态字信息	查看脉冲板与主控板之间的总线连接情况
824	7～9轴接收相对位置点被覆盖	脉冲板一个节拍接收到两次码盘数据	致命错误，请联系设计人员
825	2号：4～6轴接收相对位置点被覆盖		
826	2号：脉冲板接收到无定义的RC指令	2号脉冲板接收CAN数据时发生错误	1. 更换脉冲板 2. 致命错误，请联系设计人员
827	2号：脉冲板等待RC指令超时		
828	2号：脉冲板发送给RC的CAN帧错		
829	2号：脉冲板读码盘失败		
830	脉冲板跟踪差超界：axis＋轴数	脉冲板内部检测到当前跟踪差超过设定限值	1. 检查脉冲板参数中(PMC参数)跟踪差设定值 2. 检查减速比 3. 检查QEP是否丢码 4. 检查485是否丢码
831	脉冲板速度超界：axis＋轴数	脉冲板内部检测到当前速度限超过设定限值	1. 检查主板参数中(RC参数)速度限设定值 2. 检查减速比 3. 检查驱动器参数
832	未收到初始化帧：脉冲板1	脉冲板没有收到主板的初始化帧，DSP程序与RC程序不匹配	1. 更换RC带初始化帧功能的程序 2. 更换脉冲板DSP为不带初始化帧功能的程序
833	未收到初始化帧：脉冲板2	同832	

续表

报警号	报警信息	报警原因	处理措施
834	2 号：脉冲板速度超界		
835	脉冲板：＋错误字(按位定义)		
836	2 号脉冲板错误字		
837	2 号：看门狗报警	脉冲板内部安全检测	联系专业技术人员
838	2 号：硬件安全开关输入无效	脉冲板内部安全检测	联系专业技术人员
840	已发生系统错误，不允许上电操作	CAN 通信过程中发生错误	联系专业技术人员
850	远程/本地旋转开关处于故障中	远程模式信号、本地模式信号同时为 ON	检查远程/本地模式开关的硬件线路
851	急停中		
860	驱动器 RDY 信号错误	RDY 硬件接线有故障	
861	驱动器 BRK 信号错误	BRK 硬件接线有故障	
862	驱动器 RDY 信号断开	RDY 硬件接线有故障或者信号有干扰	
863	驱动器 BRK 信号断开	BRK 硬件接线有故障或者信号有干扰	
900	焊枪碰撞		
2236	指令指针错，行号	说明读取指令时，铁电中存储的数据发生读取错误	
2238	指令不存在，行号	说明读取指令时，铁电中存储的数据发生读取错误	

2. 警告

下面列出的报警发生时，伺服驱动器不会掉电，机器人暂停、不允许直接启动，需要按取消键取消报警后可继续，报警会列入到出错信息中，如表 A-2 所示。

表 A-2　机器人警告信息

报警号	报警信息	报警原因	处理措施
108	轴 位置硬限位		
340	自动清内存：版本号不匹配	系统进行了自动清内存	联系专业技术人员
341	自动清内存：系统参数不匹配	系统进行了自动清内存	联系专业技术人员
853	请选择本地/远程操作模式	远程模式信号、本地模式信号同时为 OFF	1. 检查远程/本地模式开关是否处于中间挡 2. 检查远程/本地模式开关的硬件线路
858	减速比、关节限位检测到错误	系统启动时检测到减速比、关节限位与默认值比较发生很大变化，系统禁止伺服上电	1. 检查减速比、关节限位的设置值
859	关节值超界	伺服上电时，当前关节值处于限位超界状态，系统禁止伺服上电	1. 检查零位 2. 检查减速比 3. 联系专业技术人员

续表

报警号	报 警 信 息	报 警 原 因	处 理 措 施
880	轴运动禁止中,不能远程启动	执行开关中,轴运动设置为 OFF 时,不能远程启动程序	1. 切换为本地模式,启动程序 2. 执行开关中,设置轴运动为 ON,重启控制柜
999	报警码 N 不存在	报警码在系统中未定义	联系专业技术人员
2004	打开的中断数量超过限制(8 个)	用 IRQON 指令打开超过 8 个中断	1. 检查程序,将不用的中断删除 2. 检查程序,及时将中断关闭
2005	相同优先级的中断已经被打开	一个优先级的中断在没有关闭的情况下再次被打开	1. 检查示教程序逻辑,及时关闭中断 2. 检查操作过程
2007	没有配置该优先级的中断	打开的中断优先级在配置界面中没有进行配置	1. 检查示教程序 2. 检查中断配置
2008	禁止调用中断程序	在中断配置界面中配置的程序,不允许用 CALL 指令调用	1. 检查示教程序 2. 检查中断配置
2020	位置超界	发生在作业运行时,运动规划过程中发生位置超界。例如,两点之间直线运动,其中部分直线不在机器人运动范围内。	1. 确认机器人运动都在运动范围内。 2. 机器人自动运行 CP 轨迹时,3 轴不能超过−90°,5 轴不能经过±0.5°
2030	圆弧运动规划错		
2032	焊接指令不应在关节运动指令前		
2040	异常停止	异常停止	检查系统状态
2050	关节 N 位置超界		
2051	关节 N 速度超界		
2060	关节 N 轨迹超界		
2070	记数序列超	端口号太大	设置合适的端口号
2071	记数值超界		
2100	位置数据不存在		
2101	参数超界		
2215	锁 X　等待失败		
2216	锁 Y　等待失败		
2217	锁 X 和 Y　等待失败		
2230	标号不存在	标号不存在	设置存在的标号
2240	作业调用本身	转子程序调用了源程序	设置为其他的存在的子程序
2241	作业不存在	不存在设置的子作业	与 2002 错误含义相同,2241 定义在 CALLB 指令中,应该是重复定义了

续表

报警号	报警信息	报警原因	处理措施
2242	作业不能返回	子程序不能返回	1. 检查子作业是否有RET指令 2. 确认子作业有可以返回的主作业
2243	没有子程序	没有子程序	编写子程序作业
2244	没有配置主程序		
2245	主程序不存在		
2250	运行堆栈超界	堆栈数超过10	
2260	关节5太小		
2261	手臂方向错		
2262	机器人模型错		
2300	I/O信号没定义		
2301	组I/O输入号不存在(1～8)	组号超过8	1. 检查组I/O输入判断指令的组号是否超过8 2. 联系专业技术人员
2302	组I/O输出号不存在(1～8)	组号超过8	1. 检查组I/O输出判断指令的组号是否超过8 2. 联系专业技术人员
2303	组I/O配置错误	组I/O配置时,允许高位不进行配置,不能低位不配置	检查组I/O配置
2304	没有配置组I/O	没有配置相应的组I/O	检查组I/O配置
3000	当前作业不存在	在指令搜索时,如果当前没有打开的作业,则报报警	打开某个作业后进行指令搜索
3010	当前声名不存在		
3020	运动类型错	运动指令解析错误	程序内部错
3100	关节N位置超界	关节值超软限位	1. 确认零位是否正常(两手臂重合为R轴零点位置) 2. 发送RQ POS ABS ARM A ALL查看当前关节值 3. 发送SVON、RESET,继续运行 4. 使用示教盒时,按"取消"键,检查关节值范围
3120	关节N速度超界	关节运动速度超界	1. 发送SVON、RESET,继续运行 2. 使用示教盒时,按"取消"键,检查关节运动速度范围
3150	弧线运动指令太少		
3160	2轴、3轴超界		

续表

报警号	报 警 信 息	报 警 原 因	处 理 措 施
3200	指令修改错误		
3320	中断处理未复位(代码内部问题)	前一中断为处理完成时,又接收到另一中断	1. 中断只能顺序检测,不能同时检测 2. 联系专业技术人员
3350	坐标系号超界		

3. 提示信息

机器人提示信息如表 A-3 所示。

表 A-3　机器人提示信息

报警号	报 警 信 息	报 警 原 因	处 理 措 施
220	程序缓冲区错		
841	不满足上电输出条件	上电输出条件:脉冲板正常、硬限位正常、CAN 通信正常、暂停按钮正确	检查硬件线路
842	上电输出后没有应答	上电输出后 256 个节拍仍然没有上电应答返回	检查上电应答硬件线路
843	驱动器未准备好	上电应答后 256 个节拍没有驱动器的 READY 信号返回	1. 检查驱动器参数 2. 检查驱动器硬件线路
844	驱动器未返回制动器解除	上电应答后 256 个节拍没有驱动器的 BRKOFF 信号返回	检查驱动器硬件线路
845	未接收到松报闸应答	发送松报闸后 16 个节拍没有松报闸应答返回	检查驱动器硬件线路
846	请解除急停信号	伺服上电时检测到急停安全继电器错误	检查急停安全继电器及相关硬件线路
847	远程模式中,禁止本地伺服上电	在远程控制模式下,按了本地伺服上电按钮	1. 远程模式下,用外部伺服上电信号进行上电 2. 切换到本地模式,用本地伺服上电按钮上电
848	远程模式中,禁止本地启动程序	在远程控制模式下,按了本地启动按钮	1. 远程模式下,用外部启动信号进行启动 2. 切换到本地模式,用本地启动按钮启动
849	外部暂停中,禁止启动程序	外部暂停时,不能进行启动、手动操作	解除外部暂停
854	已选择本地操作模式	当前模式为本地模式	提示信息
855	已选择远程操作模式	当前模式为远程模式	提示信息
856	远程模式中,禁止此按键操作	远程模式只支持取消键、菜单键操作	切换本地模式
857	报警中,请先取消报警	系统有报警或警告时,不允许伺服上电	1. 按取消键进行报警复位 2. 解除相应报警、警告

续表

报警号	报 警 信 息	报 警 原 因	处 理 措 施
901	主电柜急停启动	主电柜急停按钮未旋起	将主电柜按钮顺时针旋转至旋起
902	示教盒急停启动	示教盒急停按钮未旋起	将示教盒按钮顺时针旋转至旋起
903	外部急停启动	用户 I/O 中的 DB50 未短接	将用户急停悬起或短接 InterLock
1010	当前作业不存在		
1020	当前声名不存在		
2001	作业空	作业空	示教作业指令
2002	作业不存在	作业不存在	示教作业
2003	指令码错	指令码错	检查程序指令与指令码对应是否正确
2006	相同优先级的中断没有被打开	在没有执行到打开中断指令前就先执行了关闭中断	1. 检查示教程序，确定中断已经被打开 2. 检查操作过程
2010	执行错	执行错	在出错信息中查询其他报警信息，确认报警原因
2011	外部信号错	外部信号错	检查外部信号是否配置正确
2012	计数错误		
2013	频率错误		
2200	输出端口不存在	配置的输出端口号超出指定范围	1. 系统下电，按照指定范围重新配置输出端口号 2. 修改内部程序
2201	保留输出端口	设置了保留的输出端口	重新设置输出端口
2202	无效输出		
2203	无效输入		
2204	输入端口 NO. 不存在!		
2210	端口等待失败	未收到指定信号	检查信号线路
2220	无效的延时时间	设置的时间为负数	设置大于 0 的有效时间
2246	请手动移动机器人到启动位置	启动时检测到机器人当前位置与运动指令位置不一致	切换到示教模式，正向运动机器人到运动指令位置
2247	作业堆栈已清空，可以正常启动	清空作业堆栈后的提示信息	提示信息
2248	外部暂停中，不能运动机器人	外部暂停时不能进行启动程序、轴运动、正/反向运动	解除外部暂停
2249	需要先清空作业堆栈	启动时检测到启动程序与暂停时的程序不一致	1. 重新选择暂停时的程序进行启动操作 2. 清空作业堆栈再启动

续表

报警号	报 警 信 息	报 警 原 因	处 理 措 施
2400	DTWP COMMAND, ERRORCODE = +N		
2401	DTWP ARGUMENT ERROR		
2402	DTWP WAIT ABORTED		
2403	探测工件完成		
2500	MCURV COMMAND, ERRORCODE = +N		
2501	MCURV ARGUMENT ERROR		
2502	MCURV WAIT ABORTED		
2503	延时时间错		
2504	WIDTH TIME ERROR		
2901	请选择循环类型	未指令作业运行类型	选择循环类型
3050	行号没找到		
3051	步号没找到		
3052	标号没找到		
3053	指令没找到		
3060	菜单太多		
3061	菜单不能恢复		
3310	中断功能未使能，中断指令无效	执行中断指令时检测到执行开关中中断允许未设置为 ON	1. 在执行开关中，设置中断允许为 ON 2. 检查示教程序
3311	非中断程序中，RESUME 指令无效	RESUME 指令只能用在中断程序中	1. 检查示教程序 2. 检查中断配置
3332	除数为 0 计算结果为无穷	用户变量计算结果为无穷	检查用户变量计算结果
3333	数值计算超界	用户变量计算结果超出软件定义范围	检查用户变量计算结果
3340	预约作业起始位置不在原位	请手动运行机器人到原位	手动运行机器人到原位
3350	坐标系号超界	坐标系号超出范围	检查 SET TF、SETUF 指令参数值
4023	禁止配置相同中断优先级	在中断配置界面中，不能配置两个相同优先级的中断	重新输入正确数据
4024	禁止配置相同中断程序名	在中断配置界面中，不同优先级的中断不能配置相同中断程序名	重新输入正确数据
4025	禁止配置相同中断信号	在中断配置界面中，不同优先级的中断不能配置相同中断信号	重新输入正确数据
4021	输入参数错误	在示教盒界面中，输入错误的数据	重新输入正确数据

续表

报警号	报 警 信 息	报 警 原 因	处 理 措 施
4022	输入配置参数超界	在执行偏移开始指令时，检测到当前的偏移量超过偏移限制值	1. 检查偏移配置 2. 检查偏移的循环次数
4026	偏移功能未使能，偏移指令无效	在执行偏移指令时，检测到执行开关中偏移允许未设置为 ON	1. 检查示教程序 2. 检查执行开关设置
5001	示教上锁		
5051	ATTACH DEVICE FAILURE		
5052	DEVICE ATTACHED ALREADY		
5053	NO VOLUME MOUNTED		
5054	VOLUME NOT FORMAT		
5055	IORS STATUS IS+N		
5056	FUNNY		
5057	FILE NOT EXIST		
5058	CAN'T OPEN FILE，STATUS=+N		
5059	ERROR! STATUS IS　+N		
5060	FILENAME TOO LONG		
5061	WRONG EXTENSION NAME		
5062	WRONG PROGROM NAME		
5063	DISK WRITE FAILURE		
5064	DISK READ FAILURE		
5065	DISK FORMAT FAILURE		
5066	FILE DELETE FAILURE		
8000	(进程 0)管理任务开始		
8001	(进程 1)建立示教盒中断服务程序		
8002	(进程 2)建立时钟中断服务程序		
8003	(进程 3)监控任务开始		
8004	(进程 4)显示缓冲区初始化完成		
8005	(进程 5)不掉电内存初始化完成		
8006	(进程 6)显示任务开始		
8007	(进程 7)脉冲板准备好		
8008	(进程 8)脉冲板初始化正确		
8009	(进程 9)伺服初始化完成		
8010	(进程 10)磁盘任务初始化完成		
8011	(进程 11)监控任务初始化完成		
8012	(进程 1)建立通信中断服务程序		
9000	检查到错误的缓冲区		
9001	确认吗(确认/取消)?		
9002	伺服初始化正确		
9003	伺服初始化使能		
9004	伺服初始化没有使能		
9007	伺服包初始化正确		

续表

报警号	报 警 信 息	报 警 原 因	处 理 措 施
9008	伺服包初始化使能		
9009	伺服包初始化没有使能		
9011	不掉电内存检查正确		
9012	不掉电内存初始化正确		
9013	不掉电内存初始化使能		
9014	不掉电内存初始化没有使能		
9015	不掉电内存检查正确		
9016	不掉电内存检查错误		
9017	可用不掉电内存空间 BYTES（%＋数据）		
9020	程序完成		
9021	零位初始化完成，重新开机		
9022	零位初始化完成，重新开机		
9023	零位初始化使能		
9024	零位置初始化没有使能		
9025	数字量输出使能		
9026	数字量输出测试		
9027	测试 I/O 口		
9030	按任意键，退出		
9031	按任意键，退出		
9032	将清除作业，请确认/取消	轴组变更后，提醒操作者将清除作业	根据需要进行操作
9033	轴数已变更，请重启	轴组变更后，需要重启才能配置生效	重启控制柜
9034	轴数已变更，请重启并校零	轴组变更后，如果新轴组数大于旧轴组数，重启后需要进行校零操作	重启控制柜并校零
9040	校验系统数据使能		
9041	校验系统数据没有使能		
9042	远程控制状态		
9043	正常控制状态		
9090	清除出错缓冲区		
9092	没有错误信息		
9093	出错缓冲区尾		
9099	请等待！		
9100	ELMO 驱动器已复位		
9101	第二原位已记录		
9105	系统备份成功，请卸载后重新启动系统		
9106	系统恢复完成，请重新启动系统		
9108	系统卸载成功		
9109	系统处于卸载状态，不能进行此操作		

续表

报警号	报警信息	报警原因	处理措施
9110	系统已经是挂载状态		
9111	系统挂载成功		
9112	系统挂载失败		
9113	系统卸载失败,请稍后再试		
9115	系统已备份,确认重新备份吗(确认/取消)?		
9116	系统已恢复,确认重新恢复吗(确认/取消)?		
9118	系统尚未备份,请先备份系统		
9122	不能打开 sram. bak 文件		
9123	系统恢复失败		
9124	系统备份失败		
9125	文件上传成功		
9126	文件上传失败		
9127	USB 打开文件失败		
9128	文件下载成功		
9129	创建下载文件失败		
9130	不能打开 jobSave. bak 文件		
9131	系统文件备份完成,请卸载后重新启动		
9132	系统文件备份失败		
9133	系统文件恢复失败		
9134	系统文件恢复完成,请卸载后重新启动		
9135	没有参数需要备份/恢复		
9140	按键对应的程序没有使能	执行开关中按键配置没有使能	
9142	没有配置和按键对应的程序		
9144	按键对应程序正在执行		
9146	按键对应程序的执行被终止		
9148	按键对应程序执行完成		
9150	按键对应程序不存在		
9152	程序执行出错,请检查程序		
9154	按键对应程序不支持该指令	按键配置功能不支持运动指令	
9156	按键定义超过 9 个		
9158	按键配置功能没有使能		
9160	只能示教模式下执行按键程序		
9200	当前不是示教模式		
9201	执行模式下不支持此操作		
9300	示教上锁		
9301	Z 轴软锁已启用		

续表

报警号	报 警 信 息	报 警 原 因	处 理 措 施
9302	Z 轴软锁已禁用		
9500	系统未上电		
9510	日志信息备份成功		
9511	日志信息备份失败		
9512	记录信息备份成功		
9513	记录信息备份失败		
9515	存在同名字的示教作业	新建作业时，新建的作业名已经存在	重新输入作业名
9516	存在同名字的离线作业	新建作业时，新建的作业名已经存在	重新输入作业名
9517	存在同名字的 PLC 作业	新建作业时，新建的作业名已经存在	重新输入作业名
9521	比对文件校验错误		
9522	文件校验结果		
9523	铁电校验错误		
9524	铁电校验结果		
9525	铁电备份成功		
9531	请手动切换回预约作业	当前显示的作业非预约作业	切换作业
9534	预约作业、输入、输出设置不完整	预约配置信息有遗漏，请重新配置	检查预约功能配置
9536	请使用预约盒启动	预约功能开启后，仅预约启动有效	使用预约盒而不是启动按钮启动
9800	修改完成		
9801	轴运动屏蔽	当轴运动设置为 OFF 时，启动作业时进行提示	提示信息
9810	作业新建失败	新建作业失败	1. 可能存储空间不足，请检查内存大小 2. 联系专业技术人员
9812	指令插入失败	指令插入失败	1. 可能存储空间不足，请检查内存大小 2. 联系专业技术人员

参 考 文 献

[1] 汪励，陈小艳. 工业机器人工作站系统集成[M]. 北京：机械工业出版社，2019.
[2] 彭赛金，林燕文. 工业机器人工作站系统集成设计[M]. 北京：人民邮电出版社. 2018.
[3] 韩鸿鸾. 工业机器人工作站系统集成与应用[M]. 北京：化学工业出版社，2017.
[4] 青岛英谷教育科技股份有限公司，吉林农业科技学院. 工业机器人集成应用[M]. 西安：西安电子科技大学出版社，2019.
[5] 张明文，于振中. 工业机器人原理及应用[M]. 哈尔滨：哈尔滨工业大学出版社，2018.
[6] 郭彤颖，安冬. 机器人系统设计及应用[M]. 北京：化学工业出版社，2016.
[7] 黄诚，邵忠良. CODESYS 编程应用与仿真[M]. 北京：中国水利水电出版社，2020.
[8] 杨杰忠. 工业机器人工作站系统集成技术. 北京：电子工业出版社，2017.
[9] 周文军. 工业机器人工作站系统集成(ABB)[M]. 北京：高等教育出版社，2018.
[10] 陈鑫，桂伟，梅磊. 工业机器人工作站[M]. 北京：机械工业出版社，2020.
[11] 林燕文. 工业机器人系统集成与应用[M]. 北京：机械工业出版社，2018.
[12] 王卉军. 工业机器人系统集成维护与故障诊断[M]. 武汉：华中科技大学出版社，2020.
[13] 许怡赦，冉成科. 工业机器人系统集成技术应用[M]. 北京：机械工业出版社，2021.
[14] 刘超，周恩权，言勇华. 工业机器人作业系统集成开发与应用[M]. 北京：化学工业出版社，2021.
[15] 李慧，马正先，马辰硕. 工业机器人集成系统与模块化[M]. 北京：化学工业出版社，2018.
[16] 刘杰，汪漫. 工业机器人系统集成(控制设计)项目教程[M]. 武汉：华中科技大学出版社，2019.
[17] 程光. 机器视觉技术[M]. 北京：机械工业出版社，2019.